现代数学基础丛书·典藏版 10

测度论基础

朱成熹 著

科学出版社

北 京

内 容 简 介

本书是概率统计专门化以及有关专业的基础读物．内容包括测度论的一些基础知识，特别是概率论、数理统计所常用的测度论基础知识．只要了解数学分析与实变函数论的知识就能阅读本书．第一章集和类；第二章 σ 域上测度的构造；第三章可测函数；第四章积分；第五章乘积测度空间；第六章广义测度．每章后都附有习题，以帮助理解本书内容．

读者对象为高等学校数学系高年级师生以及有关专业科技工作者．

图书在版编目(CIP)数据

测度论基础／朱成熹著．—北京：科学出版社，1981.11（2016.6 重印）
（现代数学基础丛书・典藏版；10）

ISBN 978-7-03-002418-3

Ⅰ.①测…　Ⅱ.①朱…　Ⅲ.①测度论　Ⅳ.①O174.12

中国版本图书馆 CIP 数据核字（2016）第 112468 号

责任编辑：刘嘉善／责任校对：钟　洋
责任印制：徐晓晨／封面设计：王　浩

科学出版社出版
北京东黄城根北街 16 号
邮政编码：100717
http://www.sciencep.com
北京厚诚则铭印刷科技有限公司印刷
科学出版社发行　各地新华书店经销
*
1981 年 11 月第 一 版　开本：B5(720×1000)
2016 年 6 月 印 刷　印张：14 1/2
字数：183 000

定价：98.00 元

前　　言

随着科学技术的发展，研究随机现象的概率论、随机过程论、数理统计和信息论等学科日益深入到各个科学领域．柯尔莫哥罗夫公理系的提出使得测度论成为概率论和数理统计严格的理论基础．因此，不少高等院校都把测度论作为概率统计专门化的基础课列入教学计划．本书是在作者为南开大学数学系概率论专门化所写的“测度论”讲稿的基础上，逐步修改而成的．在选材上，既考虑到关于测度论方面的基础内容，更主要的是吸收了有关概率论，过程论，数理统计等方面所常用的测度论基础知识．同时为了自学的方便，本书力图简明易懂，自成体系，只要有高等数学和实变函数论的一些基本知识就能阅读．

我要向在编写本书过程中给我许多指导和帮助的王梓坤教授表示感谢．我还要感谢刘文、魏文元、欧阳克智和王文豪等同志，他们对本书的内容提供了宝贵的意见．由于作者水平有限，书中一定还存在缺点和错误，恳请批评指正．

朱成熹

1982.7.20

目　　录

第一章 集 和 类

§1.1 基 本 概 念

集(或集合)是一种不可以精确定义的数学基本概念，所以我们只能给予一种描述性的说明. 所谓“集合”是指具有某种性质，并可以互相区别的事物(或元素)所汇集成的总体. 不含任何点的集，称为空集，常以 ϕ 表之. 今后我们所讨论的集合永远是指某一给定的集合 Ω 的子集合，Ω 本身和空集 ϕ 也看作 Ω 的子集合. 为简便计，我们把 Ω 叫做空间，它的子集合就叫做集，常以大写字母 A，B，C，$\cdots$(或带有附标如 A_1, $A'\cdots$ 等)表之；Ω 的元素叫做点，以小写的 ω (或带有附标，如 $\omega_1, \omega_2, \cdots, \omega'$ 等)表之；由集所构成的集合叫做集类(或集系)，简称类，以草体字如 $\mathscr{A}$，$\mathscr{B}$，$\mathscr{C}$，$\mathscr{F}$ 等表之.

如果点 ω 在集 A 中，称 ω 属于 A，以 $\omega \in A$ 表之，反之，以 $\omega \bar{\in} A$ 记 ω 不在 A 内，或 ω 不属于 A. 如果对于任意点 $\omega \in A$ 都有 $\omega \in B$，就称集 A 包含在集 B 之中，以 $A \subset B$ 记之. 如果 $A \subset B$ 同时 $B \subset A$，则称 A 与 B 相等，以 $A = B$ 记之. 集和类之间类似于点和集之间，只有属于与不属于的逻辑关系，类和类之间类似于集与集之间，只有包含与不包含的逻辑关系. 点和类之间没有任何上述逻辑关系. 但注意点 ω 和单点集 $\{\omega\}$ 的区别，前者是点，后者是集，点 ω 与某一类 $\mathscr{A}$ 无上述逻辑关系，但 $\{\omega\}$ 与 $\mathscr{A}$ 就有属于与不属于的逻辑关系了. 任何集都包含空集.

为简单计，我们常以 $\{\omega: \pi(\omega)\}$ (或 $\{A: \pi(A)\}$) 表示满足某种关系 $\pi(\cdot)$ 的一切点 ω (对应地，集 A) 的全体. 例如，

(甲) $\Omega = R^1 = (-\infty, +\infty)$，$\{\omega: 0 \leqslant \omega \leqslant 1\} = [0, 1]$ 区间集.

（乙）$\Omega = R^2$ 是实平面，$\{(x, y): x^2 + y^2 \leqslant 1\}$ = 以原点为中心，1 为半径的圆集.

（丙）$\Omega = (-\infty, +\infty)$，$\{(a,b]: -\infty < a \leqslant b < +\infty\}$ 表 $(-\infty, +\infty)$ 上一切右闭左开的区间集全体所构成的集类.

集的基本运算

（I）交. 我们把下面集，称为集 A 与 B 的交集

$$A \cap B = \{\omega: \omega \in A \text{ 同时 } \omega \in B\},$$

有时也简记为 AB. 一般情形，对任意非空参数集 T，我们定义交集为

$$\bigcap_{t \in T} A_t = \{\omega: \omega \in A_t, \text{ 对每个 } t \in T \text{ 同时成立}\}.$$

（II）和与直和. 我们把集

$$A \cup B = \{\omega: \omega \in A \text{ 或 } \omega \in B\}$$

称为集 A 与 B 的和. 进而，若 $A \cap B = \phi$，则称 $A \cup B$ 为 A 与 B 的直和，以 $A + B$ 表之. 一般情况，定义和集为

$$\bigcup_{t \in T} A_t = \{\omega: \omega \text{ 至少属于某一个 } A_t, t \in T\}.$$

进而，若对任意 $t, s \in T$ 且 $t \neq s$ 时，$A_t \cap A_s = \phi$，这时我们记 $\bigcup_{t \in T} A_t$ 为 $\sum_{t \in T} A_t$.

（III）差与余. 我们把

$$A - B = \{\omega: \omega \in A \text{ 但 } \omega \bar{\in} B\}$$

称为集 A 与 B 之差集，特别 $A = \Omega$，称 $\Omega - B$ 为 B 的余集，以 B^c 记之.

易证下列关系式成立：

$$(A^c)^c = A, \tag{1.1}$$

$$A \subset B \Leftrightarrow A^c \supset B^c, \tag{1.2}$$

$$\left(\bigcup_{t \in T} A_t\right)^c = \bigcap_{t \in T} A_t^c, \tag{1.3}$$

$$\left(\bigcap_{t \in T} A_t\right)^c = \bigcup_{t \in T} A_t^c, \tag{1.4}$$

$$A - B = AB^c, \tag{1.5}$$

$$A \cup B = A + (B - A) = A + A^c B.$$

一般情形有

$$\bigcup_{n=1}^{\infty} A_n = \sum_{n=1}^{\infty} B_n, \tag{1.6}$$

其中

$$B_n = A_0^c \cap A_1^c \cap \cdots \cap A_{n-1}^c \cap A_n (n \geqslant 1).$$

$$(A_0 = \phi)$$

(IV) 上极限．我们把下面集，称为集列 $\{A_n: n \geqslant 1\}$ 的上极限集

$$\overline{\lim_{n\to\infty}} A_n = \{\omega: \omega \text{属于无穷多个 } A_n (n \geqslant 1)\}.$$

易证：

$$\overline{\lim_{n\to\infty}} A_n = \bigcap_{n=1}^{\infty} \bigcup_{K=n}^{\infty} A_K. \tag{1.7}$$

(V) 下极限．我们把集

$$\underline{\lim_{n\to\infty}} A_n = \{\omega: \omega \text{至多不属于有穷多个 } A_n (n \geqslant 1)\}$$

称为集列 $\{A_n: n \geqslant 1\}$ 的下极限集．易证：

$$\underline{\lim_{n\to\infty}} A_n = \bigcup_{n=1}^{\infty} \bigcap_{K=n}^{\infty} A_K, \tag{1.8}$$

$$\underline{\lim_{n\to\infty}} A_n \subset \overline{\lim_{n\to\infty}} A_n. \tag{1.9}$$

(1.1)—(1.9) 式可根据定义证之，下证 (1.7) 式成立，其余证法类似．由于

$$\omega \in \overline{\lim_{n\to\infty}} A_n \Longleftrightarrow \omega \text{ 属于无穷多个 } A_n (n \geqslant 1)$$

$$\Longleftrightarrow \text{对每个 } n \geqslant 1, \text{存在一个 } K_n(\omega) \geqslant n$$

使得 $\omega \in A_{K_n(\omega)}$

$$\Longleftrightarrow \text{对每个 } n \geqslant 1, \ \omega \in \bigcup_{K=n}^{\infty} A_K$$

$$\Longleftrightarrow \omega \in \bigcap_{n=1}^{\infty} \bigcup_{K=n}^{\infty} A_K.$$

从而证明了 (1.7) 式.

(VI) 极限. 如果

$$\varliminf_{n\to\infty} A_n = \varlimsup_{n\to\infty} A_n,$$

则称集列 $\{A_n: n \geqslant 1\}$ 的极限集存在,并以 $\lim\limits_{n\to\infty} A_n$ 表此极限集.

定义 1.1 若集列 $\{A_n: n \geqslant 1\}$ 具有性质: 对每个 $n \geqslant 1$, $A_n \subset A_{n+1}$ (或 $A_{n+1} \subset A_n$), 则称 $\{A_n: n \geqslant 1\}$ 是不减的(对应地, 不增的),简记为 $A_n\uparrow$ (对应地, $A_n\downarrow$). 不减的或不增的集列,统称为单调集列.

引理 1.1 单调集列的极限存在,且

(i) 若 $A_n\uparrow$,则 $\lim\limits_{n\to\infty} A_n = \bigcup\limits_{n=1}^{\infty} A_n$,

(ii) 若 $A_n\downarrow$, 则 $\lim\limits_{n\to\infty} A_n = \bigcap\limits_{n=1}^{\infty} A_n$.

证 (i) 由 $A_n\uparrow$, 即

$$A_1 \subset A_2 \subset \cdots \subset A_n \subset \cdots,$$

故 $\bigcap\limits_{K=n}^{\infty} A_K = A_n$, 所以

$$\varliminf_{n\to\infty} A_n = \bigcup_{n=1}^{\infty} \bigcap_{K=n}^{\infty} A_K = \bigcup_{n=1}^{\infty} A_n \supset \bigcap_{n=1}^{\infty} \bigcup_{K=n}^{\infty} A_K = \varlimsup_{n\to\infty} A_n,$$

再由 (1.9) 可得

$$\varlimsup_{n\to\infty} A_n \supset \varliminf_{n\to\infty} A_n,$$

故 $\lim\limits_{n\to\infty} A_n$ 存在且等于 $\bigcup\limits_{n=1}^{\infty} A_n$. 类似可证 (ii). 证完.

由于集类是集的集合, 因而我们可以定义集类的上述各种运算. 例如,集类 $\mathscr{A}_1$ 与 $\mathscr{A}_2$ 的"和"运算,"交"运算为

$$\mathscr{A}_1 \cup \mathscr{A}_2 = \{A: A \in \mathscr{A}_1 \text{ 或 } A \in \mathscr{A}_2\},$$
$$\mathscr{A}_1 \cap \mathscr{A}_2 = \{A: A \in \mathscr{A}_1 \text{ 同时 } A \in \mathscr{A}_2\},$$
等等.

§1.2 几个重要的集类

定义 1.2 (i) 若非空集类 $\mathscr{F}$ 满足:

(I) 对"差"运算封闭: 若 $A, B \in \mathscr{F}$, 则 $A - B \in \mathscr{F}$,

(II) 对"和"运算封闭: 若 $A, B \in \mathscr{F}$, 则 $A \cup B \in \mathscr{F}$, 则称 $\mathscr{F}$ 是环.

(ii) 若 $\mathscr{F}$ 是环,并且空间 $\Omega \in \mathscr{F}$, 则称 $\mathscr{F}$ 是域(或代数).

(iii) 若 $\mathscr{F}$ 是环,并且存在一个不相交列 $\{G_n: n \geqslant 1\} \subset \mathscr{F}$, 使得 $\Omega = \sum_{n=1}^{\infty} G_n$ (不要求一定有 $\Omega \in \mathscr{F}$), 则称 $\mathscr{F}$ 为半域.

显然, $\mathscr{F}$ 是域 $\Longrightarrow$ $\mathscr{F}$ 是半域 $\Longrightarrow$ $\mathscr{F}$ 是环,但反之不真.

引理 1.2 若 $\mathscr{F}$ 是环,则必 $\phi \in \mathscr{F}$, 并且对"有限交"及"有限和"运算也封闭.

证 由 $\mathscr{F}$ 的非空性知, 存在一个集 $A \in \mathscr{F}$, 根据对"差"运算的封闭性可得 $\phi = A - A \in \mathscr{F}$; $\mathscr{F}$ 对"交"的封闭性, 可由关系式

$$A \cap B = (A \cup B) - [(A - B) + (B - A)] \tag{1.12}$$

及 $\mathscr{F}$ 对"和"与"差"运算的封闭性而得. 对"有限和"及"有限交"的封闭性,可由对"和"及"交"的封闭性并应用归纳法得到. 证完.

引理 1.3 $\mathscr{F}$ 是域等价于 $\mathscr{F}$ 非空且对"余"及"交"(或"和")运算封闭.

证 设 $\mathscr{F}$ 是域,则 $\Omega \in \mathscr{F}$,对于任意 $A \in \mathscr{F}$,由 $\mathscr{F}$ 对"差"封闭,故 $A^c = \Omega - A \in \mathscr{F}$, 即 $\mathscr{F}$ 对"余"运算封闭. 再由引理 1.2 知 $\mathscr{F}$ 对"交"运算也封闭. 反之,设 $\mathscr{F}$ 非空 且对"余"及"交"封闭,则由 (1.5) 及 (1.4) 知: 对任意 $A, B \in \mathscr{F}$, 有

$$A - B = A \cap B^c \in \mathscr{F},$$

$$A \cup B = (A^c)^c \cup (B^c)^c = (A^c \cap B^c)^c \in \mathscr{F}.$$

故知 $\mathscr{F}$ 是环. 利用引理 1.2 可得 $\Omega = \phi^c \in \mathscr{F}$. 所以 $\mathscr{F}$ 是域. 证完.

定义 1.3 若非空集类 $\mathscr{F}$，满足:

(I′) 对"余"运算封闭: 若 $A \in \mathscr{F}$，则 $A^c \in \mathscr{F}$;

(II′) 对"可数和"运算封闭: 若 $\{A_n: n \geqslant 1\} \subset \mathscr{F}$，则

$$\bigcup_{n=1}^{\infty} A_n \in \mathscr{F},$$

则称 $\mathscr{F}$ 是 σ 域(或称 σ 代数).

若 $\mathscr{F}$ 满足 (II′) 及定义 1.2 中条件 (I)，则称 $\mathscr{F}$ 为 σ 环.

易证，$\mathscr{F}$ 是 σ 域的充要条件是，$\mathscr{F}$ 是 σ 环且 $\Omega \in \mathscr{F}$.

定理 1.1 设 $\mathscr{F}$ 是域，则下述五种可数集运算的封闭性是相互等价的:

(i) "可数和"运算封闭;

(ii) "可数交"运算封闭;

(iii) "可数直和"运算封闭;

(iv) "不减极限"运算封闭;

(v) "不增极限"运算封闭.

证 设 $\{A_n: n \geqslant 1\} \subset \mathscr{F}$，由 $\mathscr{F}$ 是域，故 $\{A_n^c: n \geqslant 1\} \subset \mathscr{F}$ 且 $\{B_n: n \geqslant 1\} \subset \mathscr{F}$，其中

$$B_n = A_0^c \cap A_1^c \cap \cdots \cap A_{n-1}^c \cap A_n \quad (n \geqslant 1),\ A_0 = \phi.$$

若 (i) 成立，则 $\bigcup_{n=1}^{\infty} A_n^c \in \mathscr{F}$，再由 $\mathscr{F}$ 是域. 故 $\left(\bigcup_{n=1}^{\infty} A_n^c\right)^c \in \mathscr{F}$，利用 (1.3)

$$\bigcap_{n=1}^{\infty} A_n = \left(\bigcup_{n=1}^{\infty} A_n^c\right)^c \in \mathscr{F}$$

即 (ii) 成立. 反之，若 (ii) 成立，利用 (1.4) 可得

$$\bigcup_{n=1}^{\infty} A_n = \left(\bigcap_{n=1}^{\infty} A_n^c\right)^c \in \mathscr{F},$$

即 (i) 成立. 从而 (i) 与 (ii) 等价.

(i) 与 (iii) 的等价性,可由 (1.6) 式 $\bigcup_{n=1}^{\infty} A_n = \sum_{n=1}^{\infty} B_n$ 及 $\{B_n: n \geqslant 1\} \subset \mathscr{F}$ 得证.

若 (iv) 成立,由引理 1.2 知不减集列

$$\left\{\bigcup_{K=1}^{n} A_K: n \geqslant 1\right\} \subset \mathscr{F},$$

根据引理 1.1, 当 $n \to \infty$ 时

$$\bigcup_{K=1}^{n} A_K \uparrow \bigcup_{K=1}^{\infty} A_K \in \mathscr{F},$$

即 (i) 成立. 反之,若 (i) 成立,设 $\{A_n: n \geqslant 1\}$ 是不减集列由引理 1.1 当 $n \to \infty$ 时

$$A_n \uparrow \bigcup_{n=1}^{\infty} A_n \in \mathscr{F}.$$

故 (iv) 成立. 从而 (i) 与 (iv) 等价. 类似 (i) 与 (iv) 的等价性证明,可证 (ii) 与 (v) 的等价性. 证完.

由定理 1.1 可知,当我们要验证某集类 $\mathscr{F}$ 是否是 σ 域时? 只须验证 $\mathscr{F}$ 是否是域, 同时还须验证定理中所述五种可数集运算之一是否封闭? 其中 (iii) 或 (iv) 或 (v) 较之 (i) 和 (ii) 易于验证. 另一种情况,当我们已知 $\mathscr{F}$ 是 σ 域时. 则 $\mathscr{F}$ 对“余”,“差”及 (i)—(v) 等集运算的封闭性都可应用.

例 1　$\mathscr{F} = \{A: A \subset \Omega\}$ (Ω 的一切子集全体)是 σ 域. 易见,以 Ω 为空间的任何其他的 σ 域都包含在它之中. 因而它是空间 Ω 上“最大”(集数最多)的 σ 域. 常以 $S(\Omega)$ 表之.

例 2　$\mathscr{F} = \{\Omega, \phi\}$ 是 σ 域. 由引理 1.2 知,任何域(从而任何 σ 域)都含有 Ω 和 ϕ. 故 $\mathscr{F} = \{\Omega, \phi\}$ 是以 Ω 为空间的“最小”(集数最少)的 σ 域和域.

例 3　$\Omega = (-\infty, +\infty)$

$$\mathscr{F} = \left\{\sum_{i=1}^{n} (a_i, b_i]: -\infty < a_i \leqslant b_i \leqslant a_{i+1} \leqslant b_{i+1} < +\infty;\right.$$

$$i=1,2,\cdots,n-1,\ n>1\Big\}$$

是半域而不是域，更不是σ域.

σ域是个重要的概念，它是测度论的基础之一，但它的结构一般是很复杂的，在应用中很不方便．下面关于λ类及π类的概念和定理对我们掌握σ域，特别是，对我们掌握某些集类$\mathscr{C}$的最小σ域（将在下节谈到）颇有帮助.

定义 1.4 非空集类$\mathscr{C}$

(i) 若它对"交"运算封闭，则称$\mathscr{C}$为π类

(ii) 若它对"单调极限"运算封闭，则称$\mathscr{C}$为单调类.

例 4 $\mathscr{C}=\{(a,b]:-\infty<a\leqslant b<+\infty\}$是$\pi$类而不是单调类．这是因为任意$-\infty<a_i\leqslant b_i<+\infty\ (i=1,2)$有

$$(a_1,b_1]\cap(a_2,b_2]=\begin{cases}\phi, & \text{当 } b_1\leqslant a_2 \text{ 或 } b_2\leqslant a_1 \text{ 时},\\(a^*,b^*], & \text{其他},\end{cases}$$

其中$a^*=\max(a_1,a_2)$，$b^*=\min(b_1,b_2)$.

显然，$\phi=(a,a]\in\mathscr{C}$所以$(a_1,b_1]\cap(a_2,b_2]\in\mathscr{C}$，故知$\mathscr{C}$是$\pi$类．但

$$\left(0,1-\frac{1}{n}\right]\uparrow(0,1)\bar{\in}\mathscr{C}.$$

故知$\mathscr{C}$不是单调类.

根据定理 1.1 可导得：$\mathscr{F}$是σ域的充要条件是$\mathscr{F}$既是单调类，又是域（简称单调域)．对σ环亦有类似结论.

定理 1.2 $\mathscr{F}$是σ环的充要条件为$\mathscr{F}$是环同时又是单调类（简言之为单调环).

证 若$\mathscr{F}$是单调环，设

$$\{A_n:n\geqslant 1\}\subset\mathscr{F}.$$

由环的有限加性知

$$\left\{\bigcup_{K=1}^{n}A_K:n\geqslant 1\right\}\subset\mathscr{F},$$

而

$$\bigcup_{K=1}^{n} A_K \uparrow \bigcup_{K=1}^{\infty} A_K.$$

再由单调类的定义知

$$\bigcup_{n=1}^{\infty} A_n \in \mathscr{F},$$

所以 $\mathscr{F}$ 是σ环.

反之,设

$$\{A_n: n \geqslant 1\} \subset \mathscr{F} \text{ 且 } A_n \uparrow A,$$

由引理 1.1 知

$$A = \bigcup_{n=1}^{\infty} A_n,$$

若 $\mathscr{F}$ 是σ环,则对"可数和"运算封闭,故

$$A = \bigcup_{n=1}^{\infty} A_n \in \mathscr{F}.$$

所以 $\mathscr{F}$ 对单调"不减极限"运算封闭.

设 $\{A_n: n \geqslant 1\} \subset \mathscr{F}$ 且 $A_n \downarrow A$, 则 $A_1 - A_n \uparrow A_1 - A$, 由 $\mathscr{F}$ 是σ环,对"差"运算封闭,故

$$\{A_1 - A_n: n \geqslant 1\} \subset \mathscr{F}.$$

由前证知 $A_1 - A \in \mathscr{F}$, 从而由 $A_1 \in \mathscr{F}$ 及对"差"封闭可得

$$A = A_1 - (A_1 - A) \in \mathscr{F}.$$

故 $\mathscr{F}$ 对单调"不增极限"运算封闭.

另一方面,由"可数和"运算的封闭性可导得"有限和"运算的封闭性. 因此, $\mathscr{F}$ 是σ环,则 $\mathscr{F}$ 必是环.

综上所述,我们证明了σ环必是单调环. 证完.

定义 1.5 若非空集类 $\mathscr{F}$ 满足条件:

(λ_1) 空间 $\Omega \in \mathscr{F}$;

(λ_2) "真差"封闭: 若 $\{A, B\} \subset \mathscr{F}$ 且 $A \subset B$, 则 $A - B \in \mathscr{F}$;

(λ_3) "不减极限"封闭: 若 $\{A_n: n \geqslant 1\} \subset \mathscr{F}$ 且 $A_n \uparrow A$, 则 $A \in \mathscr{F}$;

则称 $\mathscr{F}$ 为 λ 类.

定理 1.3 $\mathscr{F}$ 是 σ 域的充要条件为 $\mathscr{F}$ 既是 λ 类,又是 π 类.

证 若 $\mathscr{F}$ 是 σ 域,则 $\mathscr{F}$ 是域并且 $\mathscr{F}$ 对"可数和"运算封闭,根据定理 1.1 得知 $\mathscr{F}$ 既是 λ 类,又是 π 类.

反之,若 $\mathscr{F}$ 是 λ 类,同时又是 π 类,则由 (λ_1), (λ_2) 及 $A\subset\Omega$ 可得: 对任意 $A\in\mathscr{F}$ 都有

$$A^c = \Omega - A \in \mathscr{F},$$

故 $\mathscr{F}$ 对"余"运算封闭. 又由 $\mathscr{F}$ 是 π 类,所以 $\mathscr{F}$ 对"交"运算封闭,根据引理 1.3 得知 $\mathscr{F}$ 是域,再由 $\mathscr{F}$ 满足 (λ_3) 及定理 1.1 可知 $\mathscr{F}$ 对"可数和"运算封闭,从而证明了 $\mathscr{F}$ 是 σ 域. 证完.

定理 1.4 若 $\mathscr{F}$ 是 λ 类,则 $\mathscr{F}$ 必是单调类.

证 由 (λ_3) 知 $\mathscr{F}$ 对单调"不减极限"运算封闭,故只须证 $\mathscr{F}$ 对单调"不增极限"运算封闭,即可得 $\mathscr{F}$ 是单调类. 为此,设

$$\{A_n: n\geqslant 1\}\subset\mathscr{F} \text{ 且 } A_n\downarrow A.$$

则 $A_1 - A_n\uparrow A_1 - A$,根据 (λ_2) 及 $A_1\supset A_n (n\geqslant 1)$ 可知

$$\{A_1 - A_n: n\geqslant 1\}\subset\mathscr{F}.$$

再利用 (λ_3) 即得

$$A_1 - A\in\mathscr{F},$$

而 $A_1 - A\subset A_1$ 且 $A_1\in\mathscr{F}$. 由 (λ_2) 从而得到

$$A = A_1 - (A_1 - A)\in\mathscr{F}.$$

这就证明了 $\mathscr{F}$ 对单调"不增极限"运算封闭.

系 1 若 $\mathscr{F}$ 满足定义 1.5 中条件 (λ_1) 及 (λ_2),则条件 (λ_3) 等价于 (λ_4) 对单调"不增极限"运算封闭.

证 根据定理知,由 (λ_3) 可导得 (λ_4).

反之,设

$$\{A_n: n\geqslant 1\}\subset\mathscr{F} \text{ 且 } A_n\uparrow A.$$

故 $A_n^c\downarrow A^c$,但由 (λ_1) 及 (λ_2) 知

$$\{A_n^c: n\geqslant 1\}\subset\mathscr{F},$$

若 (λ_4) 成立,则 $A^c\in\mathscr{F}$. 从而 $A=(A^c)^c\in\mathscr{F}$,这就证明了 (λ_3) 成立.

系 2 $\mathscr{F}$ 是 λ 类的充要条件是 $\mathscr{F}$ 是单调类，同时满足条件 (λ_1) 及 (λ_2).

证 由定理显然.

下面我们对本节引进的几个重要集类以及它们的相互关系作一个小结，以简图示意如下：

$$
\sigma\text{域} \Rightarrow \begin{cases} \text{域} \Rightarrow \text{半域} \searrow & \\ & \text{环} \Rightarrow \pi\text{类} \\ \sigma\text{环} \nearrow\searrow & \\ & \text{单调类} \\ \lambda\text{类} \nearrow & \end{cases}
$$

此关系反之不真. 并列者(例如，半域、σ 环、λ 类)也不能相互导得. 这一切希读者构造反例说明之. 但有下面等价关系成立：

$$
\sigma\text{域} \Longleftrightarrow \begin{cases} \sigma\text{环} + \text{空间} \\ \lambda\text{类} + \pi\text{类} \\ \text{域} + \text{单调类} \end{cases}
$$

$$
\sigma\text{环} \Longleftrightarrow \text{环} + \text{单调类}.
$$

§ 1.3 最小 σ 域，λ-π 类方法

引理 1.4 设 T 是非空的参数集，S 表某一集运算，如果集类 $\mathscr{A}_t(t\in T)$ 对每个 $t\in T$ 都对 S 运算封闭，则类 $\bigcap\limits_{t\in T}\mathscr{A}_t$ 也对 S 运算封闭.

证 因集的基本运算只有“$\cup$”，“$\cap$”，“$\subset$”三种，其它运算都可经此“组合”而成，故只须对此三种运算证明即可. 只验证 S 运算是“可数和”运算的情况，其余读者自己验证之. 设对每个 $t\in T$，$\mathscr{A}_t$ 对“可数和”封闭且

$$
\{A_n: n\geqslant 1\}\subset \bigcap_{t\in T}\mathscr{A}_t,
$$

要证

$$\bigcup_{n=1}^{\infty} A_n \in \bigcap_{t \in T} \mathscr{A}_t.$$

事实上,因

$$\{A_n: n \geqslant 1\} \subset \bigcap_{t \in T} \mathscr{A}_t,$$

故对每个 $t \in T$ 有 $\{A_n: n \geqslant 1\} \subset A_t$. 由 $\mathscr{A}_t$ 对"可数和"封闭, 所以对每个 $t \in T$ 有 $\bigcup_{n=1}^{\infty} A_n \in \mathscr{A}_t$, 从而 $\bigcup_{n=1}^{\infty} A_n \in \bigcap_{t \in T} \mathscr{A}_t$. 证完.

系 若对每个 $t \in T$, $\mathscr{A}_t$ 是 σ 域(或 λ 类), 则 $\bigcap_{t \in T} \mathscr{A}_t$ 也是 σ 域(对应地, λ 类).

引理 1.5 对任意非空集类 $\mathscr{C}$, 都存在且唯一存在一个 σ 域 $\mathscr{A}$, 使得下列二条件满足:

(i) $\mathscr{A} \supset \mathscr{C}$,

(ii) 对任何包含 $\mathscr{C}$ 的 σ 域 $\mathscr{A}'$, 都有 $\mathscr{A}' \supset \mathscr{A}$.

证 先证存在性. 我们已知至少存在一个包含 $\mathscr{C}$ 的 σ 域 $S(\Omega)$ (见例 1), 令 $\mathscr{A} = \cap \mathscr{A}'$ 对一切含 $\mathscr{C}$ 的 σ 域 $\mathscr{A}'$ 求交. 由引理 1.4 系知 $\mathscr{A}$ 必是 σ 域, 显见, $\mathscr{A} \supset \mathscr{C}$ 且对任意包含 $\mathscr{C}$ 的 σ 域 $\mathscr{A}'$ 都有 $\mathscr{A}' \supset \mathscr{A}$. 即证得至少有一个 σ 域 $\mathscr{A}$ 满足 (i) 和 (ii).

次证唯一性. 假定唯一性不成立, 即存在二个 σ 域 $\mathscr{A}_1$ 和 $\mathscr{A}_2$ 且 $\mathscr{A}_1 \neq \mathscr{A}_2$ 使 (i) 和 (ii) 成立, 令

$$\mathscr{A} = \mathscr{A}_1 \cap \mathscr{A}_2,$$

由引理 1.4 系, 则 $\mathscr{A}$ 是 σ 域且 $\mathscr{A} \supset \mathscr{C}$. 因

$$\mathscr{A}_1 \neq \mathscr{A}_2$$

所以

$$\mathscr{A} \subsetneqq \mathscr{A}_1,$$

这与 $\mathscr{A}_1$ 满足 (ii) 矛盾. 故唯一性成立. 证完.

引理 1.5 可直观地解释为: 对任意非空集类 $\mathscr{C}$, 都存在唯一的含 $\mathscr{C}$ 的最小 σ 域. 因此我们可引进下述定义.

定义 1.6 设集类 $\mathscr{C}$ 非空. 我们把引理 1.5 中唯一存在的满足条件 (i) 及 (ii) 的 σ 域称为 $\mathscr{C}$ 产生的 σ 域或含 $\mathscr{C}$ 的最小 σ 域,

以 $\sigma(\mathscr{C})$ 表之.

类似可证引理 1.5 对 λ 类, σ 环, 单调类, 域, π 类等亦成立. 我们亦可类似定义含 $\mathscr{C}$ 的最小 λ 类, 最小 σ 环, 最小单调类, 最小域和最小 π 类, 等等.

设 $\mathscr{C}$ 是例 4 中的类,

$$\Omega = R = (-\infty, +\infty).$$

我们常称由这个 $\mathscr{C}$ 产生的 σ 域 $\sigma(\mathscr{C})$ 为直线 R 上的波莱尔 (Borel) 集类, 常以 $\mathscr{B}$ 或 $\mathscr{B}^1$ 表之. 易证:

$$\mathscr{B} = \sigma(\mathscr{C}) = \sigma(\mathscr{C}_1) = \sigma(\mathscr{C}_2) = \sigma(\mathscr{C}_3),$$

其中

$$\mathscr{C}_1 = \{(a, b]: -\infty < a \leqslant b < +\infty\},$$

$$\mathscr{C}_2 = \{\text{直线上的开集全体}\},$$

$$\mathscr{C}_3 = \{\text{直线上的闭集全体}\}.$$

类似可定义 n 维空间的波莱尔集类 $\mathscr{B}^n$.

定理 1.5 若 λ 类 $\mathscr{F}$ 包含 π 类 $\mathscr{C}$, 则

$$\mathscr{F} \supset \sigma(\mathscr{C}).$$

证 设 $\lambda(\mathscr{C})$ 是含 $\mathscr{C}$ 的最小 λ 类, 则

$$\mathscr{F} \supset \lambda(\mathscr{C}).$$

根据定理 1.3, 如能证明 $\lambda(\mathscr{C})$ 是 π 类, 则 $\lambda(\mathscr{C})$ 是 σ 域, 再由 $\lambda(\mathscr{C}) \supset \mathscr{C}$ 及 $\sigma(\mathscr{C})$ 的最小性知

$$\lambda(\mathscr{C}) \supset \sigma(\mathscr{C}),$$

亦即

$$\mathscr{F} \supset \lambda(\mathscr{C}) \supset \sigma(\mathscr{C}).$$

因此我们的问题转化为只须证 $\lambda(\mathscr{C})$ 是 π 类即可. 为此, 令

$$\mathscr{F}_1 = \{A: \text{对任何 } B \in \mathscr{C} \text{ 都有 } AB \in \lambda(\mathscr{C})\}.$$

由于 $\mathscr{C}$ 是 π 类及 $\mathscr{C} \subset \lambda(\mathscr{C})$, 若 $A \in \mathscr{C}$, 则对任何 $B \in \mathscr{C}$ 都有

$$AB \in \mathscr{C} \subset \lambda(\mathscr{C}),$$

所以 $A \in \mathscr{F}_1$, 故知 $\mathscr{C} \subset \mathscr{F}_1$, 因此为证 $\mathscr{F}_1 \supset \lambda(\mathscr{C})$, 只须证 $\mathscr{F}_1$ 是 λ 类即可. 下面分别来验证之:

(λ_1) $\Omega \in \mathscr{F}_1$: 因对任何 $B \in \mathscr{C}$,

$$\Omega B = B \in \mathscr{C} \subset \lambda(\mathscr{C});$$

(λ_2) “真差”封闭:设$A_1, A_2 \in \mathscr{F}_1$且$A_1 \supset A_2$,则对任意$B \in \mathscr{C}$,都有$A_1B, A_2B \in \lambda(\mathscr{C})$且$A_1B \supset A_2B$,再由$\lambda(\mathscr{C})$是$\lambda$类,故

$$(A_1 - A_2)B = A_1B - A_2B \in \lambda(\mathscr{C}).$$

所以

$$A_1 - A_2 \in \mathscr{F}_1;$$

(λ_3) “不减极限”封闭: 设

$$\{A_n: n \geqslant 1\} \subset \mathscr{F}_1 \text{ 且 } A_n \uparrow A,$$

则对任意$B \in \mathscr{C}$有

$$\{A_nB: n \geqslant 1\} \subset \lambda(\mathscr{C}) \text{ 且 } A_nB \uparrow AB,$$

再由$\lambda(\mathscr{C})$是λ类,故

$$AB \in \lambda(\mathscr{C}),$$

所以

$$A \in \mathscr{F}_1.$$

综上得知$\mathscr{F}_1$是λ类,从而$\mathscr{F}_1 \supset \lambda(\mathscr{C})$.

次证$\mathscr{F}_2 \supset \mathscr{C}$,其中

$$\mathscr{F}_2 = \{A: \text{对任何 } B \in \lambda(\mathscr{C}) \text{ 都有 } AB \in \lambda(\mathscr{C})\}.$$

若$A \in \mathscr{C}$,对任意的$B \in \lambda(\mathscr{C})$,由前证知

$$\lambda(\mathscr{C}) \subset \mathscr{F}_1,$$

故$B \in \mathscr{F}_1$. 再由$\mathscr{F}_1$的定义知

$$AB = BA \in \lambda(\mathscr{C}),$$

亦即$A \in \mathscr{F}_2$,所以$\mathscr{F}_2 \supset \mathscr{C}$.

类似$\mathscr{F}_1$是λ类的证法,可验证$\mathscr{F}_2$亦是λ类,从而得知$\mathscr{F}_2 \supset \lambda(\mathscr{C})$,亦即,若$A \in \lambda(\mathscr{C})$,都有$A \in \mathscr{F}_2$,再由$\mathscr{F}_2$的定义知,对任何$B \in \lambda(\mathscr{C})$,都有$AB \in \lambda(\mathscr{C})$,所以$\lambda(\mathscr{C})$是$\pi$类.证完.

本定理在本课程中起重要的作用.它是测度论基本方法之一,即所谓λ-π类方法的理论基础. 所谓λ-π类方法是指下述方法:我们要证明π类$\mathscr{C}$的最小σ域$\sigma(\mathscr{C})$中的集具有“某种特性”时,我们的办法是将具有“此种性质”的集全都拿出来,它所构成的类以$\mathscr{F}$表之,若能证明$\mathscr{F} \supset \mathscr{C}$且$\mathscr{F}$是$\lambda$类,根据定理即可得到$\mathscr{F} \supset \sigma(\mathscr{C})$,亦即$\sigma(\mathscr{C})$中集具有“该性质”.

如果集类$\mathscr{C}$我们不知道它是否是π类,或者$\mathscr{F}$不易验证其

是否是 λ 类时，定理 1.3 不能用，但我们可直接验证条件 $\mathscr{C}\subset\mathscr{F}$ 且 $\mathscr{F}$ 是 σ 域，由 $\sigma(\mathscr{C})$ 的最小性亦可得到 $\sigma(\mathscr{C})\subset\mathscr{F}$，亦即 $\sigma(\mathscr{C})$ 中集具有“该性质”．验证 σ 域时可用定理 1.1．

类似地，对于含 $\mathscr{C}$ 的最小 λ 类 $\lambda(\mathscr{C})$，最小 σ 环 $\sigma_r(\mathscr{C})$，最小域 $\alpha(\mathscr{C})$ 等等，我们要证明它们中的元素(集)具有“某种性质”时，我们的办法仍是令 $\mathscr{F}$ 是所有具“该性质”的元素(集)全体，然后再验证 $\mathscr{C}\subset\mathscr{F}$ 且 $\mathscr{F}$ 对应地是 λ 类、σ 环、域等等，从而由最小性对应地得到 $\lambda(\mathscr{C})\subset\mathscr{F}$，$\sigma_r(\mathscr{C})\subset\mathscr{F}$，$\alpha(\mathscr{C})\subset\mathscr{F}$ 等等．即它们中的元素(集)具有“该性质”．

例 5　设 $\mathscr{C}$ 是非空集类，试证含 $\mathscr{C}$ 的最小 σ 环 $\sigma_r(\mathscr{C})$ 中的集都可被 $\mathscr{C}$ 中的可数个集所覆盖．亦即证明 $\sigma_r(\mathscr{C})$ 中集都具有性质“被 $\mathscr{C}$ 中可数个集所覆盖”．利用前述方法．令

$$\mathscr{F}=\{A:A \text{ 能被 } \mathscr{C} \text{ 中可数个集所覆盖}\}$$

$$=\left\{A:A\subset\bigcup_{n=1}^{\infty}C_n \text{ 且 } \{C_n:n\geqslant 1\}\subset\mathscr{C}\right\}.$$

只须验证 $\mathscr{C}\subset\mathscr{F}$ 且 $\mathscr{F}$ 是 σ 环．

设 $C\in\mathscr{C}$，取 $C_n=C\ (n\geqslant 1)$，则 $C=\bigcup_{n=1}^{\infty}C_n$ 且 $\{C_n:n\geqslant 1\}\subset\mathscr{C}$，故 $C\in\mathscr{F}$，因此 $\mathscr{C}\subset\mathscr{F}$．

设 $A_i\in\mathscr{F}$，则对每个 $i=1,2,3,\cdots$，都存在

$$\{C_n^{(i)}:n\geqslant 1\}\subset\mathscr{C}$$

使得

$$A_i\subset\bigcup_{n=1}^{\infty}C_n^{(i)},$$

故

$$A_1-A_2\subset A_1\subset\bigcup_{n=1}^{\infty}C_n^{(1)},$$

$$\bigcup_{i=1}^{\infty}A_i\subset\bigcup_{i=1}^{\infty}\bigcup_{n=1}^{\infty}C_n^{(i)}=\bigcup_{i,n=1}^{\infty}C_n^{(i)}$$

且

$$\{C_n^{(i)}:i,n=1,2,\cdots\}\subset\mathscr{C},$$

即 $\mathscr{F}$ 对"差"及"可数和"运算封闭. 所以 $\mathscr{F}$ 是 σ 环. 综上可得 $\mathscr{C}\subset\mathscr{F}$ 且 $\mathscr{F}$ 是 σ 环,故 $\sigma_r(\mathscr{C})\subset\mathscr{F}$. 证完.

关于 $\sigma(\mathscr{C})$ 与 $\mathscr{C}$ 的关系问题,再简述如下.

读者不难想象, 含 $\mathscr{C}$ 的最小域 $\alpha(\mathscr{C})$, 由含 $\mathscr{C}$ 的最小性, $\alpha(\mathscr{C})$ 中的集必定与 $\mathscr{C}$ 中集密切相关,再由域对"余"、"交"、"和"运算封闭,因此猜想是否可以通过 $\mathscr{C}$ 中集反复经过"余"、"交"及"和"运算逐步扩大而产生 $\alpha(\mathscr{C})$ 呢? 下面的构造性定理回答了这个问题.

定理 1.6 若 $\{\Omega,\phi\}\subset\mathscr{C}$, 则由 $\mathscr{C}$ 产生的最小域 $\alpha(\mathscr{C})$ 可表为

$$\alpha(\mathscr{C})=\bigcup_{n=0}^{\infty}\mathscr{C}_n,$$

其中 $\mathscr{C}_0=\mathscr{C}$, 对每个 $n\geqslant 1$

$$\mathscr{C}_n=\left\{\bigcup_{k=1}^{k_n}(A_k\cap B_k^c):\{A_k,B_k\}\subset\mathscr{C}_{n-1},\ k=1,2,\cdots,k_n;\ k_n=1,2,3\cdots\right\}$$

证. 对任意 $C\in\mathscr{C}_0$, 因 $\phi\in\mathscr{C}_0=\mathscr{C}$, 故

$$C=C\cap(\phi)^c\in\mathscr{C}_1.$$

所以 $\mathscr{C}_0\subset\mathscr{C}_1$, 用归纳法可证得

$$\mathscr{C}_{n-1}\subset\mathscr{C}_n\quad(n\geqslant 1).$$

根据 $\alpha(\mathscr{C})$ 是含 $\mathscr{C}$ 的域, 而域对"余"、"交"、"和"等运算都是封闭的,因此

$$\mathscr{C}=\mathscr{C}_0\subset\mathscr{C}_1\subset\cdots\subset\mathscr{C}_{n-1}\subset\mathscr{C}_n\subset\alpha(\mathscr{C}),\ (n\geqslant 1),$$

故 $\mathscr{C}\subset\bigcup_{n=0}^{\infty}\mathscr{C}_n\subset\alpha(\mathscr{C})$.

下证

$$\alpha(\mathscr{C})\subset\bigcup_{n=0}^{\infty}\mathscr{C}_n.$$

为此,由 $\mathscr{C}\subset\bigcup_{n=0}^{\infty}\mathscr{C}_n$ 及 $\alpha(\mathscr{C})$ 的最小性, 只须证 $\bigcup_{n=0}^{\infty}\mathscr{C}_n$ 是域即

了.

(i) 对"余"运算封闭：设 $A\in\bigcup_{n=0}^{\infty}\mathscr{C}_n$，则存在一个正整数 n_A，使得 $A\in\mathscr{C}_{n_A}$. 又由于

$$\Omega\in\mathscr{C}=\mathscr{C}_0\subset\mathscr{C}_1\subset\cdots\subset\mathscr{C}_{n_A},$$

根据 $\mathscr{C}_{n_A+1}$ 的定义，因而有

$$A^c=\Omega\cap A^c\in\mathscr{C}_{n_A+1}\subset\bigcup_{n=0}^{\infty}\mathscr{C}_n.$$

(ii) 对"和"运算封闭：设 $A,B\in\bigcup_{n=0}^{\infty}\mathscr{C}_n$，则存在正整数 n_A，n_B；使得

$$A\in\mathscr{C}_{n_A}\text{ 且 }B\in\mathscr{C}_{n_B}.$$

令 $n_0=\max\{n_A,n_B\}$，由 $\{\mathscr{C}_n:n\geqslant 1\}$ 的不减性可知

$$A,B\in\mathscr{C}_{n_A}\cup\mathscr{C}_{n_B}\subset\mathscr{C}_{n_0}.$$

由 $\mathscr{C}_{n_0}$ 的定义有

$$A=\bigcup_{k=1}^{k_{n_1}}(A_{1k}\cap B_{1k}^c),\quad B=\bigcup_{k=1}^{k_{n_2}}(A_{2k}\cap B_{2k}^c),$$

$$\{A_{ik},B_{ik}\}\subset\mathscr{C}_{n_0-1},\quad i=1,2;\quad k=1,2,\cdots,k_n.$$

$$k_n=\max\{k_{n_1},k_{n_2}\}.$$

故

$$A\cup B=\bigcup_{i=1}^{2}\bigcup_{k=1}^{k_{n_i}}(A_{ik}\cap B_{ik}^c)\in\mathscr{C}_{n_0}\subset\bigcup_{n=0}^{\infty}\mathscr{C}_n,$$

从而证明了"和"的封闭性.

综上得知 $\bigcup_{n=0}^{\infty}\mathscr{C}_n$ 是域. 从而由 $\mathscr{C}\subset\bigcup_{n=0}^{\infty}\mathscr{C}_n$ 可得

$$\alpha(\mathscr{C})\subset\bigcup_{n=0}^{\infty}\mathscr{C}_n,$$

再由前证反包含已成立，故

$$\alpha(\mathscr{C})=\bigcup_{n=0}^{\infty}\mathscr{C}_n.$$

证完.

对任意非空集类 $\mathscr{C}'$. 由 $\mathscr{C}$ 的非空性,设 $A\in\mathscr{C}'$, 由

$$\Omega = A + A^c,\quad \phi = A\cap A^c,$$

令 $\mathscr{C} = \mathscr{C}'\cup\{\Omega, \phi\}$. 利用上述定理,易证

$$\alpha(\mathscr{C}') = \alpha(\mathscr{C}) = \bigcup_{n=0}^{\infty}\mathscr{C}_n.$$

从而可得 $\mathscr{C}'$ 的最小域 $\alpha(\mathscr{C}')$ 可由 $\mathscr{C}'$ 中集通过“余”、“交”、“和
的运算逐步扩大经可数次扩张后,即可得到全部 $\alpha(\mathscr{C}')$ 中集. 当
然,对某些特殊形式的 $\mathscr{C}'$,可能经过一次或几次即可得到 $\alpha(\mathscr{C}')$

例 6　设 $\mathscr{C}' = \{A\}$ 是由一个集所构成的类,则

$$\alpha(\mathscr{C}') = \{\Omega = A + A^c, A, A^c, \phi\}.$$

读者自然会想到定理中的最小域 $\alpha(\mathscr{C})$ 推广到最小 σ 域
$\sigma(\mathscr{C})$ 的构造,是否可将 $\mathscr{C}_n(n\geqslant 1)$ 中的“和”推广到“可数和”
再对 $\{\mathscr{C}_n: n\geqslant 1\}$ 可数个求和就可得到 $\sigma(\mathscr{C})$ 呢? 答案是否定
的. 后一个求“可数和”,推广到更高一级的求和,定理才是成立的
(有兴趣的读者可参看 [1] p.26). 因此对最小 σ 域的构造,一般不
能通过对 $\mathscr{C}$ 中集进行“可数和”、“可数交”及“余”运算, 逐步扩大
集类, 经过“可数”次扩张得到最小 σ 域 $\sigma(\mathscr{C})$. 但对某些特殊类
型的集类 $\mathscr{C}$. 上述办法却有可能成立.

§ 1.4　可测空间,拓扑可测空间

定义 1.7　我们把某一给定的空间 Ω 及其上的 σ 域 $\mathscr{A}$ 所组
成的“对” $(\Omega, \mathscr{A})$ 称为一个可测空间, $\mathscr{A}$ 中的元素 (集) 称为
$\mathscr{A}$ 可测集.

今后若不另加申明, 我们都固定一个可测空间 $(\Omega, \mathscr{A})$, 所
谓的可测集(简称),就是 $\mathscr{A}$ 可测集.

可测集的“可测”与给定的可测空间有关, 一般说来, 同一个
集,也许对这一可测空间可测, 但对另一可测空间就未必“可测”.
显然, 若 A 是可测空间 $(\Omega, \mathscr{A})$ 的可测集, Ω 上的另一个 σ 域
$\mathscr{A}'\supset\mathscr{A}$, 则 A 是 $(\Omega, \mathscr{A}')$ 可测空间的可测集. 实变函数论[2

中所谓的可测集，是对特殊的勒贝格（Lebesgue）可测空间（R^1，$\mathscr{B}^1$）（$\mathscr{B}^1$ 表勒贝格可测集类）而言的，不要与我们这里的一般抽象空间的可测集混淆．

定义 1.8 若集类 $\mathscr{U}$ 满足：

(i) $\Omega \in \mathscr{U}$，

(ii) 对"任意和"及"有限交"运算封闭．

则称此集类 $\mathscr{U}$ 为空间 Ω 上的一个拓扑，$\mathscr{U}$ 中的元素称为开集．

例 7 取 $\Omega = R^n$——n 维欧几里得空间，

$$\mathscr{U} = \{R^n \text{ 中的开集全体}\}.$$

易证．这样的 $(\Omega, \mathscr{U})$ 是一个拓扑．事实上，一般拓扑这个定义，正是从这些具体的东西，抽象和发展而来的．

定义 1.9 设 $\mathscr{U}$ 是空间 Ω 上的一个拓扑．

(i) 我们把 $(\Omega, \mathscr{U})$ 称为一个拓扑空间．

(ii) 称 $(\Omega, \mathscr{U}, \sigma(\mathscr{U}))$ 为一个拓扑可测空间．

拓扑可测空间 $(\Omega, \mathscr{U}, \sigma(\mathscr{U}))$ 是一个特殊的可测空间，它的 σ 域 $\sigma(\mathscr{U})$ 是由一个拓扑 $\mathscr{U}$ 产生的 σ 域．而一般的可测空间，只决定一个空间 Ω 和其上的一个 σ 域 $\mathscr{A}$，可以完全不牵涉到拓扑，更可以不是由一个拓扑产生的 σ 域．

正如我们把由直线，一般地，n 维欧氏空间上的开集类产生的 σ 域（等价于"半开区间"类产生的 σ 域）称为波莱尔集类一样，我们也把 $\sigma(\mathscr{U})$ 称为拓扑空间 $(\Omega, \mathscr{U})$ 的波莱尔集类，常以 $\mathscr{B}(\mathscr{U})$ 表之．

习　　题

1. 试指出下列各种情形，哪些是域，哪些是 σ 域，哪些是 π 类，哪是 λ 类，哪是单调类？

(i) Ω 是不可列集

$$\mathscr{C} = \{A : A \text{ 或 } A^c \text{ 的势至多可数}\}.$$

(ii) Ω 是不可列集，$\mathscr{C} = \{A : A \text{ 的势至多可数}\}$．

(iii) 设 $\mathscr{C}$ 是环，$\mathscr{F} = \{A : A \in \mathscr{C} \text{ 或 } A^c \in \mathscr{C}\}$．

(iv) Ω 是实平面，$\mathscr{C}=\{A:A$ 或 A^c 能被至多可数条水平直线覆盖$\}$.

(v) 设 $A\neq\phi$, $A\neq\Omega$, $\mathscr{C}=\{\Omega, A, A^c\}$.

2. 设 $\mathscr{A}_1$, $\mathscr{A}_2$ 是二个同一空间的集类. 若 $A_i\in\mathscr{A}_i(i=1,2)$, 试问: $A_1\cup A_2\in\mathscr{A}_1\cup\mathscr{A}_2$, $A_1\cap A_2\in\mathscr{A}_1\cap\mathscr{A}_2$ 是否成立?

3. 设 $A_{2n-1}=A$, $A_{2n}=B(n=1,2,\cdots)$ 且 $A\neq B$.

(i) 试求 $\overline{\lim\limits_{n\to\infty}}A_n$, $\underline{\lim\limits_{n\to\infty}}A_n$;

(ii) 试问 $\lim\limits_{n\to\infty}A_n$ 存在否?

4. 试证集列 $\{A_n:n\geqslant1\}$ 的上、下极限集与集列的前有限项无关;再证. 如果除去有限项后,集列是单调的, 则引理 1.1 仍成立

5. 设 $A_{2n-1}=\left(0,1-\dfrac{1}{2n-1}\right)$, $A_{2n}=\left(0,1+\dfrac{1}{2n}\right)(n\geqslant1)$

试问: $\{A_n:n\geqslant1\}$ 单调吗? 极限集是否存在?

6. 试举一个是 λ 类而不是 π 类的实例.

7. 设集类 $\mathscr{C}$ 满足:

(λ_1) 空间 $\Omega\in\mathscr{C}$;

(λ_2) "真差"运算封闭.

试证: $\mathscr{C}$ 对"余"及"直和"运算封闭.

8. 设 $\mathscr{F}$ 是对单调不增极限及不相交可数和运算封闭的集类(称为正规类),试证: σ 环是正规类;正规环是 σ 环.

9. 设 $\mathscr{C}$ 是非空集类, 试证: 对每个 $A\in\sigma(\mathscr{C})$ 都存在一个集列 $\{B_n:n\geqslant1\}\subset\mathscr{C}$($\{B_n:n\geqslant1\}$ 与 A 有关),使得 $A\in\sigma(\{B_n:n\geqslant1\})$.

10. 设 $\mathscr{C}$ 是空间 Ω 上的非空集类, A 是 Ω 中任意固定集,令

$$\mathscr{C}\cap A=\{B\cap A:B\in\mathscr{C}\}.$$

试证:
$$A\cap\sigma(\mathscr{C})=\sigma(\mathscr{C}\cap A)\cap A.$$

11. 设 $\mathscr{A}$ 是 σ 域, $A\in\mathscr{A}$ 且 $A\neq\phi$; 试问对任意集 $B\subset A$, 是否 $B\in\mathscr{A}$? 若不一定,试举一反例以明之.

12. 设 $\mathscr{C}_1=\{A\}$, $\mathscr{C}_2=\{$空间 $[0, 1]$ 中有理数的一切有限

子集}，试分别找出 $\mathscr{C}_1$，$\mathscr{C}_2$ 的最小 σ 环和最小 σ 域.

13. 设 $\bar{R}=[-\infty,+\infty]=(-\infty,+\infty)+\{-\infty\}+\{+\infty\}$

$$\mathscr{C}=\left\{\sum_{k=1}^{n}(a_k,b_k]:-\infty<a_k\leqslant b_k<+\infty,(a_k,b_k]\right.$$

$$\left.(k=1,2,\cdots,n)\text{ 互不相交};n\geqslant 1\right\}.$$

以 R 为空间含 $\mathscr{C}$ 的最小 σ 域 $\sigma(\mathscr{C})$，记为 $\mathscr{B}$. 以 $\bar{R}$ 为空间含 $\mathscr{C}$ 的最小 σ 域 $\sigma(\mathscr{C})$，记为 $\mathscr{B}_\infty$，试问 $\mathscr{B}$ 和 $\mathscr{B}_\infty$ 有何关系?

14. 设 $\mathscr{C}$ 是空间 Ω 的任一子集类，令

$\mathscr{A}_1=\{A:A\in\mathscr{C}$ 或 $A^c\in\mathscr{C}\}\cup\{\Omega,\phi\}$,

$$\mathscr{A}_2=\left\{\bigcap_{k=1}^{n}A_k:A_k\in\mathscr{A}_1(k=1,2,\cdots,n),n\geqslant 1\right\},$$

$$\mathscr{A}_3=\left\{\sum_{j=1}^{m}B_j:B_j\in\mathscr{A}_2(j=1,\ 2,\ \cdots,\ m)\text{ 且互不相交},\right.$$

$$\left.m\geqslant 1\right\}.$$

试证: $\mathscr{A}_3=\alpha(\mathscr{C})$，其中 $\alpha(\mathscr{C})$ 是含 $\mathscr{C}$ 的最小 σ 域.

15. 设 $\mathscr{C}=\{A_n:n\geqslant 1\}$ 且 $A_i\cap A_j=\phi(i\neq j)$，试求含 $\mathscr{C}$ 的最小 σ 域 $\sigma(\mathscr{C})$.

16. 设 $A\subset\Omega$. 令

$$\mathscr{C}=\{B:A\subset B\subset\Omega\}.$$

试问 $\sigma(\mathscr{C})$ 是由 Ω 的哪些子集构成的?

17. 设集类 $\mathscr{C}$ 是由可数个集所构成，试证含 $\mathscr{C}$ 的最小域 $\alpha(\mathscr{C})$ 也是由可数个集所构成. 试问 $\sigma(\mathscr{C})$ 中集的个数是否也可数?

第二章 σ域上测度的构造

§2.1 测度的定义及其基本性质

本章的中心问题就是要在 σ 域上建立测度，但 σ 域的结构一般说来是很复杂的，要在其上直接建立测度，不是一件容易的事．因此，通常总是先在较简单的集类，如半域（或更简单的集类）上建立测度，然后设法将该测度的定义拓展到更大的集类上去．

以集类为定义域的函数叫做集函数．以下我们要考虑取实值（也可取 $\pm\infty$）的集函数．为了避免误解，对 $\pm\infty$ 所作各种运算的意义，特规定如下：对任意实数 a

$$a+(\pm\infty)=(\pm\infty)+a=\pm\infty,$$

$$a(\pm\infty)=(\pm\infty)a=\begin{cases}\pm\infty, & a>0,\\ 0, & a=0,\\ \mp\infty, & a<0,\end{cases}$$

$$a/\pm\infty=0,$$

$$\pm|a|/0=\pm\infty,\quad a\neq 0.$$

在实变函数论[2]中，我们知道勒贝格测度的最“核心”的性质是它的非负性及可数加性．对一般的抽象空间，自然我们可以把它作为公理来定义测度．

定义 2.1 设 P 是定义在环 $\mathscr{C}$ 上的集函数，如果 P 满足条件：

(P_1) $P(\phi)=0$；

(P_2) 非负性．$0\leqslant P(A)\leqslant+\infty$，对任意 $A\in\mathscr{C}$；

(P_3) σ 加性（或可数加性）．对任意 $\{A_n:n\geqslant 1\}\subset\mathscr{C}$，$A_i\cap A_j=\phi(i\neq j)$ 且 $\sum\limits_{n=1}^{\infty}A_n\in\mathscr{C}$ 都有 $P\left(\sum\limits_{n=1}^{\infty}A_n\right)=\sum\limits_{n=1}^{\infty}P(A_n)$；则称 P 是 $\mathscr{C}$ 上的一个测度．

(P_3') 有限加性. 若对任意 $A, B \in \mathscr{C}$ 且 $A \cap B = \phi$ 都有 $P(A + B) = P(A) + P(B)$，则称 P 在 $\mathscr{C}$ 上具有有限加性. 利用归纳法,不难证明对任意有限个不相交集 $\{A_1, A_2, \cdots, A_n\} \subset \mathscr{C}$，亦有

$$P\left(\sum_{i=1}^{n} A_i\right) = \sum_{i=1}^{n} P(A_i).$$

设 P 是环 $\mathscr{C}$ 上满足 (P_1) 和 (P_2) 的集函数，则条件 $(P_3)\sigma$ 加性可导得 (P_3') 有限加性,但反之不真. 事实上,对任意 $A, B \in \mathscr{C}$，且 $A \cap B = \phi$，由 (P_3) 及 (P_1) 有

$$\begin{aligned} P(A + B) &= P(A + B + \phi + \cdots + \phi + \cdots) \\ &= P(A) + P(B) + P(\phi) + \cdots + P(\phi) \\ &\quad + \cdots = P(A) + P(B), \end{aligned}$$

即 (P_3') 成立.

例 1 设 $\Omega = R = (-\infty, +\infty)$.

$$\mathscr{C} = \left\{\sum_{i=1}^{n} (a_i, b_i] : -\infty < a_i \leqslant b_i < +\infty \text{ 且 } (a_i, b_i] \right.$$
$$\left. (i = 1, 2, \cdots, n) \text{ 互不相交}, n \geqslant 1\right\}.$$

在 $\mathscr{C}$ 上定义集函数

$$P\left(\sum_{i=1}^{n} (a_i, b_i]\right) = \sum_{i=1}^{n} b_i - a_i.$$

易证 P 是半域 $\mathscr{C}$ 上测度.

例 2 设 $\Omega = \{\omega_1, \omega_2, \cdots, \omega_n, \cdots\}$

$$\mathscr{C} = S(\Omega) \text{ 是 } \Omega \text{ 的一切子集类}$$

在 σ 域 $\mathscr{C}$ 上定义集函数 P 为

$$P(\{\omega_i\}) = p_i, \ P(A) = \sum_{\omega_i \in A} P(\{\omega_i\}) = \sum_{\omega_i \in A} p_i,$$
$$P(\phi) = 0,$$

其中 $p_i (i \geqslant 1)$ 是非负实数. 易验证 P 是 $\mathscr{C}$ 上测度. 其特例是定义

$$P(A) = A \text{ 中点的个数},$$

亦即
$$P(\{\omega_i\}) = p_i = 1 \quad (i = 1,2,3,\cdots).$$

例 3 设 $\mathscr{C} = \{\Omega, \phi\}$，在 $\mathscr{C}$ 上定义

$$P(\Omega) = 1, \quad P(\phi) = 0.$$

则 P 是域 $\mathscr{C}$ 上测度.

环 $\mathscr{C}$ 上的任意测度 P 具有以下性质：

性质 1（单调性） 若 $A, B \in \mathscr{C}$ 且 $A \subset B$，则 $P(A) \leqslant P(B)$.

证 因为 $A \subset B$ 可得 $B = A + (B - A)$. 由 $\mathscr{C}$ 是环及 $A, B \in \mathscr{C}$ 知 $B - A \in \mathscr{C}$. 利用测度的 σ 加性可导得有限加性，故

$$P(B) = P(A) + P(B - A).$$

再利用测度的非负性知 $P(B - A) \geqslant 0$，所以

$$P(B) \geqslant P(A).$$

性质 2（减性） 若 $A, B \in \mathscr{C}$，$A \subset B$ 且 $P(A) < +\infty$，则

$$P(B - A) = P(B) - P(A).$$

证 根据性质 1 中所证

$$P(B) = P(A) + P(B - A)$$

利用 $P(A) < +\infty$ 及 $P(A) \geqslant 0$ 可得

$$P(B - A) = P(B) - P(A).$$

证完.

性质 1 和性质 2 从证明中可见，它们并未用到测度的 σ 加性，而只用到 (P_3') 有限加性. 因此它们对任意非负可加集函数都成立.

性质 3（半 σ 加性） 若 $\{A_n: n \geqslant 1\} \subset \mathscr{C}$，$A \in \mathscr{C}$ 且 $A \subset \bigcup_{n=1}^{\infty} A_n$，则

$$P(A) \leqslant \sum_{n=1}^{\infty} P(A_n).$$

特别，若 $\bigcup_{n=1}^{\infty} A_n \in \mathscr{C}$，则有

$$P\left(\bigcup_{n=1}^{\infty} A_n\right) \leqslant \sum_{n=1}^{\infty} P(A_n).$$

证 利用 (1.6) 式及 $A \subset \bigcup_{n=1}^{\infty} A_n$，有下式成立

$$A = \left(\bigcup_{n=1}^{\infty} A_n\right) \cap A = \left(\sum_{n=1}^{\infty} B_n\right) \cap A = \sum_{n=1}^{\infty} B_n \cap A,$$

其中

$$B_n = A_0^c A_1^c \cdots A_{n-1}^c A_n (n \geqslant 1), A_0 = \phi.$$

由 σ 加性及 $B_n \subset A_n (n \geqslant 1)$ 和性质 1 可得

$$P(A) = \sum_{n=1}^{\infty} P(B_n A) \leqslant \sum_{n=1}^{\infty} P(A_n A) \leqslant \sum_{n=1}^{\infty} P(A_n).$$

取 $A = \bigcup_{n=1}^{\infty} A_n \in \mathscr{C}$，则有

$$P\left(\bigcup_{n=1}^{\infty} A_n\right) \leqslant \sum_{n=1}^{\infty} P(A_n).$$

性质 4（下连续性） 设 $\{A_n : n \geqslant 1\} \subset \mathscr{C}$ 且 $A \in \mathscr{C}$. 若 $A_n \uparrow A (n \to \infty)$，则 $P(A_n) \uparrow P(A)$，亦即

$$\lim_{n \to \infty} P(A_n) = P(\lim_{n \to \infty} A_n) = P(A).$$

证 由 (1.6) 式及 $\{A_n : n \geqslant 1\} \subset \mathscr{C}$ 且是不减列，再根据引理 1.1 可得

$$A = \bigcup_{k=1}^{\infty} A_k = \sum_{k=1}^{\infty} (A_k - A_{k-1}),$$

其中 $A_0 = \phi$. 由 σ 加性知

$$P(A) = \sum_{k=1}^{\infty} P(A_k - A_{k-1}) = \lim_{n \to \infty} \sum_{k=1}^{n} P(A_k - A_{k-1})$$

$$= \lim_{n \to \infty} P\left(\sum_{k=1}^{n} (A_k - A_{k-1})\right) = \lim_{n \to \infty} P(A_n).$$

性质 5（上连续性） 设 $\{A_n : n \geqslant 1\} \subset \mathscr{C}$ 且 $A \in \mathscr{C}$，若 $A_n \downarrow A (n \to \infty)$，并且存在一个 A_{n_0} 使得 $P(A_{n_0}) < +\infty$，则 $P(A_n) \downarrow$

$P(A)$，亦即

$$\lim_{n\to\infty}P(A_n)=P(\lim_{n\to\infty}A_n)=P(A).$$

证 因 $A_n\downarrow A$，故 $(A_{n_0}-A_n)\uparrow(A_{n_0}-A)(n\geqslant n_0)$. 由性质 4 及性质 2 得到：当 $n\geqslant n_0$ 时

$$\begin{aligned}P(A_{n_0})-P(A_n)&=P(A_{n_0}-A_n)\uparrow P(A_{n_0}-A)\\&=P(A_{n_0})-P(A).\end{aligned}$$

再由 $P(A_{n_0})<+\infty$ 得 $P(A_n)\downarrow P(A)$. 证完.

性质 5 中条件“存在一个 A_{n_0}，使得 $P(A_{n_0})<+\infty$”去掉后结论是不一定成立的. 反例如下：

例 4 设 $\Omega=\{1,2,3,\cdots\}$，$\mathscr{C}=S(\Omega)$，

$$P(A)=A\text{ 中点的个数}.$$

已知 P 是测度，取

$$A_n=\{n,n+1,n+2,\cdots\},\quad n\geqslant 1.$$

显然，$A_n\downarrow\phi$，且 $P(A_n)=+\infty\ (n\geqslant 1)$，故

$$\lim_{n\to\infty}P(A_n)=+\infty\neq 0=P(\phi).$$

定义 2.2 设 φ 是环 $\mathscr{C}$ 上的集函数.

(i) 如果对任意 $A\in\mathscr{C}$，都有 $|\varphi(A)|<+\infty$ 成立，则称 φ 在 $\mathscr{C}$ 上是有穷的.

(ii) 如果对任意 $A\in\mathscr{C}$，都存在一个集列 $\{A_n:n\geqslant 1\}\subset\mathscr{C}$ 使得

$$A\subset\bigcup_{n=1}^{\infty}A_n\text{ 且 }|\varphi(A_n)|<+\infty\quad(n\geqslant 1),$$

则称 φ 在 $\mathscr{C}$ 上是 σ 有穷的.

引理 2.1 设 $\mathscr{C}$ 是空间 Ω 上的半域，P 是 $\mathscr{C}$ 上的测度，则 P 在 $\mathscr{C}$ 上 σ 有穷的充要条件是：存在一个不相交的集列 $\{\Omega_n:n\geqslant 1\}\subset\mathscr{C}$，使得

$$\Omega=\sum_{n=1}^{\infty}\Omega_n\text{ 且 }P(\Omega_n)<+\infty\quad(n\geqslant 1)$$

成立.

证　先证充分性：由于对任意 $A \in \mathscr{C}$，都有

$$A \subset \Omega = \sum_{n=1}^{\infty} \Omega_n \text{ 而 } 0 \leqslant P(\Omega_n) < +\infty \quad (n \geqslant 1),$$

故知 P 在 $\mathscr{C}$ 上 σ 有穷.

次证必要性：由于 $\mathscr{C}$ 是半域，所以存在一个不相交集列 $\{G_n: n \geqslant 1\} \subset \mathscr{C}$ 且 $\Omega = \sum_{n=1}^{\infty} G_n$. 再由 P 在 $\mathscr{C}$ 上是 σ 有穷的，故对每个 $G_n (n \geqslant 1)$ 都存在一个集列 $\{A_{nk}: k \geqslant 1\} \subset \mathscr{C}$ 使得

$$P(A_{nk}) < +\infty (k \geqslant 1) \text{ 且 } G_n \subset \bigcup_{k=1}^{\infty} A_{nk}.$$

根据 $\mathscr{C}$ 是半域及 (1.6) 式我们不妨假定 $\{A_{nk}: k \geqslant 1\}$ 是互不相交的集列. 这时集列 $\{G_n \cap A_{nk}: n, k = 1, 2, 3, \cdots\}$ 具有互不相交且包含于 $\mathscr{C}$ 中，以及

$$\sum_{n=1}^{\infty} \sum_{k=1}^{\infty} G_n \cap A_{nk} = \Omega$$

且

$$P(G_n \cap A_{nk}) \leqslant P(A_{nk}) < +\infty \quad (n, k \geqslant 1)$$

等性质. 令

$$\Omega_{nk} = G_n \cap A_{nk},$$

则

$$\Omega = \sum_{n,k=1} \Omega_{nk} \text{ 且 } P(\Omega_{nk}) < +\infty \quad (n, k \geqslant 1).$$

从而必要性得证. 证完.

易证，若 $\mathscr{C}$ 是域，这时 $\Omega \in \mathscr{C}$，则 $\mathscr{C}$ 上测度 P 的有穷性等价于 $P(\Omega) < +\infty$. 显然 P 有穷必是 σ 有穷的，但反之不真.

引理 2.1 说明了在 $\mathscr{C}$ 是半域及 P 是测度的条件下，P 在 $(\Omega, \mathscr{C})$ 上的 σ 有穷性表明，虽然 P 在 $(\Omega, \mathscr{C})$ 上不一定是有穷的，但 P 在每个 $(\Omega_n, \mathscr{C}_n)$ 上确是有穷的. 其中对每个 $n \geqslant 1$

$$\mathscr{C}_n = \{A \cap \Omega_n: A \in \mathscr{C}\}$$

是以 Ω_n 为空间的域.

我们把域 $\mathscr{C}$ 上具有 $P(\Omega) = 1$ 的测度 P 称为概率测度（或简

称概率).

易见例 1 和例 4 是 σ 有穷测度，例 3 是概率测度. 在验证某一给定的集函数是测度时，σ 加性最不易验证，下面定理提供一个简便办法.

定理 2.1 设 P 是环 $\mathscr{C}$ 上有限可加，非负，有穷集函数，则 P 是 σ 可加的充要条件是 P 满足“连续性公理”：对任意 $\{A_n:n\geqslant 1\}\subset\mathscr{C}$ 且 $A_n\downarrow\phi$ 都有 $P(A_n)\downarrow 0(n\to\infty)$.

证 必要性由性质 5 得到.

充分性 设 $\{B_n:n\geqslant 1\}$ 是 $\mathscr{C}$ 中任一不相交集列且 $B=\sum_{n=1}^{\infty}B_n\in\mathscr{C}$，令 $A_n=\sum_{k=n+1}^{\infty}B_k$. 显然，$A_n\downarrow\phi$ 且 $A_n=B-\sum_{k=1}^{n}B_k\in\mathscr{C}(n=1,2,3,\cdots)$. 由连续性条件可得 $P(A_n)\downarrow 0\ (n\to\infty)$，再由有限加性得

$$P\left(\sum_{k=1}^{\infty}B_k\right)=P\left(\sum_{k=1}^{n}B_k+A_n\right)=P\left(\sum_{k=1}^{n}B_k\right)+P(A_n)$$

$$=\sum_{k=1}^{n}P(B_k)+P(A_n)\underset{n\to\infty}{\longrightarrow}\sum_{k=1}^{\infty}P(B_k)+0.$$

故

$$P\left(\sum_{k=1}^{\infty}B_k\right)=\sum_{k=1}^{\infty}P(B_k),$$

即 σ 加性成立. 证完.

为了将半域 $\mathscr{C}$ 上的测度扩张到 $\sigma(\mathscr{C})$ 上去，外测度的理论是重要的. 回顾实变函数论[2]中的扩张办法是通过引进外测度和内测度的概念，然后利用内、外测度相等来定义 L 可测集类，从而达到扩张的目的. 当然我们这里也可采取这种办法，但下文采用的是由卡拉吉奥多里提供的更为简捷的方法.

§2.2 外 测 度

定义 2.3 设 P^* 是定义在空间 Ω 的一切子集类 $S(\Omega)$ 上的集

函数，如果它满足：

(P_1^*) $P^*(\phi)=0$，

(P_2^*)（单调性）．若 $A\subset B$，则 $P^*(A)\leqslant P^*(B)$，

(P_3^*)（半 σ 加性）对任意集列 $\{A_n:n\geqslant 1\}$ 有

$$P^*\left(\bigcup_{n=1}^{\infty}A_n\right)\leqslant\sum_{n=1}^{\infty}P^*(A_n).$$

则称 P^* 为 $S(\Omega)$ 上的外测度．

显然，由 (P_1^*) 和 (P_2^*) 可知 P^* 是非负的．由测度的定义及性质可知，$S(\Omega)$ 上任何测度都是外测度．但反之不真．

定义 2.4 设 $\mathscr{C}$ 是半域，对于集 B 如果集列 $\{C_n:n\geqslant 1\}$ 满足：$B\subset\bigcup\limits_{n=1}^{\infty}C_n$ 且 $\{C_n:n\geqslant 1\}\subset\mathscr{C}$，则称 $\{C_n:n\geqslant 1\}$ 是 B 的一个 $\mathscr{C}$ 覆盖类．

例 5 设

$$P^*(A)=\begin{cases}0, & A=\phi,\\ 1, & A\neq\phi,\end{cases}\quad A\in S(\Omega).$$

易证：P^* 是外测度，但不是测度(当 Ω 不是单点集时)．

引理 2.2 若 $\mathscr{C}$ 是空间 Ω 上半域，则对任何集 $A\in S(\Omega)$ 都存在一个与 A 无关的 $\mathscr{C}$ 覆盖．

证 因 $\mathscr{C}$ 是半域，故存在一个不相交集列 $\{G_n:n\geqslant 1\}\subset\mathscr{C}$ 且 $\sum\limits_{n=1}^{\infty}G_n=\Omega\supset A$．因此 $\{G_n:n\geqslant 1\}$ 即为所求的 $\mathscr{C}$ 覆盖．

定理 2.2 设 $\mathscr{C}$ 是半域，P 是 $\mathscr{C}$ 上测度，对任意 $A\in S(\Omega)$，令

$$P^*(A)=\inf\left\{\sum_{n=1}^{\infty}P(C_n):A\subset\bigcup_{n=1}^{\infty}C_n\text{ 且 }\{C_n:n\geqslant 1\}\subset\mathscr{C}\right\}. \tag{2.1}$$

则 P^* 是外测度且在 $\mathscr{C}$ 上 P^* 与 P 相同．进而，若 P 在 $\mathscr{C}$ 上 σ 有穷，则 P^* 在 $S(\Omega)$ 上也必 σ 有穷．

证 根据引理 2.2，对任意 $A\in S(\Omega)$ 必至少存在一个 A 的 $\mathscr{C}$ 覆盖，从而保证了 (2.1) 式中下确界有意义．

因 $\phi\in\mathscr{C}$，故 $P^*(\phi)=P(\phi)=0$，即 (P_1^*) 成立．设 $A\subset B$，

则对任意 B 的 $\mathscr{C}$ 覆盖类 $\{C_n:n\geqslant 1\}$ 都必是 A 的 $\mathscr{C}$ 覆盖类，由参加取下确界的范围愈大，下确界值愈小的性质知 $P^*(A)\leqslant P^*(B)$，即 (P_2^*) 成立.

下证 (P_3^*) 成立. 设 $A=\bigcup_{n=1}^{\infty}A_n$，先设 $P^*(A_n)<+\infty$ $(n=1,2,\cdots)$. 由下确界的性质知，任给 $\varepsilon>0$ 对每个 n，都存在一列 $\{C_k^n:k\geqslant 1\}\subset\mathscr{C}$ 且 $A_n\subset\bigcup_{k=1}^{\infty}C_k^n$，使得

$$P^*(A_n)+\varepsilon/2^n>\sum_{k=1}^{\infty}P(C_k^n).$$

显然

$$A\subset\bigcup_{n,k=1}^{\infty}C_k^n \text{ 且 } \{C_k^n:n\geqslant 1,k\geqslant 1\}\subset\mathscr{C}.$$

故

$$P^*(A)\leqslant\sum_{n,k=1}^{\infty}P(C_k^n)<\sum_{n=1}^{\infty}\left(P^*(A_n)+\frac{\varepsilon}{2^n}\right)$$

$$=\sum_{n=1}^{\infty}P^*(A_n)+\varepsilon.$$

所以 $P^*(A)\leqslant\sum_{n=1}^{\infty}P^*(A_n)$，即 (P_3^*) 成立.

如果 $\{P^*(A_n):n\geqslant 1\}$ 中有一个 $P^*(A_{n_0})=+\infty$，则更有

$$P^*(A)\leqslant+\infty=P^*(A_{n_0})\leqslant\sum_{n=1}^{\infty}P^*(A_n)$$

成立，即 (P_3^*) 成立.

由于 $\mathscr{C}$ 中的任一元素 C，$\{C\}$ 是 C 的一个 $\mathscr{C}$ 覆盖类. 因此由 (2.1) 可得 $P^*(C)\leqslant P(C)$；另一方面，对 C 的任一个 $\mathscr{C}$ 覆盖类 $\{C_n:n\geqslant 1\}$，由于 P 是 $\mathscr{C}$ 上测度，所以有

$$P(C)\leqslant P\left(\bigcup_{n=1}^{\infty}C_n\right)\leqslant\sum_{n=1}^{\infty}P(C_n).$$

再由 (2.1) 知 $P(C)\leqslant P^*(C)$. 从而证明了 $P(C)=P^*(C)$ 即在

$\mathscr{C}$ 上 $P^* = P$.

根据引理 2.1 及在 $\mathscr{C}$ 上 $P^* = P$，可由 P 在 $\mathscr{C}$ 上的 σ 有穷性导得 P^* 在 $S(\Omega)$ 上的 σ 有穷性. 证完.

定理 2.2 中的半域，若加强为域时，则 P 的有穷性可导得 P^* 的有穷性.

定义 2.5 设 P 是半域 $\mathscr{C}$ 上测度，我们把由 (2.1) 式定义的外测度 P^* 称为 $\mathscr{C}$ 上测度 P 的导出外测度.

外测度在什么条件下就是测度呢?

引理 2.3 若外测度 P^* 在半域 $\mathscr{C}$ 上是有限可加的，则 P^* 是 $\mathscr{C}$ 上测度.

证 由 (P_1^*) 和 (P_2^*) 知 $P^*(\phi) = 0$ 及 P^* 是非负的. 根据 (P_3^*)，为证 P^* 是 σ 可加的，只须证 P^* 有下述性质：对任意 $\{B_n: n \geqslant 1\} \subset \mathscr{C}$ 且 $B_i \cap B_j = \phi (i \neq j)$ 有

$$\sum_{n=1}^{\infty} P^*(B_n) \leqslant P^*\left(\sum_{n=1}^{\infty} B_n\right) \tag{2.2}$$

成立即可. 事实上，对每个 $n \geqslant 1$，由 P^* 的单调性及有限加性知

$$\sum_{k=1}^{n} P^*(B_k) = P^*\left(\sum_{k=1}^{n} B_k\right) \leqslant P^*\left(\sum_{k=1}^{\infty} B_k\right).$$

令 $n \to \infty$ 即得 (2.2) 式. 证完.

由引理 2.3 知 $S(\Omega)$ 上外测度 P^*，若把它的定义域"缩小"到某一个满足有限加性的半域上，则 P^* 在此半域上就必是测度了. 基于这一思想，我们有下面定理.

定理 2.3 设 P^* 是 $S(\Omega)$ 上外测度，令

$$\mathscr{F}^* = \{A: 对任意\ B \in S(\Omega)\ 都有\ P^*(B) = P^*(BA) + P^*(BA^c)\}. \tag{2.3}$$

则 (i) $\mathscr{F}^*$ 是 σ 域，(ii) P^* 在 $\mathscr{F}^*$ 上是测度.

证 (a) 先证 $\mathscr{F}^*$ 是域. 设 $A \in \mathscr{F}^*$，由 (2.3) 对任意 $B \in S(\Omega)$ 有

$$P^*(B) = P^*(BA) + P^*(BA^c) = P^*(BA^c) + P^*(B(A^c)^c).$$

故 $A^c \in \mathscr{F}^*$，即 $\mathscr{F}^*$ 对"余"封闭.

设 $A_1, A_2 \in \mathscr{F}^*$. 由 (2.3) 和 B 的任意性分别以 BA_1, BA_1^c 代替 B 可得

$$\begin{aligned} P^*(B) &= P^*(BA_1) + P^*(BA_1^c) \\ &= P^*(BA_1A_2) + P^*(BA_1A_2^c) + P^*(BA_1^cA_2) \\ &\quad + P^*(BA_1^cA_2^c). \end{aligned} \tag{2.4}$$

在 (2.4) 中再以 $B(A_1 \cup A_2)$ 代替 B 得

$$\begin{aligned} P^*(B(A_1 \cup A_2)) &= P^*(BA_1A_2) + P^*(BA_1A_2^c) \\ &\quad + P^*(BA_1^cA_2) + 0. \end{aligned} \tag{2.5}$$

将 (2.5) 代入 (2.4) 得

$$\begin{aligned} P^*(B) &= P^*(B(A_1 \cup A_2)) + P^*(BA_1^cA_2^c) \\ &= P^*(B(A_1 \cup A_2)) + P^*(B(A_1 \cup A_2)^c). \end{aligned}$$

故 $A_1 \cup A_2 \in \mathscr{F}^*$，所以 $\mathscr{F}^*$ 对"和"封闭. 从而 $\mathscr{F}^*$ 是域.

(b) 证 $\mathscr{F}^*$ 是 σ 域及 (ii). 为证 $\mathscr{F}^*$ 是 σ 域，由 (a) 及定理 1.1 只须证 $\mathscr{F}^*$ 对"可数不相交和"封闭即可. 事实上，设 $\{A_n: n \geqslant 1\} \subset \mathscr{F}^*$ 且 $A_i \cap A_j = \phi (i \neq j)$. 由 (2.5) 并利用归纳法，不难证明

$$P^*\left(\sum_{k=1}^{n} BA_k\right) = \sum_{k=1}^{n} P^*(BA_k) \quad (n = 1, 2, \cdots). \tag{2.6}$$

由 (a) 的证明知 $\sum\limits_{k=1}^{n} A_k \in \mathscr{F}^*$，即对任意 $n \geqslant 1$ 有

$$\begin{aligned} P^*(B) &= P^*\left(B\left(\sum_{k=1}^{n} A_k\right)\right) + P^*\left(B\left(\sum_{k=1}^{n} A_k\right)^c\right) \\ &\geqslant \sum_{k=1}^{n} P^*(BA_k) + P^*\left(B\left(\sum_{k=1}^{\infty} A_k\right)^c\right). \end{aligned}$$

令 $n \to \infty$ 得

$$P^*(B) \geqslant \sum_{k=1}^{\infty} P^*(BA_k) + P^*\left(B\left(\sum_{k=1}^{\infty} A_k\right)^c\right).$$

再由 (P_3^*) 知

$$P^*(B) \geqslant P^*\left(B\left(\sum_{k=1}^{\infty} A_k\right)\right) + P^*\left(B\left(\sum_{k=1}^{\infty} A_k\right)^c\right).$$

反不等式由 (P_3^*) 是显然的. 故

$$\begin{aligned} P^*(B) &= P^*\left(B\left(\sum_{k=1}^{\infty} A_k\right)\right) + P^*\left(B\left(\sum_{k=1}^{\infty} A_k\right)^c\right) \\ &= \sum_{k=1}^{\infty} P^*(BA_k) + P^*\left(B\left(\sum_{k=1}^{\infty} A_k\right)^c\right). \end{aligned}$$

所以 $\sum_{k=1}^{\infty} A_k \in \mathscr{F}^*$. 取 $B = \sum_{k=1}^{\infty} A_k$ 时还有

$$P^*\left(\sum_{k=1}^{\infty} A_k\right) = \sum_{k=1}^{\infty} P^*(A_k),$$

亦即 P^* 在 $\mathscr{F}^*$ 上是 σ 可加的. 从而得到 $\mathscr{F}^*$ 是 σ 域且 P^* 是 $\mathscr{F}^*$ 上测度.

定义 2.6 设 P^* 是 $S(\Omega)$ 上外测度, 如果集 $A \in S(\Omega)$ 满足: 对任意 $B \in S(\Omega)$ 都有

$$P^*(B) = P^*(AB) + P^*(A^cB) \tag{2.3}^*$$

成立,则称 A 是 P^* 可测集,以 $\mathscr{F}^*$ 表 P^* 可测集类.

§ 2.3 测度的拓展及完全化

定义 2.7 设 P 是 $\mathscr{C}$ 上的测度, $\bar{P}$ 是 $\bar{\mathscr{C}}$ 上测度, 如果 $\mathscr{C} \subset \bar{\mathscr{C}}$ 且在 $\mathscr{C}$ 上 P 与 $\bar{P}$ 相同,则称测度 $\bar{P}$ 是 P 由 $\mathscr{C}$ 拓展到 $\bar{\mathscr{C}}$ 的拓展测度.

本节的主要目的, 就是要把半域 $\mathscr{C}$ 上的测度拓展到含 $\mathscr{C}$ 的最小 σ 域 $\sigma(\mathscr{C})$ 上去. 主要结果是下面定理:

定理 2.4 (拓展定理) 设 P 是半域 $\mathscr{C}$ 上 σ 有穷测度,则 P 可唯一地拓展到 $\sigma(\mathscr{C})$ 上去,且此拓展测度 $\bar{P}$ 在 $\sigma(\mathscr{C})$ 上也是 σ 有穷的.

证. 首先证拓展测度的存在性. 考虑 $\mathscr{C}$ 上测度 P 的导出外

测度,

$$P^*(A)=\inf\left\{\sum_{n=1}^{\infty}P(C_n):A\subset\bigcup_{n=1}^{\infty}C_n,\right.$$
$$\left.\{C_n,n\geqslant 1\}\subset\mathscr{C}\right\},A\in S(\Omega).$$

由定理 2.2 知 P^* 在 $S(\Omega)$ 上是 σ 有穷的外测度，且在 $\mathscr{C}$ 上 P^* 与 P 相同. 再由定理 2.3 知 P^* 可测集类 $\mathscr{F}^*$ 是 σ 域且 P^* 在 $\mathscr{F}^*$ 上是 σ 有穷测度,以 $\bar{P}$ 表之. 若能证明 $\mathscr{F}^*\supset\sigma(\mathscr{C})$, 我们将 $\bar{P}$ 的定义域缩小到 $\sigma(\mathscr{C})$, 则 $\bar{P}$ 必是 $\sigma(\mathscr{C})$ 上 σ 有穷测度且在 $\mathscr{C}$ 上 $\bar{P}$, P^* 和 P 三者相同. 亦即 $\bar{P}$ 就是 P 由 $\mathscr{C}$ 到 $\sigma(\mathscr{C})$ 的拓展测度. 这就证明了拓展测度的存在性. 为证 $\mathscr{F}^*\supset\sigma(\mathscr{C})$, 由 $\mathscr{F}^*$ 是 σ 域,而 $\sigma(\mathscr{C})$ 是含 $\mathscr{C}$ 的最小 σ 域, 故只须证 $\mathscr{F}^*\supset\mathscr{C}$ 即可. 事实上,设 $C\in\mathscr{C}$, 对任意 $B\in S(\Omega)$, 分二种情况: 先设 $P^*(B)<+\infty$. 对任给 $\varepsilon>0$, 由 (2.1) 知存在一列 $\{C_n;n\geqslant 1\}\subset\mathscr{C}$ 使 $B\subset\bigcup_{n=1}^{\infty}C_n$, 且

$$P^*(B)+\varepsilon>\sum_{n=1}^{\infty}P^*(C_n)=\sum_{n=1}^{\infty}P(C_n)$$
$$=\sum_{n=1}^{\infty}P(C_nC)+\sum_{n=1}^{\infty}P(C_nC^c)\geqslant P^*(BC)$$
$$+P^*(BC^c).$$

最后一个不等式是因为 $BC\subset\bigcup_{n=1}^{\infty}C_nC$, $BC^c\subset\bigcup_{n=1}^{\infty}C_nC^c$; 并且

$$\{C_nC,C_nC^c;n\geqslant 1\}\subset\mathscr{C},$$

再利用下确界的性质及 (2.1) 而得. 从而

$$P^*(B)\geqslant P^*(BC)+P^*(BC^c).$$

次设 $P^*(B)=+\infty$. 上面不等式成立是显然的. 另一方面,根据 (P_3^*) 反不等式亦成立,故

$$P^*(B)=P^*(BC)+P^*(BC^c).$$

所以 $C\in\mathscr{F}^*$,亦即 $\mathscr{C}\subset\mathscr{F}^*$.

次证拓展测度的唯一性．由 P 在 $\mathscr{C}$ 上的 σ 有穷性知，存在一个不相交列 $\{G_n: n \geqslant 1\} \subset \mathscr{C}$，$P(G_n) < +\infty (n = 1, 2, \cdots)$ 且 $\sum_{n=1}^{\infty} G_n = \Omega$．设 $\overline{P}_1$ 和 $\overline{P}_2$ 都是 P 由 $\mathscr{C}$ 拓展到 $\sigma(\mathscr{C})$ 上的二个拓展测度．我们将利用 λ-π 类方法证明在 $\sigma(\mathscr{C})$ 上 $\overline{P}_1 = \overline{P}_2$．为此，对每个 $n(n = 1, 2, \cdots)$，令

$$\mathscr{F}_n = \{E: \overline{P}_1(EG_n) = \overline{P}_2(EG_n), EG_n \in \sigma(\mathscr{C})\}.$$

因 $G_n \in \mathscr{C}$ 且 $\mathscr{C}$ 是半域，故对任意 $C \in \mathscr{C}$ 有 $CG_n \in \mathscr{C}$，由 $\overline{P}_1$，都是 P 由 $\mathscr{C}$ 而拓展的，故

$$\overline{P}_1(CG_n) = P(CG_n) = \overline{P}_2(CG_n)$$

成立，所以 $C \in \mathscr{F}_n$，亦即 $\mathscr{C} \subset \mathscr{F}_n$；利用半域上测度的性质及

$$\overline{P}_1(G_n) = \overline{P}_2(G_n) = P(G_n) < +\infty$$

成立，不难证明 $\mathscr{F}_n$ 是 λ 类，由 $\mathscr{C}$ 是半域必是 π 类，根据第一章定理 1.5 知 $\sigma(\mathscr{C}) \subset \mathscr{F}_n (n = 1, 2, \cdots)$，亦即对任意 $E \in \sigma(\mathscr{C})$ 有

$$\overline{P}_1(EG_n) = \overline{P}_2(EG_n) \quad (n = 1, 2, \cdots).$$

对 n 求和得

$$\overline{P}_1(E) = \sum_{n=1}^{\infty} \overline{P}_1(EG_n) = \sum_{n=1}^{\infty} \overline{P}_2(EG_n) = \overline{P}_2(E).$$

亦即在 $\sigma(\mathscr{C})$ 上 $\overline{P}_1 = \overline{P}_2$，从而证明了拓展的唯一性．证完．

设 P 是 σ 域 $\mathscr{A}$ 上测度，对每个 $B \in \mathscr{A}$ 且 $P(B) = 0$．一般说来，$N \subset B$ 未必有 $N \in \mathscr{A}$ 成立．例如：

例 6　设 $\mathscr{A} = \{\Omega, \phi\}$，$\Omega = [0, 1]$，定义 $P(\Omega) = P(\phi) = 0$，显然 P 是 $\mathscr{A}$ 上测度，但 $A = \left[0, \frac{1}{2}\right] \subset \Omega$，而 $A \bar{\in} \mathscr{A}$．

定义 2.8　设 P 是 σ 域 $\mathscr{A}$ 上测度，如果对任何 $A \in \mathscr{A}$ 且 $P(A) = 0$ 对一切 $N \subset A$ 都有 $N \in \mathscr{A}$ 成立，则称 $\mathscr{A}$ 对测度 P 是完全的(或完备的)．

引理 2.4　设 P^* 是 $S(\Omega)$ 上任一外测度，$\mathscr{F}^*$ 是由 (2.3)* 式定义的 P^* 可测集类，则 $\mathscr{F}^*$ 对其上的测度 P^* 是完全的（或完备

的).

证 设 $A \in \mathscr{F}^*$, $P^*(A)=0$ 且 $N \subset A$; 由外测度的单调性有

$$0 \leqslant P^*(BN) \leqslant P^*(BA) \leqslant P^*(A)=0,$$

再由 $(2.3)^*$ 及 $A \in \mathscr{F}^*$, 对任意 $B \in S(\Omega)$ 有

$$\begin{aligned} P^*(B) &= P^*(BA)+P^*(BA^c)=P^*(BA^c) \\ &\leqslant P^*(BN^c) \leqslant P^*(B). \end{aligned}$$

故

$$P^*(B)=P^*(BN^c)=P^*(BN)+P^*(BN^c),$$

亦即 $N \in \mathscr{F}^*$. 所以 $\mathscr{F}^*$ 是完全的. 证完.

引理 2.5 设 P^* 是半域 $\mathscr{C}$ 上 σ 有穷测度 P 的导出外测度, $\bar{P}$ 是 P 在 $\sigma(\mathscr{C})$ 上的拓展测度, $\mathscr{F}^*$ 是 P^* 可测集类, 则对任意 $A \in \mathscr{F}^*$, 都存在一个集 $E \in \sigma(\mathscr{C})$ 且 $A \subset E$, 使得 $P^*(E-A)=0$ 成立.

证 因为 $\mathscr{C}$ 是半域, 易证

$$\begin{aligned} P^*(A) &= \inf\left\{\sum_{n=1}^{\infty} P(C_n): A \subset \bigcup_{n=1}^{\infty} C_n \text{ 且 } \{C_n: n \geqslant 1\} \subset \mathscr{C}\right\} \\ &= \inf\left\{\sum_{n=1}^{\infty} P(C_n): A \subset \sum_{n=1}^{\infty} C_n, \{C_n: n \geqslant 1\}\right. \\ &\qquad \left. \subset \mathscr{C} \text{ 且互不相交}\right\}. \end{aligned}$$

分两种情况证明:

(a) 设 $P^*(A)<+\infty$. 由下确界的性质及 $\mathscr{C}$ 是半域可知, 对每个 $n(n=1,2,\cdots)$ 都存在一个不相交集列 $\{C_{nk}: k \geqslant 1\} \subset \mathscr{C}$ 且 $A \subset \sum_{k=1}^{\infty} C_{nk}=E_n$, 使得

$$P^*(A)+\frac{1}{n}>\sum_{k=1}^{\infty} P(C_{nk}) \geqslant P^*(E_n) \geqslant P^*(A)(n \geqslant 1).$$

令 $E=\bigcap_{n=1}^{\infty} E_n$, 显然 $E_n \in \sigma(\mathscr{C})(n \geqslant 1)$. 故 $E \in \sigma(\mathscr{C})$ 且 $A \subset E$,

由前不等式可得

$$P^*(A) = \lim_{n\to\infty}\left(P^*(A) + \frac{1}{n}\right) \geqslant \varlimsup_{n\to\infty}\sum_{k=1}^{\infty} P(C_{nk})$$

$$= \varlimsup_{n\to\infty}\overline{P}(E_n) \geqslant \overline{P}(E) \geqslant P^*(A).$$

所以 $P^*(A)=\overline{P}(E)$，而 P^* 在 $\mathscr{F}^*$ 上是测度且 $P^*(A) < +\infty$，故

$$P^*(E - A) = P^*(E) - P^*(A) = \overline{P}(E) - P^*(A) = 0,$$

E 即为所求.

(b) 设 $P^*(A) = +\infty$，由 P 在 $\mathscr{C}$ 上的 σ 有穷性，根据定理 2.2，P^* 在 $S(\Omega)$ 上是 σ 有穷的，故存在一个不相交集列 $\{\Omega_n: n \geqslant 1\} \subset \mathscr{C}$，使得

$$\Omega = \sum_{n=1}^{\infty} \Omega_n \text{ 且 } P(\Omega_n) < +\infty (n \geqslant 1).$$

由于

$$P^*(A \cap \Omega_n) \leqslant P(\Omega_n) < +\infty,$$

根据 (a) 证知，存在一个 $E_n \in \sigma(\mathscr{C}) (n = 1, 2, \cdots)$ 使得

$$A \cap \Omega_n \subset E_n \text{ 且 } P^*(E_n - A \cap \Omega_n) = 0 (n \geqslant 1).$$

令 $E = \bigcup_{n=1}^{\infty} E_n$，则 $E \in \sigma(\mathscr{C})$ 且

$$A = \sum_{n=1}^{\infty} A\Omega_n \subset \bigcup_{n=1}^{\infty} E_n = E.$$

而

$$P^*(E - A) = P^*\left(E - \sum_{n=1}^{\infty} A\Omega_n\right) \leqslant P^*\left(\bigcup_{n=1}^{\infty}(E_n - A\Omega_n)\right)$$

$$\leqslant \sum_{n=1}^{\infty} P^*(E_n - A\Omega_n).$$

故 $P^*(E - A) = 0$ 成立．证完.

我们常形象地把引理中的集 E，称为集 A 的可测膜，一般说来集 A 不一定可测．这里所谓可测是对 $\sigma(\mathscr{C})$ 而言的.

定理 2.5 设 P 是半域 $\mathscr{C}$ 上的测度，P^* 是它的导出外测度，

$\mathscr{F}^*$ 是 P^* 可测集类，$\bar{P}$ 是 P 由 $\mathscr{C}$ 拓展到 $\sigma(\mathscr{C})$ 上的拓展测度。则对任意 $A\in\mathscr{F}^*$ 都存在三个集 $F, E\in\sigma(\mathscr{C})$ 和 N 使得

$$A=E\cup N, N\subset F \text{ 且 } \bar{P}(F)=0,$$

亦即

$$\mathscr{F}^*=\{E\cup N: E, F\in\sigma(\mathscr{C}), N\subset F \text{ 且 } \bar{P}(F)=0\}.$$

证　对任意 $A\in\mathscr{F}^*$，由引理 2.5 知存在一个集 $E^*\in\sigma(\mathscr{C})$，使得 $A\subset E^*$ 且 $P^*(E^*-A)=0$. 在定理 2.4 关于拓展测度的存在性证明中，已经证明了 $\sigma(\mathscr{C})\subset\mathscr{F}^*$，而 $\mathscr{F}^*$ 是 σ 域，所以 $E^*-A\in\mathscr{F}^*$ 且 $P^*(E^*-A)=0$. 再以 E^*-A 代替引理 2.5 中的 A，则必存在一个集 $F\in\sigma(\mathscr{C})$，使得

$$(E^*-A)\subset F \text{ 且 } P^*(F-(E^*-A))=0.$$

根据定理 2.3，P^* 是 $\mathscr{F}^*$ 上的测度，利用测度的性质 2 可得

$$0=P^*(F-(E^*-A))=P^*(F)-P^*(E^*-A),$$

而 $P^*(E^*-A)=0$，所以 $\bar{P}(F)=P^*(F)=0$，令 $E=E^*-F, N=F\cap A$，则

$$A=(E^*-F)\cup F\cap A=E\cup N.$$

显然，$E=E^*-F\in\sigma(\mathscr{C})$，$N=F\cap A\subset F$ 而 $F\in\sigma(\mathscr{C})$ 且 $\bar{P}(F)=0$，这就证明了

$$\mathscr{F}^*\subset\{E\cup N: E, F\in\sigma(\mathscr{C}), N\subset F \text{ 且 } \bar{P}(F)=0\}.$$

反之，如果 $A=E\cup N, E, F\in\sigma(\mathscr{C})$，$N\subset F$ 且 $\bar{P}(F)=0$，根据定理 2.4 存在性证明中所证，$\sigma(\mathscr{C})\subset\mathscr{F}^*$，故

$$E, F\in\sigma(\mathscr{C})\subset\mathscr{F}^*.$$

再由 $N\subset F\in\mathscr{F}^*$ 且 $\bar{P}(F)=0$，利用引理 2.4 $\mathscr{F}^*$ 是完全的，所以 $N\in\mathscr{F}^*$. 从定理 2.3 又知 $\mathscr{F}^*$ 是 σ 域，从而由 $E, N\in\mathscr{F}^*$ 得知

$$A=E\cup N\in\mathscr{F}^*.$$

这就证明了

$$\{E\cup N: E, F\in\sigma(\mathscr{C}), N\subset F \text{ 且 } \bar{P}(F)=0\}\subset\mathscr{F}^*.$$

从而定理得证．证完．

定理 2.5 启发我们，对任何 σ 域 $\mathscr{A}$ 及其上的测度 P，如果

$\mathscr{A}$ 对 P 不是完全的，我们可用如下的办法：粗略地说，把 $\mathscr{A}$ 中测度为零的一切子集，都"加入" $\mathscr{A}$ 中，以 $\mathscr{A}_P$ 表此扩大了的 σ 域，再把 P 拓展到 $\bar{\mathscr{A}}_P$ 上去，则 $\bar{\mathscr{A}}_P$ 对 P 就是完全的了．这样的办法，我们就称为将 $\mathscr{A}$ 对测度 P 完全化．$\bar{\mathscr{A}}_P$ 上的拓展测度 $\bar{P}$，就称为 P 的完全化测度或者 $\bar{P}$ 在 $\mathscr{A}_P$ 上是完全的．精确地说，就是下述定理．

定理 2.6 （完全化定理）．设 P 是 σ 域 $\mathscr{A}$ 上的任意测度，令

$$\bar{\mathscr{A}}_P = \{E \cup N: E, F \in \mathscr{A}, P(F) = 0 \text{ 且 } N \subset F\},$$

$$\bar{P}(E \cup N) = P(E),\ E \cup N \in \bar{\mathscr{A}}_P. \tag{2.7}$$

则 (i) $\bar{\mathscr{A}}_P$ 是 σ 域且 $\bar{\mathscr{A}}_P \supset \mathscr{A}$．(ii) $\bar{P}$ 在 $\bar{\mathscr{A}}_P$ 上是完全的．

证 (i)，由于对任意 F 都有 $\phi \subset F$，取 $N = \phi$ 得到 $\mathscr{A} \subset \bar{\mathscr{A}}_P$．首先证 $\bar{\mathscr{A}}_P$ 对"余"封闭：设 $A \in \bar{\mathscr{A}}_P$，则存在集 E，F；$E \in \mathscr{A}$，$F \in \mathscr{A}$，$N \subset F$ 且 $P(F) = 0$ 使得 $A = E \cup N$；故

$$A^c = (E \cup N)^c = E^c \cap N^c = E^c \cap [F^c \cup (F - N)]$$
$$= [E^c \cap F^c] \cup [E^c \cap (F - N)]$$
$$A^c = [E \cup F]^c \cup N',$$

其中
$$N' = E^c \cap N^c \cap F \subset F.$$

由 $\mathscr{A}$ 是 σ 域知 $[E \cup F]^c \in \mathscr{A}$，故 $A^c \in \bar{\mathscr{A}}_P$．

次证 $\bar{\mathscr{A}}_P$ 对"可数和"封闭：设 $\{A_n: n \geqslant 1\} \subset \bar{\mathscr{A}}_P$，$A = \bigcup_{n=1}^{\infty} A_n$．亦即存在 $\{E_n, F_n: n \geqslant 1\} \subset \bar{\mathscr{A}}_P$，$N_n \subset F_n$ 使得

$$P(F_n) = 0 \text{ 且 } A_n = E_n \cup N_n (n = 1, 2, 3 \cdots).$$

所以

$$A = \bigcup_{n=1}^{\infty} A_n = \bigcup_{n=1}^{\infty} [E_n \cup N_n]$$
$$= \left[\bigcup_{n=1}^{\infty} E_n\right] \cup \left[\bigcup_{n=1}^{\infty} N_n\right] = E \cup N,$$

其中

$$N = \bigcup_{n=1}^{\infty} N_n \subset \bigcup_{n=1}^{\infty} F_n,\ E = \bigcup_{n=1}^{\infty} E_n.$$

令 $F=\bigcup_{n=1}^{\infty} F_n$，显然 $E, F \in \mathscr{A}$ 且 $P(F) \leqslant \sum_{n=1}^{\infty} P(F_n)=0$，即 $P(F)=0$，故知

$$A=\bigcup_{n=1}^{\infty} A_n \in \mathscr{A}_P.$$

从而证明了 $\mathscr{A}$ 是 σ 域.

证 (ii)，我们首先指出由 (2.7) 式定义的 $\bar{P}$ 是 $\mathscr{A}_P$ 上单值集函数，即它与 $\mathscr{A}_P$ 中元素的表现形式无关. 设

$$A=E_1 \cup N_1=E_2 \cup N_2, N_1 \subset F_1, N_2 \subset F_2,$$

并且 $\{E_1, E_2; F_1, F_2\} \subset \mathscr{A}$, $P(F_1)=P(F_2)=0$.

按 (2.7) $\bar{P}(E_1 \cup N_1)=P(E_1) \quad \bar{P}(E_2 \cup N_2)=P(E_2)$.

由 $E_1 \subset E_1 \cup N_1=E_2 \cup N_2 \subset E_2 \cup F_2$,

导得 $P(E_1) \leqslant P(E_2 \cup F_2) \leqslant P(E_2)+P(F_2)=P(E_2)$.

对称地有 $P(E_2) \leqslant P(E_1)$，故 $P(E_1)=P(E_2)$. 从而有

$$\bar{P}(E_1 \cup N_1)=P(E_1)=P(E_2)=\bar{P}(E_2 \cup N_2).$$

为证 $\bar{P}$ 是 $\mathscr{A}_P$ 上测度，只须证它具 σ 加性即可 (其余的由 (2.7) 显然). 设 $\{A_n: n \geqslant 1\} \subset \mathscr{A}_P$, $A_i \cap A_j=\phi (i \neq j)$; $A_n= E_n \cup N_n, N_n \subset F_n, \{E_n, F_n\} \subset \mathscr{A}$, $P(F_n)=0 (n=1,2, \cdots)$ 且 $E_i \cap E_j=\phi, N_i \cap N_j=\phi (i \neq j)$. 由 (2.7) 及 P 是 $\mathscr{A}$ 上测度可得

$$\begin{aligned}
\bar{P}\left(\sum_{n=1}^{\infty} A_n\right) &= \bar{P}\left(\sum_{n=1}^{\infty}[E_n \cup N_n]\right) \\
&= \bar{P}\left\{\left[\sum_{n=1}^{\infty} E_n\right] \cup\left[\sum_{n=1}^{\infty} N_n\right]\right\}=P\left(\sum_{n=1}^{\infty} E_n\right) \\
&= \sum_{n=1}^{\infty} P(E_n)=\sum_{n=1}^{\infty} \bar{P}(E_n \cup N_n) \\
&= \sum_{n=1}^{\infty} \bar{P}(A_n),
\end{aligned}$$

亦即 σ 加性成立. 故知 $\bar{P}$ 是 $\mathscr{A}_P$ 上测度.

现证 $\mathscr{A}_P$ 对 $\bar{P}$ 的完全性，亦即设 $A \in \mathscr{A}_P$，$\bar{P}(A) = 0$，对任意 $B \subset A$，要证 $B \in \mathscr{A}_P$. 事实上，因 $A \in \mathscr{A}_P$ 知，存在 $E, F \in \mathscr{A}$，$P(F) = 0$，$N \subset F$ 使得 $A = E \cup N$. 因 $B = \phi \cup B$，$\phi \in \mathscr{A}$，$B \subset A \subset E \cup F$ 而

$$P(E \cup F) \leqslant P(E) + P(F) = \bar{P}(A) + P(F) = 0,$$

故

$$P(E \cup F) = 0.$$

所以 $B \in \mathscr{A}_P$. 证完.

根据定理 2.6，我们可以把定理 2.5 简写为 $\mathscr{F}^* = \overline{\sigma(\mathscr{C})}_{\bar{P}}$，即 $\mathscr{F}^*$ 是 $\sigma(\mathscr{C})$ 对测度 $\bar{P}$ 的完全化.

综上所述，我们对半域 $\mathscr{C}$ 上测度 P，拓展到最小 σ 域 $\sigma(\mathscr{C})$ 上的测度 $\bar{P}$ 的过程，以简图示意可概述如下：

$$\left.\begin{array}{l}\text{测度 } P \\ \text{半域 } \mathscr{C}\end{array}\right\} \xrightarrow[\text{扩大}]{(2.1)\text{ 式}} \left\{\begin{array}{l}\text{外测度 } P^* \\ \text{一切子集类 } S(\Omega)\end{array}\right\} \xrightarrow[\text{缩小}]{(2.3)^*\text{ 式}}$$

$$\left\{\begin{array}{l}\text{测度 } P^* \\ \sigma \text{ 域 } \mathscr{F}^*\end{array}\right\} \overline{\overline{\text{定理 } 2.4\text{-}6}} \left\{\begin{array}{l}\text{测度 } \bar{P} = P^* \\ \sigma \text{ 域} \overline{\sigma(\mathscr{C})}_{\bar{P}}\end{array}\right\} \xrightarrow{\text{缩小}}$$

$$\left\{\begin{array}{l}\text{测度 } \bar{P} \\ \text{最小 } \sigma \text{ 域 } \sigma(\mathscr{C})\end{array}\right.$$

§ 2.4 勒贝格-司蒂阶测度

本节是上节一般空间测度拓展定理在实变函数论[2]及概率论[3]中有重要作用的一个具体应用. 我们考虑特殊的空间 $R = (-\infty, +\infty)$，半域 $\mathscr{C}$ 如第一章例 3 所述. 在 $\mathscr{C}$ 上构造测度，再利用拓展定理将它拓展到波莱尔类 $\mathscr{B} = \sigma(\mathscr{C})$ 上去. 实变函数论中所见的勒贝格测度(简称 L 测度)就是利用本章例 1 的构造法拓展而得. 在例 1 中构造 $P((a, b]) = b - a$. 有必要且可能推广到更一般的情形，

$$P((a, b]) = F(b) - F(a),$$

$F(x)$ 是 $(-\infty, +\infty)$ 上的“分布函数”(下面再仔细讲)，由它所拓展而得的测度，我们就叫它勒贝格-司蒂阶 (Lebesgue-Stielljes)

测度，简称 L-S 测度.

定义 2.9 称定义在 $R=(-\infty,+\infty)$ 上的实值(有限)函数 $F(x)$ 为分布函数，如果它满足

(D_1) 在 R 上 $F(x)$ 不减，

(D_2) 在 R 上 $F(x)$ 右连续，

若进而满足

(D_3) $F(-\infty)=\lim\limits_{x\to-\infty}F(x)=0$,

$$F(+\infty)=\lim_{x\to+\infty}F(x)<+\infty,$$

则称 $F(x)$ 为定分布函数. 特别 $F(+\infty)=1$ 时，称 $F(x)$ 为概率分布函数. 我们常以 d.f 表分布函数.

例 7 $F(x)=x^{2n+1}$, $x\in R$，是连续的分布函数 $(n=0,1,2,\cdots)$.

例 8

$$F(x)=\begin{cases}\sum\limits_{k=1}^{n+1}\dfrac{1}{2^k}, & n\leqslant x<n+1\\ 0, & x<0\end{cases}$$

$(n=0,1,2,\cdots)$都是阶梯形的概率分布函数.

定理 2.7 设 $F(x)$ 是给定的分布函数，则在波莱尔可测空间 $(R,\mathscr{B})$ 上存在唯一的测度 μ_F，使得

$$\mu_F((a,b])=F(b)-F(a),\quad -\infty<a\leqslant b<+\infty. \tag{2.8}$$

证. 令

$$\mathscr{C}=\left\{\sum_{i=1}^{n}(a_i,b_i]:-\infty<a_i\leqslant b_i\leqslant a_{i+1}\leqslant b_{i+1}<+\infty,\right.$$
$$\left.i=1,\cdots,n-1,n>1\right\},$$

已知它是半域. 在 $\mathscr{C}$ 上定义集函数 μ_F:

$$\mu_F\left(\sum_{i=1}^{n}(a_i,b_i]\right)=\sum_{i=1}^{n}F(a_i,b_i], \tag{2.9}$$

其中 $F(a,b]=F(b)-F(a)$. 若能证明 μ_F 是 $\mathscr{C}$ 上 σ 有穷测

度，则由拓展定理知 μ_F 可唯一地拓展到 $\mathscr{B}=\sigma(\mathscr{C})$ 上去且 (2.8) 保持.

我们首先证明由 (2.9) 定义的 $\mathscr{C}$ 上集函数 μ_F 是单值的，即与集的表现形式无关. 事实上，设

$$\sum_{i=1}^{n}(a_i,b_i]=\sum_{k=1}^{m}(c_k,d_k].$$

则

$$\sum_{i=1}^{n}(a_i,b_i]=\sum_{i=1}^{n}\sum_{k=1}^{m}(a_i,b_i]\cap(c_k,d_k]=\sum_{k=1}^{m}(c_k,d_k].$$

令

$$(a_{ik},b_{ik}]=(a_i,b_i]\cap(c_k,d_k].$$

则

$$\begin{aligned}\mu_F\left(\sum_{i=1}^{n}(a_i,b_i]\right)&=\sum_{i=1}^{n}F(a_i,b_i]\\&=\sum_{i=1}^{n}\sum_{k=1}^{m}F(a_{ik},b_{ik}]=\sum_{k=1}^{m}\sum_{i=1}^{n}F(a_{ik},b_{ik}]\\&=\sum_{k=1}^{m}F(c_k,d_k]=\mu_F\left(\sum_{k=1}^{m}(c_k,d_k]\right).\end{aligned}$$

下证 μ_F 是 $\mathscr{C}$ 上 σ 有穷测度. 显然，由 F 的不减性，和 μ_F 是非负的. 而

$$\mu_F(\phi)=\mu_F((a,a])=F(a)-F(a)=0.$$

由

$$R=\sum_{n=1}^{+\infty}(n-1,n]+\sum_{n=0}^{-\infty}(n-1,n],$$

$$\begin{aligned}\mu_F((n-1,n])=F(n-1,n]&=F(n)-F(n-1)\\&<+\infty.\end{aligned}$$

故知 μ_F 是 σ 有穷的. 剩下的只须证 μ_F 在 $\mathscr{C}$ 上满足 σ 加性了. 设

$$B_k=\sum_{i=1}^{n_k}(a_{ki},b_{ki}]\quad(k=1,2,\cdots),$$

$$B_k\cap B_l=\phi\quad(k\neq l)$$

且

$$\sum_{k=1}^{\infty} B_k = B \in \mathscr{C} \text{ 即 } B = \sum_{j=1}^{n} (a_j, b_j],$$

而 $(a_j, b_j]$ 可表为如下形式:

$$(a_j, b_j] = \sum_{l=1}^{\infty} (c_{jl}, d_{jl}] \quad (j = 1, 2, \cdots, n),$$

其中 $(c_{jl}, d_{jl}]$ 是某一个 $(a_{ki}, b_{ki}]$. 先设这些区间在 $(a_j, b_j]$ 内无子区间 $(c_{jl}, d_{jl}]$ 之左端点的极限点,则

$$\begin{aligned} b_j &= d_{j1} \geqslant c_{j1} = d_{j2} \geqslant c_{j2} = d_{j3} \geqslant \cdots \geqslant c_{j(n-1)} \\ &= d_{jn} \geqslant c_{jn} = d_{j(n+1)} \xrightarrow{n\to\infty} a_j. \end{aligned}$$

显然

$$\begin{aligned} \mu_F((a_j, b_j]) &= F(b_j) - F(a_j) \\ &= F(d_{j1}) - F(c_{j1}) + F(d_{j2}) - F(c_{j2}) + \cdots \\ &\quad + F(d_{j(n+1)}) - F(a_j) \\ &= \sum_{k=1}^{n} [F(d_{jk}) - F(c_{jk})] + F(d_{j(n+1)}) - F(a_j). \end{aligned}$$

令 $n \to \infty$, 由 F 的右连续性知 $F(d_{j(n+1)}) \to F(a_j)$, 从而得到

$$\begin{aligned} \mu_F((a_j, b_j]) &= \lim_{n\to\infty} \sum_{k=1}^{n} F(c_{jk}, d_{jk}] \\ &= \lim_{n\to\infty} \sum_{k=1}^{n} \mu_F((c_{jk}, d_{jk}]) \\ &= \sum_{k=1}^{\infty} \mu_F((c_{jk}, d_{jk}]). \end{aligned}$$

一般说来,对每个固定的 $j(j = 1, 2, \cdots, n)$, 区间 $(a_j, b_j]$ 内可能有可数个子区间 $(c_{jl}, d_{jl}]$ 的左端点的极限点, 设这些极限点为 $a_{jk}(k = 1, 2, \cdots)$, 即

$$(a_j, b_j] = \sum_{k=1}^{\infty} (a_{jk}, b_{jk}] \quad (j = 1, 2, \cdots, n),$$

其中

$$b_j = b_{j1} \geqslant b_{j2} = a_{j1} \geqslant b_{j3} = a_{j2} \geqslant \cdots \geqslant b_{jm}$$
$$= a_{j(m-1)} \geqslant b_{j(m+1)} = a_{jm} \to a_j (m \to \infty).$$

在每个区间 $(a_{jk}, b_{jk}]$ 内再无子区间 $(c_{jl}, d_{jl}]$ 之左端点的极限点了，由前证可知有

$$\mu_F((a_{jm}, b_{jm}]) = \sum_{k=1}^{\infty} \mu_F((c_{jk}^{(m)}, d_{jk}^{(m)}]).$$

从而亦有

$$\begin{aligned}\mu_F((a_j, b_j]) &= \sum_{m=1}^{\infty} \mu_F((a_{jm}, b_{jm}]) \\ &= \sum_{m=1}^{\infty} \sum_{k=1}^{\infty} \mu_F((c_{jk}^{(m)}, d_{jk}^{(m)}]) \\ &= \sum_{l=1}^{\infty} \mu_F((c_{jl}, d_{jl}]),\end{aligned}$$

其中 $(c_{jl}^{(m)}, d_{jl}^{(m)}]$ 是某一个 $(c_{jl}, d_{jl}]$.

由于正项级数的收敛问题与排列顺序无关，所以上面级数各项顺序的排列不影响其结果．同理下面关系式亦成立：

$$\begin{aligned}\mu_F(B) &= \sum_{j=1}^{n} \mu_F((a_j, b_j]) = \sum_{j=1}^{n} \sum_{k=1}^{\infty} \mu_F((c_{jk}, d_{jk}]) \\ &= \sum_{k=1}^{\infty} \sum_{i=1}^{n_k} \mu_F((a_{ki}, b_{ki}]) \\ &= \sum_{k=1}^{\infty} \mu_F(B_k),\end{aligned}$$

即 σ 加性成立．证完．

由定理 2.7 我们可见，对任给分布函数 F，在波莱尔可测空间 $(R, \mathscr{B})$ 上都存在一个在有限区间上取有限值的测度 μ_F，使得 (2.8) 成立．试问，在 $(R, \mathscr{B})$ 上的每一个在有限区间上取有限值的测度 μ 是否存在一个分布函数 F，使得 (2.8) 成立呢？答案是肯定的．

定理 2.8 设 μ 是波莱尔可测空间 $(R, \mathscr{B})$ 上的在有限区间

上取有限值的测度，则存在一族分布函数 $\{F(x)+c; c$ 是常数$\}$ 使得

$$\mu((a,b]) = F(b) - F(a), -\infty < a \leqslant b < +\infty. \quad (2.8)'$$

如果我们将相差一个常数的一切分布函数全体视为“同一”的，则 F 还是唯一的.

证 任意固定一个实数 b_0，令

$$F_{b_0}(x) = \begin{cases} \mu((b_0, x]), & x \geqslant b_0, \\ -\mu((x, b_0]), & x < b_0. \end{cases} \quad (2.10)$$

则此 $F_0(x)$ 就是所需要的分布函数. 事实上，由测度的性质 2 及性质 3 可得

$$\mu((a,b]) = \left.\begin{cases} \mu((b_0,b]) - \mu((b_0,a]), \text{当 } b_0 \leqslant a \leqslant b \text{ 时} \\ \mu((a,b_0]) + \mu((b_0,b]), \text{当 } a \leqslant b_0 \leqslant b \text{ 时} \\ \mu((a,b_0]) - \mu((b,b_0]), \text{当 } a \leqslant b \leqslant b_0 \text{ 时} \end{cases}\right\}$$

$$= F_{b_0}(b) - F_{b_0}(a).$$

故知 $F_{b_0}(x)$ 满足 (2.8)′. 再由 (2.10) 及 μ 在有限区间上取有限值. 并利用测度的单调性，下连续性分别得到 $F_{b_0}(x)$ 的有限性，不减性和右连续性，即 $F_{b_0}(x)$ 是分布函数. 综上所述，$F_{b_0}(x)$ 就是所求的分布函数。假若有二个分布函数 $F_1(x)$ 和 $F_2(x)$ 都满足 (2.8)′，则对任意 $a, b(-\infty < a \leqslant b < +\infty)$ 有

$$F_1(b) - F_1(a) = F_2(b) - F_2(a).$$

所以

$$F_1(x) = F_2(x) + F_1(a) - F_2(a), x \in R,$$

亦即 F_1 与 F_2“同一”. 这就证明了唯一性. 证完.

把定理 2.7 和定理 2.8 综合为下述定理.

定理 2.9（对应定理） 关系式 (2.8) 建立了分布函数 F（相差一个常数的分布函数视为“同一”的）与波莱尔可测空间 $(R, \mathscr{B})$ 上的有限区间取有限值的测度 μ 之间的一一对应.

定义 2.10 我们把波莱尔可测空间 $(R, \mathscr{B})$ 上对有限区间取有限值的测度 μ，称为 L-S 测度. 有时，我们也把 $(R, \mathscr{B})$ 对 μ 的完全化可测空间 $(R, \overline{\mathscr{B}}_\mu)$ 上 μ 的完全化测度 $\bar{\mu}$，称为 L-S 测

度，特别 μ 对应的分布函数为 $F(x)=x$ 时，就是我们的 L 测度．而把 $\overline{\mathscr{B}}_\mu$ 中的元素(集)，称为对 μ 的 L-S 可测集．

习 题

1. 设 P 是 σ 域 $\mathscr{A}$ 上测度且

$$\{A_n: n\geqslant 1\}\subset\mathscr{A}.$$

试证:

(i) $P(\varliminf\limits_{n\to\infty} A_n)\leqslant\varliminf\limits_{n\to\infty} P(A_n)$.

(ii) 若存在一个 n_0, 使得 $P\left(\bigcup\limits_{n=n_0}^{\infty} A_n\right)<+\infty$, 则

$$\varlimsup_{n\to\infty} P(A_n)\leqslant P(\varlimsup_{n\to\infty} A_n).$$

(iii) 若 $\sum\limits_{n=1}^{\infty} P(A_n)<+\infty$，则 $P(\varlimsup\limits_{n\to\infty} A_n)=0$.

2. 拓展定理中条件**半域**一般不能换成结构更简单的集类；条件 **σ 有穷**除去，定理的唯一性未必成立．这可由下面例子看到．

(a) $\Omega=\{a,b,c,d\}$，$\mathscr{C}=\{\{a,b\},\{c,d\},\{a,c\},\{b,d\}\}$.

定义:
$$P_1(\{a\})=P_1(\{d\})=P_2(\{b\})=P_2(\{c\})=1,$$
$$P_1(\{b\})=P_1(\{c\})=P_2(\{a\})=P_2(\{d\})=2,$$
$$P_i(\{x,y\})=P_i(\{x\})+P_i(\{y\}),(i=1,2),$$
$$\{x,y\}\in\mathscr{C}.$$

试证 $\mathscr{C}$ 不是半域，在 $\mathscr{C}$ 上 $P_1=P_2$，但在 $\sigma(\mathscr{C})$ 上 $P_1\neq P_2$.

(b) $\Omega=(-\infty,+\infty)$，$\mathscr{C}=\left\{\sum\limits_{i=1}^{n}(a_i,b_i]:-\infty<a_i\right.$

$$\left.\begin{array}{l}\leqslant b_i\leqslant a_{i+1}\leqslant b_{i+1}<+\infty,\\ i=1,2,\cdots,n-1,n>1\end{array}\right\}$$

定义：$P_1(A)=A$ 中点的个数，$A\in\sigma(\mathscr{C})=\mathscr{B}$；$P_2=2P_1$．试证：$P_1$ 和 P_2 是 $\mathscr{B}=\sigma(\mathscr{C})$ 上测度，但不是 σ 有穷的；在 $\mathscr{C}$ 上，$P_1=P_2$，但在 $\mathscr{B}=\sigma(\mathscr{C})$ 上，$P_1\neq P_2$.

3. 设 $\mathscr{C}$ 是半域，$\overline{P}_1$，$\overline{P}_2$ 分别是 $\mathscr{C}$ 上 σ 有穷测度 P_1，P_2 的扩张测度，若 $P_1(A) \leqslant P_2(A)$，$A \in \mathscr{C}$，则 $\overline{P}_1(A) \leqslant \overline{P}_2(A)$，$A \in \sigma(\mathscr{C})$.

4. 设 $\mathscr{C}$ 是 π 类，P_1，P_2 是可测空间 $(\Omega, \sigma(\mathscr{C}))$ 上的二个有穷测度. 如果对任意集 $A \in \mathscr{C}$ 有 $P_1(A) = P_2(A)$，试证对任意集 $A \in \sigma(\mathscr{C})$ 都有 $P_1(A) = P_2(A)$. 若 P_1，P_2 都是 σ 有穷测度，其结果如何？

5. 设 $\Omega = \{r : r$ 是有理数$\}$

$$\mathscr{C} = \left\{ \Omega \cap \sum_{k=1}^{n} (a_k, b_k] : -\infty < a_k \leqslant b_k \leqslant a_{k+1} \leqslant b_{k+1} \right.$$
$$\left. < +\infty, k = 1, 2, \cdots, n-1; n > 1 \right\},$$
$$P(A) = A \text{ 中点的个数}, \quad A \in \sigma(\mathscr{C}).$$

试问 P 在 $\mathscr{C}$ 及 $\sigma(\mathscr{C})$ 上都是 σ 有穷的吗？$\sigma(\mathscr{C}) = S(\Omega)$ 吗？

6. 设 P 是半域 $\mathscr{C}$ 上测度，P_1，P_2 都是 P 在 $\sigma(\mathscr{C})$ 上的扩张测度，并且都在 $\sigma(\mathscr{C})$ 上 σ 有穷，试问在 $\sigma(\mathscr{C})$ 上 $P_1 = P_2$ 吗？举例以明之.

7. 设 P 是 $\sigma(\mathscr{C})$ 上任意测度，但 P 在半域 $\mathscr{C}$ 上 σ 有穷，试问对任意 $A \in \sigma(\mathscr{C})$

$$P(A) = \inf \left\{ \sum_{n=1}^{\infty} P(c_n) : A \subset \bigcup_{n=1}^{\infty} c_n \text{ 且 } \{c_n : n \geqslant 1\} \subset \mathscr{C} \right\}$$

成立吗？如果去掉 σ 有穷条件，上式成立否？

8. 设 $\mathscr{C}$ 是半域，P 是 $\sigma(\mathscr{C})$ 上测度且在 $\mathscr{C}$ 上 σ 有穷，则对任意集 $E \in \sigma(\mathscr{C})$ 且 $P(E) < +\infty$ 和任给的 $\varepsilon > 0$，都存在一个集 $C \in \mathscr{C}$ 使得

$$P(E \triangle C) < \varepsilon,$$

其中 $E \triangle C = (E - C) + (C - E)$. 去掉 σ 有穷性仍成立吗？

9. 设 $\mathscr{C}$ 是半域，P_i 是 $\sigma(\mathscr{C})$ 上测度且在 $\mathscr{C}$ 上 σ 有穷 $(i = 1, 2, \cdots, n)$，则对任意集 $E \in \sigma(\mathscr{C})$ 且 $P(E) < +\infty$ 和任意 $\varepsilon > 0$，都存在一个集 $C \in \mathscr{C}$（与 $i = 1, 2, \cdots, n$ 无关）使得

$$P_i(E \triangle C) < \varepsilon, \quad i = 1, 2, \cdots, n.$$

提示：考虑测度 $P_1 + P_2 + \cdots + P_n$.

10. 设 P 是 σ 域 $\mathscr{A}$ 上有穷测度，则

$$\overline{\mathscr{A}}_P = \{A: E_1 \subset A \subset E_2, \{E_1, E_2\} \subset \mathscr{A}, \text{且} P(E_1) = P(E_2)\}$$
$$= \{E - N: \{E, F\} \subset \mathscr{A}, N \subset F \text{且} P(F) = 0\},$$

其中 $\overline{\mathscr{A}}_P$ 是 $\mathscr{A}$ 对 P 的完全化 σ 域.

11. 设 P 是 σ 域 $\mathscr{A}$ 上的一个测度，试问下列集类各是什么类?

$$\mathscr{A}_1 = \{A: A \in \mathscr{A}, P(A) < +\infty\},$$
$$\mathscr{A}_2 = \{A: A \in \mathscr{A}, P(A) \sigma \text{有穷}\}.$$

进而，若 P 是 σ 有穷的，$\mathscr{A}_1$，$\mathscr{A}_2$ 又是什么类?

12. 设 P 是 σ 环 $\mathscr{A}$ 上的 σ 有穷测度，$\mathscr{C}$ 是 $\mathscr{A}$ 中不相交集所组成的类．试证对任意 $A \in \mathscr{A}$，集类

$$\mathscr{F} = \{C: P(AC) > 0\}$$

中集的个数至多可数.

13. 设 P 是环 $\mathscr{C}$ 上测度，试证:

(i) 对任意 $\{E, F\} \subset \mathscr{C}$ 有

$$P(E) + P(F) = P(E \cup F) + P(E \cap F),$$

(ii) 对任意 $\{E, F, G\} \subset \mathscr{C}$ 有

$$P(E) + P(F) + P(G) + P(E \cap F \cap G)$$
$$= P(E \cup F \cup G) + P(E \cap F) + P(F \cap G) + P(G \cap E).$$

上述结论可推广到任意有限多个的场合.

14. 设 P_1^* 和 P_2^* 是 $S(\Omega)$ 上二个外测度，试证 $P^* = \max\{P_1^*, P_2^*\}$ 是外测度.

15. 设 $\{P_n^*: n \geqslant 1\}$ 是 $S(\Omega)$ 上的外测度列，$\{a_n: n \geqslant 1\}$ 是非负数列，则 $P^* = \sum_{n=1}^{\infty} a_n P_n^*$ 是 $S(\Omega)$ 上的外测度.

16. 设正项级数 $\sum_{n=1}^{\infty} a_n < +\infty$，分布函数 $F(x)$ 是只在 $x = n$

$(n \geqslant 1)$ 上有跳跃值为 a_n 的阶梯形函数，试求 F 对应的 L-S 测度 μ_F.

17. 设 $F(x) = C$ (C 是常数)，试求 F 对应的 L-S 测度 μ_F.

18. 设 L-S 测度 μ 具有性质：对任意 $a \leqslant b < +\infty$

$$\mu((a,b]) = (a,b] \text{ 中包含正整数点的个数}.$$

试求 μ 对应的分布函数 $F_\mu(x)$.

第三章 可测函数

§ 3.1 逆像及其基本性质

我们把定义在某一空间Ω而取值于另一空间Ω'(常称像空间)的"函数"$X(\omega)$,称为一个映射(或者变换). 特别,$\Omega'=(-\infty, +\infty)$(或$[-\infty, +\infty]$)时我们就称$X(\omega)$为定义域是$\Omega$的函数. 设$A'\subset\Omega'$,我们把$\Omega$中集

$$\{\omega: X(\omega)\in A'\} \tag{3.1}$$

称为集A'关于X的逆像(或原像),以$X^{-1}(A')$表之(如图).

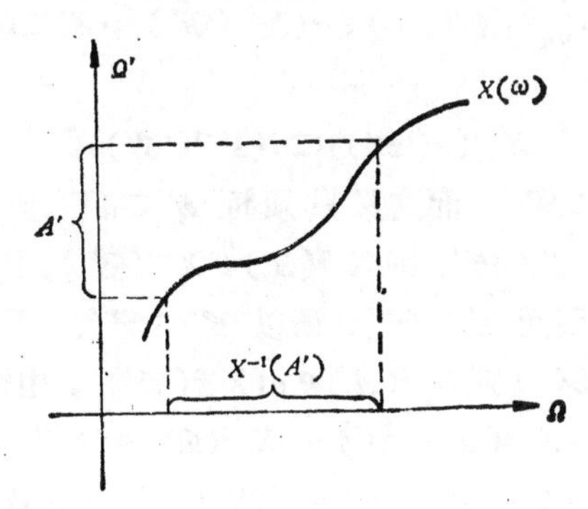

逆像有如下基本性质:

性质1 若$A'\subset B'$,则$X^{-1}(A')\subset X^{-1}(B')$.

性质2

$$X^{-1}(A'-B')=X^{-1}(A')-X^{-1}(B'), \tag{3.2}$$

$$X^{-1}\left(\bigcap_{n=1}^{\infty} A'_n\right)=\bigcap_{n=1}^{\infty} X^{-1}(A'_n), \tag{3.3}$$

$$X^{-1}\left(\bigcup_{n=1}^{\infty} A'_n\right)=\bigcup_{n=1}^{\infty} X^{-1}(A'_n). \tag{3.4}$$

性质 3 设 $\mathscr{A}'$ 是 Ω' 中集类,令

$$X^{-1}(\mathscr{A}') = \{X^{-1}(A'): A' \in \mathscr{A}'\}.$$

若 $\mathscr{A}'_1 \subset \mathscr{A}'_2$, 则 $X^{-1}(\mathscr{A}'_1) \subset X^{-1}(\mathscr{A}'_2)$.

性质 4 若 $\mathscr{A}'$ 是 σ 域,则 $X^{-1}(\mathscr{A}')$ 也是 σ 域. 对 σ 环, 单调类,域,……,等亦有此性质.

性质 1—3 可直接利用定义得到. 性质 4 可由性质 2 导得.下面性质是重要的,我们把它作为定理陈述如下:

定理 3.1 若 $\mathscr{C}'$ 是 Ω' 中的集类,则

$$X^{-1}(\sigma(\mathscr{C}')) = \sigma(X^{-1}(\mathscr{C}')). \tag{3.5}$$

证 由 $\mathscr{C}' \subset \sigma(\mathscr{C}')$ 及性质 3 知 $X^{-1}(\mathscr{C}') \subset X^{-1}(\sigma(\mathscr{C}'))$, 再由性质 4 知 $X^{-1}(\sigma(\mathscr{C}'))$ 是 σ 域,故

$$\sigma(X^{-1}(\mathscr{C}')) \subset X^{-1}(\sigma(\mathscr{C}')).$$

为证反包含号成立,用 λ-π 类一节所述之方法,令

$$\mathscr{F}' = \{A': X^{-1}(A') \in \sigma(X^{-1}(\mathscr{C}')),\ A' \subset \Omega'\}.$$

要证

$$X^{-1}(\sigma(\mathscr{C}')) \subset \sigma(X^{-1}(\mathscr{C}')),$$

只须证 $\sigma(\mathscr{C}') \subset \mathscr{F}'$, 而这又只须证 $\mathscr{C}' \subset \mathscr{F}'$ 且 $\mathscr{F}'$ 是 σ 域即可. 事实上,设 $A' \in \mathscr{C}'$, 则 $X^{-1}(A') \in X^{-1}(\mathscr{C}')$, 所以 $X^{-1}(A') \in \sigma(X^{-1}(\mathscr{C}'))$, 因而 $A' \in \mathscr{F}'$, 所以 $\mathscr{C}' \subset \mathscr{F}'$. 下面验证 $\mathscr{F}'$ 是 σ 域: 设 $A' \in \mathscr{F}'$, 则 $X^{-1}(A') \in \sigma(X^{-1}(\mathscr{C}'))$, 由性质 2 知

$$\begin{aligned} X^{-1}(A'^c) &= X^{-1}(\Omega' - A') = X^{-1}(\Omega') - X^{-1}(A') \\ &= \Omega - X^{-1}(A') = [X^{-1}(A')]^c \in \sigma(X^{-1}(\mathscr{C}')). \end{aligned}$$

故 $A'^c \in \mathscr{F}'$, 即对"余"封闭. 设 $\{A_n: n \geqslant 1\} \subset \mathscr{F}'$ 且 $A' = \bigcup_{n=1}^{\infty} A'_n$, 则 $X^{-1}(A'_n) \in \sigma(X^{-1}(\mathscr{C}'))(n = 1, 2, \cdots)$, 由 (3.4) 知

$$X^{-1}(A') = X^{-1}\left(\bigcup_{n=1}^{\infty} A'_n\right) = \bigcup_{n=1}^{\infty} X^{-1}(A'_n) \in \sigma(X^{-1}(\mathscr{C}')).$$

故 $A' = \bigcup_{n=1}^{\infty} A'_n \in \mathscr{F}'$, 即对"可数和"封闭. 所以 $\mathscr{F}'$ 是 σ 域. 证完.

定理 3.2 设 $X(\omega)$ 是 Ω 到 Ω' 的映射，$g(\omega')$ 是 Ω' 到 Ω'' 的映射，则 $g(X(\omega))$ 是 Ω 到 Ω'' 的映射（以 gX 表此复合映射）且对任意 $A''\subset\Omega''$ 有

$$(gX)^{-1}(A'')=X^{-1}[g^{-1}(A'')].$$

证 设 $\omega\in(gX)^{-1}(A'')$，则 $g(X(\omega))\in A''$，因此 $X(\omega)\in g^{-1}(A'')$，从而 $\omega\in X^{-1}[g^{-1}(A'')]$，所以

$$(gX)^{-1}(A'')\subset X^{-1}[g^{-1}(A'')].$$

反包含可类似证明之．证完．

§ 3.2 可测函数的定义及基本性质

设 $(\Omega,\mathscr{A})$ 是任意给定的可测空间，$X(\omega)$ 是定义在 Ω 上的实值（即取值于 $(-\infty,+\infty)=R$）函数．$\mathscr{B}$ 是 R 中的波莱尔集类．

定义 3.1 若 $X(\omega)$ 具有性质：对任意 $a\in R$ 都有

$$\{\omega:X(\omega)<a\}=X^{-1}((-\infty,a))\in\mathscr{A},\tag{3.7}$$

则称 $X(\omega)$ 是可测空间 $(\Omega,\mathscr{A})$ 上的可测函数，或简称 $\mathscr{A}$ 可测函数．特别 $(\Omega,\mathscr{A})=(R,\mathscr{B})$ 时，我们称 $\mathscr{B}$ 可测函数为波莱尔可测函数．$(\Omega,\mathscr{A})=(R,\mathscr{L})$（$\mathscr{L}$ 表勒贝格可测集类）时，$\mathscr{L}$ 可测函数就是实变[2]中的勒贝格可测函数．

例 1 Ω 上任何函数 $X(\omega)$，都是 $S(\Omega)$ 可测函数．其中 $S(\Omega)$ 是 Ω 的一切子集类．

例 2 $X(\omega)\equiv c$，$\omega\in\Omega$（c 是常数），则 $X(\omega)$ 对任何可测空间 $(\Omega,\mathscr{A})$ 都是可测的．

因对 $a>c$ 时，$\{\omega:X(\omega)<a\}=\Omega\in\mathscr{A}$，当 $a\leqslant c$ 时，$\{\omega:X(\omega)<a\}=\phi\in\mathscr{A}$，故 $X(\omega)$ 是 $\mathscr{A}$ 可测的．

例 3 集 A 的示性函数 $\chi_A(\omega)=\begin{cases}0, & \omega\bar{\in}A\\ 1, & \omega\in A\end{cases}$ 是 $\mathscr{A}$ 可测的充要条件是 $A\in\mathscr{A}$．

这可从关系式

$$\{\omega: \chi_A(\omega) < a\} = \begin{cases} \phi, & a \leqslant 0, \\ A^c, & 0 < a \leqslant 1, \\ \Omega, & a > 1 \end{cases}$$

而得.

可测函数的"可测性",是相对于某一可测空间而言的. 同一函数可能对这一可测空间可测,但对另一可测空间就不可测了,例如:

例 4 $\mathscr{A}_1 = \{R, \phi\}$, $\mathscr{A}_2 = \mathscr{B}$, $X(\omega) = \chi_{(0,1)}(\omega)$. 显然, $X(\omega)$ 是 $\mathscr{B}$ 可测,即 $\mathscr{A}_2$ 可测的. 但 $X(\omega)$ 不是 $\mathscr{A}_1$ 可测的. 因为 $(0, 1)\bar{\in}\mathscr{A}_1$.

由定义显然有: 若 $X(\omega)$ 是 $\mathscr{A}_1$ 可测的, 而 $\mathscr{A}_1 \subset \mathscr{A}_2$, 则 $X(\omega)$ 是 $\mathscr{A}_2$ 可测的.

引理 3.1 $X(\omega)$ 是 $\mathscr{A}$ 可测等价于下列条件之一:

i° 对任意 $a \in R$, $\{\omega: X(\omega) \leqslant a\} \in \mathscr{A}$, (3.8)

ii° 对任意 $a \in R$, $\{\omega: X(\omega) > a\} \in \mathscr{A}$, $(3.8)_2$

iii° 对任意 $a \in R$, $\{\omega: X(\omega) \geqslant a\} \in \mathscr{A}$, $(3.8)_3$

iv° 对任意 $a \in R$, $b \in R$ 且 $a \leqslant b$,

$$\{\omega: a < X(\omega) \leqslant b\} \in \mathscr{A}. \tag{$(3.8)_4$}$$

证 我们只证 (3.7) 与 (3.8) 等价,其余类似可证. 这可由下面关系而得:

$$\{\omega: X(\omega) \leqslant a\} = X^{-1}((-\infty, a]) = X^{-1}\left(\bigcap_{n=1}^{\infty}\left(-\infty, a + \frac{1}{n}\right)\right) = \bigcap_{n=1}^{\infty} X^{-1}\left(\left(-\infty, a + \frac{1}{n}\right)\right) = \bigcap_{n=1}^{\infty}\left\{\omega: X(\omega) < a + \frac{1}{n}\right\}$$

$$\{\omega: X(\omega) < a\} = X^{-1}((-\infty, a)) = X^{-1}\left(\bigcup_{n=1}^{\infty}\left(-\infty, a - \frac{1}{n}\right]\right) = \bigcup_{n=1}^{\infty}\left\{\omega: X(\omega) \leqslant a - \frac{1}{n}\right\}$$

定理 3.3 $X(\omega)$ 是 $\mathscr{A}$ 可测的充要条件是 $X^{-1}(\mathscr{B})\subset\mathscr{A}$. $\mathscr{B}$ 是波莱尔集类.

证 先证充分性. 因 $X^{-1}(\mathscr{B})\subset\mathscr{A}$ 且 $(-\infty,a)\in\mathscr{B}$, 故

$$\{\omega: X(\omega)<a\}=X^{-1}((-\infty,a))\in\mathscr{A}.$$

所以 $X(\omega)$ 是 $\mathscr{A}$ 可测.

下证必要性. 由(3.7)知 $X^{-1}(\mathscr{C}')\subset\mathscr{A}$, 其中 $\mathscr{C}'=\{(-\infty,a): a\in R\}$. 由 $\mathscr{A}$ 是 σ 域, 故 $\sigma(X^{-1}(\mathscr{C}'))\subset\mathscr{A}$, 再根据定理 3.1 及 $\mathscr{B}=\sigma(\mathscr{C}')$ 得到

$$X^{-1}(\mathscr{B})=X^{-1}(\sigma(\mathscr{C}'))=\sigma(X^{-1}(\mathscr{C}'))\subset\mathscr{A},$$

证完.

由定理 3.3, 我们也可将 $X^{-1}(\mathscr{B})\subset\mathscr{A}$ 作为 X 是 $\mathscr{A}$ 可测函数的定义,称之为可测函数的描述性定义. 今后,我们若不另加申明,所谓的可测函数,都是对某一固定的可测空间 $(\Omega,\mathscr{A})$ 而言.

我们对可取"$\pm\infty$"的函数的可测性定义, 只须将定义 3.1 中 $a\in R$ 改为 $a\in\overline{R}=[-\infty,+\infty]$,而将(3.7)中 $\{\omega: X(\omega)<a\}=\{\omega:-\infty<X(\omega)<a\}$ 理解为

$$\{\omega: X(\omega)<a\}=\{\omega:-\infty\leqslant X(\omega)<a\},$$

此时许多定理及性质(前述的以及下面将述及的)仍成立.

可测函数的基本性质:

性质 1 若 X 可测,则 $X+c$, $cX(c\in R)$, $|X|$, X^2, $\frac{1}{X}(X\neq 0)$ 等都是可测的.

直接从定义 3.1 和引理 3.1 可得.

性质 2 若 X,Y 可测,则 $X+Y$, XY, $X/Y(Y\neq 0)$ 可测.

证 因为对任意 $a\in R$ 有

$$\begin{aligned}\{\omega: X(\omega)+Y(\omega)<a\}&=\{\omega: X(\omega)<a-Y(\omega)\}\\&=\bigcup_{r\text{有理数}}\{\omega: X(\omega)<r<a-Y(\omega)\}\\&=\bigcup_{r\text{有理数}}[\{\omega: X(\omega)<r\}\cap\{\omega: Y(\omega)<a-r\}]\in\mathscr{A},\end{aligned}$$

所以 $X+Y$ 可测. 由性质 1 知 $(-Y)$ 可测,所以 $X-Y=X+$

$(-Y)$ 可测. XY, X/Y 的可测性由性质 1 及关系

$$XY = \frac{1}{4}[(X+Y)^2 - (X-Y)^2] \text{ 及 } X/Y = X \cdot \frac{1}{Y}$$

而得.

性质 3 设 $X_n(\omega)$ 可测 $(n=1, 2, \cdots)$, 则 $\inf\limits_{n\geq 1} X_n(\omega)$, $\sup\limits_{n\geq 1} X_n(\omega)$, $\overline{\lim\limits_{n\to\infty}} X_n(\omega)$, $\underline{\lim\limits_{n\to\infty}} X_n(\omega)$ 等都是可测函数. 特别若 $\lim\limits_{n\to\infty} X_n(\omega)$ 对一切 $\omega \in \Omega$ 存在, 则 $\lim\limits_{n\to\infty} X_n(\omega)$ 也可测.

证 因

$$\{\omega: \sup_{n\geq 1} X_n(\omega) \leq a\} = \bigcap_{n=1}^{\infty} \{\omega: X_n(\omega) \leq a\},$$

$$\{\omega: \inf_{n\geq 1} X_n(\omega) < a\} = \bigcup_{n=1}^{\infty} \{\omega: X_n(\omega) < a\},$$

得知 $\inf\limits_{n\geq 1} X_n$ 及 $\sup\limits_{n\geq 1} X_n$ 可测. 而

$$\overline{\lim_{n\to\infty}} X_n = \inf_{n\geq 1} Z_n, \quad Z_n = \sup_{k\geq n} X_k,$$

$$\underline{\lim_{n\to\infty}} X_n = -\overline{\lim_{n\to\infty}}(-X_n).$$

所以 $\overline{\lim\limits_{n\to\infty}} X_n$, $\underline{\lim\limits_{n\to\infty}} X_n$ 可测. 证完.

定义 3.2 若 $X(\omega)$ 可表为

$$X(\omega) = \sum_{i=1}^{n} a_i \chi_{A_i}(\omega),$$

其中 a_i 是常数, $A_i \in \mathscr{A}$ $(i=1, 2, \cdots, n)$ 互不相交且 $\sum\limits_{i=1}^{n} A_i = \Omega$, 则称 $X(\omega)$ 为可测空间 $(\Omega, \mathscr{A})$ 上的简单函数.

显然, 由例 3 及性质 2 知简单函数是可测的. 易证, 简单函数的线性组合和乘积仍是简单函数.

定理 3.4 (构造性定理) $X(\omega)$ 是可测函数的充要条件是存在二个非负可测函数 X^+, X^- 和二个非负不减的简单函数列

$\{X_n^{\pm}(\omega): n \geqslant 1\}$，使得 $X_n^{\pm} \uparrow X^{\pm}(n \to \infty)$ 和 $X(\omega) = X^+(\omega) - X^-(\omega)$.

证　由性质 2 及性质 3 和简单函数是可测的，可知条件是充分的．下证必要性，令

$$
\begin{aligned}
X^+(\omega) &= X(\omega)\chi_{\{\omega: X(\omega)\geqslant 0\}}(\omega), \\
X^-(\omega) &= -X(\omega)\chi_{\{\omega: X(\omega)<0\}}(\omega).
\end{aligned}
\tag{3.9}
$$

显然，$X^{\pm}$ 是非负的，且

$$
X(\omega) = X^+(\omega) - X^-(\omega).
$$

由 $X(\omega)$ 的可测性和 (3.9) 知 $X^{\pm}(\omega)$ 都是可测的．对任意非负有限可测函数 $\tilde{X}(\omega)$，令

$$
\begin{aligned}
X_n(\omega) = &\sum_{K=1}^{n2^n} \frac{K-1}{2^n} \chi_{\left\{\omega: \frac{K-1}{2^n} \leqslant \tilde{X}(\omega) < \frac{K}{2^n}\right\}}(\omega) \\
&+ n\chi_{\{\omega: \tilde{X}(\omega) \geqslant n\}}(\omega).
\end{aligned}
\tag{3.10}
$$

显然，$X_n(\omega)$ 是非负简单函数 $(n = 1, 2, \cdots)$，$\{X_n: n \geqslant 1\}$ 是不减的，且

$$
0 \leqslant \tilde{X}(\omega) - X_n(\omega) < \frac{1}{2^n},\ \omega \in \{\omega: 0 \leqslant \tilde{X}(\omega) < n\}.
$$

对每一个 $\omega \in \Omega$，因 $0 \leqslant \tilde{X}(\omega) < +\infty$，故存在一个 $N = N(\omega)$ 使 $\tilde{X}(\omega) < N$，所以当 $n \geqslant N$ 时

$$
0 \leqslant \tilde{X}(\omega) - X_n(\omega) < \frac{1}{2^n}.
$$

故 $X_n(\omega) \underset{n\to\infty}{\longrightarrow} \tilde{X}(\omega)$．取 $\tilde{X}$ 为 X^+ 及 X^- 即可证明定理．证完．

由定理 3.3 及定理 3.4 我们得到可测函数的几个等价定义，它们在不同场合各有所长．一般说来，在验证某一函数是可测函数时用定义 3.1 或引理 3.1 是方便的，因这时所要验证的只是形如 $(-\infty, a)$ 或 $[-\infty, a]$ 等特殊波莱尔集的逆像是否可测．当我们已知某函数是可测的，要利用它的可测性来证明其它问题时，当然，利用定理 3.3 所述描述性定义是方便的，因为这时一切波莱尔集的逆像都是可测的．而构造性定义对验明可测函数具有什么性质及用它构造可测函数的积分及其有关理论是极为有用的．

§ 3.3 $\mathscr{L}$-$\mathscr{H}$ 系方法

为了研究对 $\sigma(\mathscr{C})$ 可测的函数（其中 $\mathscr{C}$ 是 π 类）具有某种性质，下面定理和概念是重要的.

定义在同一空间 Ω 上的若干个函数（可取 $\pm\infty$）的总体，我们称为函数系.

定义 3.3 设某函数系 $\mathscr{L}$，它具有性质：对任意 $X\in\mathscr{L}$，都有 $X^+\in\mathscr{L}$ 和 $X^-\in\mathscr{L}$. 其中 X^+，X^- 如 (3.9) 所定义，则称函数系 $\mathscr{L}$ 为一个"加减系".

今后若不另加申明，都以 $\mathscr{L}$ 表"加减系".

例如，$\mathscr{L}=\{X:X$ 是 $\mathscr{A}$ 可测函数$\}$，则 $\mathscr{L}$ 是"加减系".

定义 3.4 设 $\mathscr{L}$ 是一个"加减系"，若同一空间的另一函数系 $\mathscr{H}$（可以 $\mathscr{H}=\mathscr{L}$）具有下列性质：

($\mathscr{L}_1$) $X(\omega)\equiv 1\in\mathscr{H}$.

($\mathscr{L}_2$) 线性封闭性　若 $X_1, X_2\in\mathscr{H}$，$c_1X_1+c_2X_2$ 有意义（除去 $+\infty-\infty$，$-\infty+\infty$ 情形），c_1，c_2 是任意常数，则

$$c_1X_1+c_2X_2\in\mathscr{H}.$$

($\mathscr{L}_3$) 单调极限封闭性　若 $\{X_n:n\geqslant 1\}\subset\mathscr{H}$，$0\leqslant X_n\uparrow X$ 而 X 有界或者 $X\in\mathscr{L}$，则

$$X\in\mathscr{H}.$$

则称 $\mathscr{H}$ 为 $\mathscr{L}$ 系.

例 5　$\mathscr{L}=\{f:f(x, y)$ 是平面上有限的勒贝格可测函数$\}$，$\mathscr{H}=\{f:f(x, y)$ 是平面上有限函数且具有性质：对每个 $x_0\in R$，$\varphi_{x_0}(y)=f(x_0, y)$ 是波莱尔可测函数$\}$.

则 $\mathscr{L}$ 是"加减系"且 $\mathscr{H}$ 是"$\mathscr{L}$ 系". 事实上，若 $f\in\mathscr{L}$，即 f 是二维有限的 $\mathscr{L}$ 可测函数，显然，由 (3.9) $f^\pm$ 也是二维有限 $\mathscr{L}$ 可测函数，所以 $f^\pm\in\mathscr{L}$，即 $\mathscr{L}$ 是"加减系". 进而若 $f(x, y)\equiv 1$，则 $\varphi_x(y)=f(x, y)\equiv 1$ 是一维波莱尔可测的，所以 $f(x, y)\equiv 1\in\mathscr{H}$，即 ($\mathscr{L}_1$) 成立. 设 f_1，$f_2\in\mathscr{H}$，则 f_1，f_2 有限且 $\varphi_{1x_0}(y)=$

$f_1(x_0, y)$ 和 $\varphi_{2x_0}(y) = f_2(x_0, y)$ 都是有限波莱尔可测的，故 $c_1f_1 + c_2f_2$ 有限且

$$c_1f_1(x_0,y) + c_2f_2(x_0,y) = c_1\varphi_{1x_0}(y) + c_2\varphi_{2x_0}(y)$$

有限波莱尔可测，所以 $c_1f_1 + c_2f_2 \in \mathscr{H}$，即 $(\mathscr{L}_2)$ 满足．

设 $\{f_n: n \geqslant 1\} \subset \mathscr{H}$，$0 \leqslant f_n \uparrow f$ 且 f 有界或者 $f \in \mathscr{L}$．由 f 有界或 $f \in \mathscr{L}$ 知 $f(x, y)$ 有限，故 $\varphi_{x_0}(y) = f(x_0, y)$ 有限，再由 $\{f_n: n \geqslant 1\} \subset \mathscr{H}$ 及 $0 \leqslant f_n \uparrow f$ 知

$$0 \leqslant \varphi_{nx_0}(y) = f_n(x_0, y) \uparrow f(x_0, y) = \varphi_{x_0}(y)$$

并且 $\varphi_{nx_0}(y)$ 是波莱尔可测的 $(n \geqslant 1)$，由可测函数性质 3 知 $\varphi_{x_0}(y)$ 是波莱尔可测的．所以 $f \in \mathscr{H}$，即 $(\mathscr{L}_3)$ 成立．

定理 3.5 设定义在空间 Ω 上的函数系 $\mathscr{H}$ 是 $\mathscr{L}$ 系，同一空间 Ω 上的集类 $\mathscr{C}$ 是 π 类．令函数系

$$I_{\mathscr{C}} = \{\chi_E(\omega): E \in \mathscr{C}\},$$

$$\mathscr{X} = \{X(\omega): X(\omega) \text{ 对 } \sigma(\mathscr{C}) \text{ 可测}\}.$$

如果 $\mathscr{H} \supset I_{\mathscr{C}}$，则 $\mathscr{H} \supset \mathscr{X} \cap \mathscr{L}$．

证　设 $X \in \mathscr{X} \cap \mathscr{L}$，则

$$X \in \mathscr{L} \text{ 同时 } X \in \mathscr{X},$$

由 $\mathscr{L}$ 是"加减系"及 (3.9) 知

$$X^{\pm} \in \mathscr{L} \text{ 同时 } X^{\pm} \in \mathscr{X}.$$

我们的目的是要证 $X \in \mathscr{H}$．为此，由 $(\mathscr{L}_2)$ 及 (3.9)，我们只须证 $X^+, X^- \in \mathscr{H}$．又由定理 3.4 及 $X^{\pm} \in \mathscr{X}$ 知，存在 $\sigma(\mathscr{C})$ 可测的非负简单函数列 $X_n^{\pm} \uparrow X^{\pm} (n \to \infty)$，由 $(\mathscr{L}_3)$ 及 $X^{\pm} \in \mathscr{L}$，因此我们只须 $X_n^{\pm} \in \mathscr{H}$ $(n = 1, 2, \cdots)$．再由 $(\mathscr{L}_2)$ 及 $X_n^{\pm}$ 是 $\sigma(\mathscr{C})$ 可测的简单函数，我们就只须证明 $E \in \sigma(\mathscr{C})$ 的示性函数 $\chi_E \in \mathscr{H}$ 即可．利用 λ-π 类方法证之，令

$$\mathscr{F} = \{A: \chi_A \in \mathscr{H}\}.$$

由题设 $I_{\mathscr{C}} \subset \mathscr{H}$，即对任意 $E \in \mathscr{C}$ 有 $\chi_E \in \mathscr{H}$，从而 $E \in \mathscr{F}$，所以 $\mathscr{C} \subset \mathscr{F}$．由于 $\mathscr{C}$ 是 π 类，若能证明 $\mathscr{F}$ 是 λ 类，则由第一章定理 1.5 知 $\mathscr{F} \supset \sigma(\mathscr{C})$，亦即对 $E \in \sigma(\mathscr{C})$ 有 $\chi_E \in \mathscr{H}$．从而证明了我们的定理．

下面验证 $\mathscr{F}$ 是 λ 类. 由 ($\mathscr{L}_1$) 知

$$\chi_\Omega(\omega) \equiv 1 \in \mathscr{H},$$

所以 $\Omega \in \mathscr{F}$，即 (λ_1) 满足.

设 $A_1, A_2 \in \mathscr{F}$ 且 $A_1 \supset A_2$. 则 $\chi_{A_1} \in \mathscr{H}$，$\chi_{A_2} \in \mathscr{H}$，由 ($\mathscr{L}_2$) 得

$$\chi_{A_1 - A_2} = \chi_{A_1} - \chi_{A_2} \in \mathscr{H}.$$

所以 $A_1 - A_2 \in \mathscr{F}$，即 $\mathscr{F}$ 满足 (λ_2).

设 $\{A_n: n \geqslant 1\} \subset \mathscr{F}$ 且 $A_n \uparrow A$，则

$$\{\chi_{A_n}: n \geqslant 1\} \subset \mathscr{H} \text{ 且 } 0 \leqslant \chi_{A_n} \uparrow \chi_A.$$

由 ($\mathscr{L}_3$) 及 χ_A 有界知 $\chi_A \in \mathscr{H}$，所以 $A \in \mathscr{F}$ 即 (λ_3) 满足. 综上所述，得知 $\mathscr{F}$ 是 λ 类. 证完.

定义 3.5 设 (Ω, $\mathscr{U}$) 是拓扑空间，$X(\omega)$ 是 Ω 上有限函数，若对直线上的每个开集 U' 都有 $X^{-1}(U') \in \mathscr{U}$，则称 $X(\omega)$ 是拓扑空间 (Ω, $\mathscr{U}$) 上的连续函数.

引理 3.2 若 $X(\omega)$ 是拓扑空间 (Ω, $\mathscr{U}$) 上的连续函数，则 $X(\omega)$ 是拓扑可测空间 (Ω, $\mathscr{U}$, $\sigma(\mathscr{U})$) 上的可测函数.

证 设 $\mathscr{U}'$ 是直线上的开集全体，则 $\sigma(\mathscr{U}') = \mathscr{B}$. 根据定理 3.1 及 $X(\omega)$ 连续的定义可得

$$X^{-1}(\mathscr{B}) = X^{-1}(\sigma(\mathscr{U}')) = \sigma(X^{-1}(\mathscr{U}')) \subset \sigma(\mathscr{U}).$$

故知 $X(\omega)$ 对 (Ω, $\mathscr{U}$, $\sigma(\mathscr{U})$) 可测.

定理 3.6 设拓扑可测空间 (Ω, $\mathscr{U}$, $\sigma(\mathscr{U})$) 满足条件 (α): 对每个 $U \in \mathscr{U}$，都存在一个连续函数 $X(\omega)$ (与 U 有关) 使得当 $\omega \in U$ 时 $X(\omega) \neq 0$，而当 $\omega \bar{\in} U$ 时，$X(\omega) = 0$. 若 $\mathscr{L}$ 系 $\mathscr{H}$ 包含一切非负有界连续函数，则 $\mathscr{H}$ 包含一切属于 $\mathscr{L}$ 的 $\sigma(\mathscr{U})$ 可测函数.

证 因 $\mathscr{U}$ 是 π 类，由定理 3.5 我们只须证明 $I_{\mathscr{U}} \subset \mathscr{H}$ 即可. 为此，根据条件 (α)，对每一个 $U \in \mathscr{U}$，存在连续 $X(\omega)$，使得

$$X(\omega) = \begin{cases} \neq 0, & \omega \in U, \\ = 0, & \omega \bar{\in} U. \end{cases}$$

令

$$Y_n(x)=\begin{cases}1, & |x|\geqslant \frac{1}{n},\\ n|x|, & |x|<\frac{1}{n},\end{cases}\quad x\in R.$$

显然，$Y_n(x)$ 是 R 上非负有界连续函数．令

$$X_n(\omega)=Y_n(X(\omega)).$$

显然，$X_n(\omega)$ 是 $(\Omega, \mathscr{U})$ 上非负有界连续函数，从而，$X_n\in\mathscr{H}$ $(n=1,2,\cdots)$．易证，$X_n\uparrow\chi_U(n\to\infty)$，由 $(\mathscr{L}_3)$ 知 $\chi_U\in\mathscr{H}$，故 $I_{\mathscr{U}}\subset\mathscr{H}$．证完．

定理 3.5 和定理 3.6 的一般用法是这样：当我们要证明集类 $\mathscr{C}$ 的最小 σ 域 $\sigma(\mathscr{C})$ 可测函数具有“某种”性质时，我们的办法，粗略地说，一般是把一切具有“该性质”的函数全体都取出来，构成一个函数系 $\mathscr{H}$，只须证明 $\mathscr{H}$ 包含 $\sigma(\mathscr{C})$ 可测函数全体 $\mathscr{X}$ 即可．而要证明这一事实，根据定理 3.5 及定理 3.6 只须证明下述二条件之一满足：

(i) $\mathscr{C}$ 是 π 类且 $\mathscr{C}$ 中元素（集）的示性函数具有“该性质”，$\mathscr{H}$ 是 $\mathscr{L}$ 系；

(ii) $\mathscr{C}$ 是拓扑且一切非负有界连续函数具有“该性质”，$\mathscr{H}$ 是 $\mathscr{L}$ 系．

严格地，须验证定理中条件．这样一种方法，称之为 $\mathscr{L}$-$\mathscr{H}$ 系方法．此方法与 λ-π 类方法一样，在本书中占有重要地位，今后常会用到，希读者熟记之．这二个方法的共同点都是解决最小 σ 域 $\sigma(\mathscr{C})$ 的问题；不同点是 λ-π 类方法是解决 $\sigma(\mathscr{C})$ 可测集的问题，而 $\mathscr{L}$-$\mathscr{H}$ 系方法是解决 $\sigma(\mathscr{C})$ 可测函数的问题．

例 6　试证，若 $f(x,y)$ 是有限的 $\mathscr{B}^2$ 可测函数，则对每个 $x_0\in R$，$f(x_0,y)=\varphi_{x_0}(y)$ 是 $\mathscr{B}$ 可测函数．其中 $\mathscr{B}$ 是直线上波莱尔集类，$\mathscr{B}^2$ 是平面上波莱尔集类，即 $\mathscr{B}^2=\sigma(\mathscr{C})$，其中

$$\mathscr{C}=\{(a,b]\times(c,d]:-\infty<a\leqslant b<+\infty,\ -\infty<c\leqslant d<+\infty\},$$

且

$$(a,b]\times(c,d]=\{(x,y);\ a<x\leqslant b,\ c<y\leqslant d\}.$$

如图

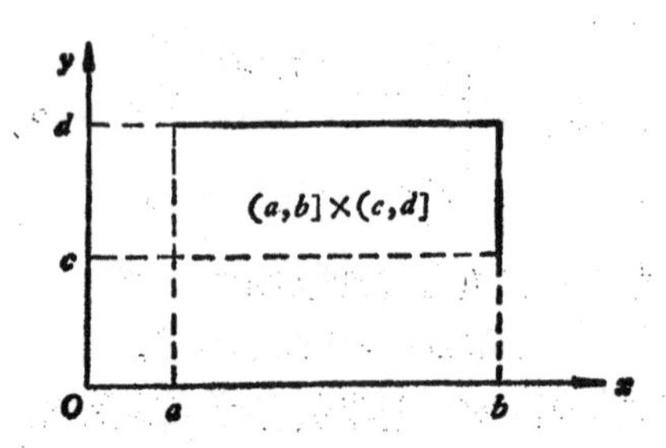

证. 令 $\mathscr{X}=\{f(x,y):f(x,y)$ 有限 $\mathscr{B}^2$ 可测$\}$. $\mathscr{L}$, $\mathscr{H}$ 的取法如例 5 中所述，要证我们的问题只须证 $\mathscr{X}\subset\mathscr{H}$ 即可. 显然，$\mathscr{L}\subset\mathscr{X}$，$\mathscr{C}$ 是 π 类，由例 5 所证 $\mathscr{H}$ 是 $\mathscr{L}$ 系，因此根据定理 3.5 要证 $\mathscr{L}\cap\mathscr{X}=\mathscr{X}\subset\mathscr{H}$ 只须证 $I_{\mathscr{C}}\subset\mathscr{H}$ 即可. 下证 $I_{\mathscr{C}}\subset\mathscr{H}$.

设 $f\in I_{\mathscr{C}}$，则

$$f(x,y)=\chi_{(a,b]\times(c,d]}(x,y),$$

$$\varphi_{x_0}(y)=f(x_0,y)=\begin{cases}\chi_{(c,d]}(y), & x_0\in(a,b],\\ 0, & x_0\bar{\in}(a,b].\end{cases}$$

故知 f 有限且 $\varphi_{x_0}(y)$ 是 $\mathscr{B}$ 可测的(对每个固定的 $x_0\in R$). 所以 $f\in\mathscr{H}$.

此例也可用定理 3.6 证明之. 设 $\mathscr{U}^2$ 是平面上开集全体，易证 $\sigma(\mathscr{U}^2)=\sigma(\mathscr{C})=\mathscr{B}^2$ 且 $(R,\mathscr{U}^2,\mathscr{B}^2)$ 满足定理 3.6 中条件 (α). 若 $f(x,y)$ 是平面上有界连续函数，则对每个固定的 $x_0\in R$，都有

$$\varphi_{x_0}(y)=f(x_0,y).$$

它是直线上有界连续函数，由引理 3.2 知 $\varphi_{x_0}(y)$ 是 $\mathscr{B}$ 可测函数. 这就证明了 $\mathscr{H}$ 包含一切非负有界连续函数. 从而可得例 5 .

§ 3.4 几乎处处收敛

设 $(\Omega,\mathscr{A})$ 是一个可测空间，P 是 $(\Omega,\mathscr{A})$ 上测度，我们把 $(\Omega,\mathscr{A},P)$ 称为一个测度空间. 如果 P 是有穷(或 σ 有穷)的，则

称 $(\Omega, \mathscr{A}, P)$ 为有穷(对应地，σ 有穷)测度空间. 特别 $P(\Omega)=1$，称 $(\Omega, \mathscr{A}, P)$ 为概率空间或者概率测度空间.

本节及本章的以下各节将阐述可测函数列最重要的几种收敛意义及其主要结果. 古典的两种收敛概念——处处(或逐点)收敛及一致收敛读者是熟知的，此处不再重述了. 古典分析的发展及概率论的需要，有必要将古典的"处处收敛"的概念推广，并引进一些新的"收敛"概念.

定义 3.6 设 $X(\omega)$ 是测度空间 $(\Omega, \mathscr{A}, P)$ 上的可测函数(可取 $\pm\infty$ 值).

(i) 如果 $P(\{\omega: X(\omega)=\pm\infty\})=0$，则称 X 为关于测度 P 是几乎处处有限的，常以 X, a. e. $[P]$ 有限记之.

(ii) 如果存在一数 $M>0$，使得

$$P(\{\omega: |X(\omega)|>M\})=0,$$

则称 X 关于测度 P 是几乎处处有界的(或者几乎处处不超过 M). 常记为 X, a. e. $[P]$ 有界(或者 $|X| \leqslant M$, a. e. $[P]$).

(iii) 如果存在一个集 $N \in \mathscr{A}$ 且 $P(N)=0$，使得

$$\{\omega: X(\omega) \neq Y(\omega)\} \subset N$$

则称函数 $Y(\omega)$ 与 $X(\omega)$ 关于测度 P 是几乎处处相等的. 常以 $X=Y$, a. e. $[P]$ 或 $X \overset{\text{a. e.}[P]}{=\!=\!=} Y$ 记之.

(iv) 如果存在一个可测函数 X，使得 $Y=X$, a. e. $[P]$，则称函数 $Y(\omega)$ 关于 P 是几乎处处可测的. 常记为 $Y(\omega)$, a. e. $[P]$ 可测.

在定义中由于 $(\Omega, \mathscr{A}, P)$ 不一定是完全的且 $Y(\omega)$ 对 $(\Omega, \mathscr{A})$ 也不一定是可测的，因此不一定有 $\{\omega: X(\omega) \neq Y(\omega)\} \in \mathscr{A}$. 所以 $Y(\omega)$, a. e. $[P]$ 可测，不一定有 $Y(\omega)$ 可测.

例 7 设 $\Omega=(-\infty,+\infty)$, $\mathscr{A}=\{(-\infty,+\infty),(-\infty, 0),[0,+\infty), \phi\}$; $P_1([0,+\infty))=P_1((-\infty,+\infty))=1$, $P_1(\phi)=P_1((-\infty, 0))=0$; $P_2(\phi)=0$, $P_2((-\infty, 0))=P_2([0,+\infty))=1$, $P_2((-\infty,+\infty))=2$;

$$X(\omega)=\begin{cases}+\infty, & \omega\in(-\infty,0),\\ 1, & \omega\in[0,+\infty),\end{cases}$$

$$Y(\omega)=\begin{cases}-\infty, & \omega\in(-\infty,-1],\\ 1, & \omega\in(-1,+\infty).\end{cases}$$

显然,由 $(-\infty,-1]\bar{\in}\mathscr{A}$ 知 $Y(\omega)$ 对 $(\Omega,\mathscr{A})$ 不可测,而 $X(\omega)$ 对 $(\Omega,\mathscr{A})$ 可测. 并且

$$P_1(\{\omega:X(\omega)\neq Y(\omega)\})=P_1((-\infty,0))=0,$$
$$P_2(\{\omega:X(\omega)\neq Y(\omega)\})=P_2((-\infty,0))=1,$$
$$P_1(\{\omega:|X(\omega)|>1\})=P_1((-\infty,0))=0,$$
$$P_2(\{\omega:|X(\omega)|>1\})=P_2((-\infty,0))=1,$$
$$\{\omega:|Y(\omega)|>1\}=(-\infty,-1]\subset(-\infty,0)\in\mathscr{A}.$$

故知 $X=Y$, a.e. $[P_1]$ 而 $X=Y$, a.e. $[P_2]$ 不成立; Y 是 a.e.$[P_1]$ 可测而 Y 不是 a.e. $[P_2]$ 可测; $|X|\leqslant 1$, a.e. $[P_1]$ 而 $|X|\leqslant 1$, a.e. $[P_2]$ 不成立; $|Y|\leqslant 1$, a.e. $[P_1]$ 而 $|Y|\leqslant 1$, a.e. $[P_2]$ 不成立.

例 8 设 $\Omega=R$, $\mathscr{A}$ 是勒贝格可测集类, P_1 是勒贝格测度, P_2 是集中点的个数.

$$X(\omega)=\begin{cases}+\infty, & \omega\ \text{是有理数},\\ 0, & \omega\ \text{是无理数},\end{cases}$$

$$Y(\omega)=\begin{cases}1, & \omega\ \text{是有理数},\\ 0, & \omega\ \text{是无理数}.\end{cases}$$

显然 $X=0$, a.e. $[P_1]$ 而 $X=Y=0$, a.e. $[P_2]$ 不成立; X, a.e. $[P_1]$ 有界,而 X, a.e. $[P_2]$ 有界不成立.

定义 3.7 设 X_n, X 是测度空间 $(\Omega,\mathscr{A},P)$ 上的可测函数,并且 X, X_n, a.e. $[P]$ 有限 $(n=1,2,3\cdots)$. 简称 $\{X_n:n\geqslant 1\}$ 是 a.e. $[P]$ 有限的可测函数列.

(i) 若 $P(\{\omega:X_n(\omega)\underset{n\to\infty}{\not\to}X(\omega)\})=0$,则称 $\{X_n:n\geqslant 1\}$ 关于 P 是几乎处处收敛于 X 的,以 $X_n\to X$, a.e. $[P]$ 或 $X_n\xrightarrow{\text{a.e.}[P]}X$ 记之;

(ii) 若 $P(\{\omega:X_n(\omega)-X_m(\omega)\underset{m,n\to\infty}{\not\to}0\})=0$, 则称 $\{X_n:n\geqslant

1\} 关于 P 是几乎处处收敛的基本列，或几乎处处基本收敛，以 $\{X_n: n \geqslant 1\}$ 是 a. e. [P] 基本列或 a. e. [P] 基本收敛记之.

其中 $X_n(\omega) \underset{n\to\infty}{\not\to} X(\omega)$ 表 $\{X_n(\omega): n \geqslant 1\}$ 当 $n \to \infty$ 时，不收敛于 $X(\omega)$.

$X_n(\omega) - X_m(\omega)$ 可能出现 $\pm\infty-(\pm\infty)$ 的无意义的情况，由于 X_n, X_m 的 a. e. [P] 有限性，此种情形 ω 的总和，其测度 P 为零. 因此为确定起见，从现在起若不另加申明不妨规定 $\pm\infty-(\pm\infty) = 0$，不影响今后本章所述各种结论.

例 9　设 $(\Omega, \mathscr{A})$ 及 P_1, P_2 如例 8 所述，令

$$X_n(\omega) = \begin{cases} (-1)^n, & \omega \text{ 是有理数}, \\ \dfrac{1}{n}, & \omega \text{ 是无理数}, \end{cases} \quad (n \geqslant 1)$$

$$X(\omega) = \begin{cases} +\infty, & \omega \text{ 是有理数}, \\ 0, & \omega \text{ 是无理数}. \end{cases}$$

显然，
$$P_1(\{\omega: X_n(\omega) \not\to X(\omega)\}) = P_1(\{\text{一切有理数}\}) = 0.$$

故 $X_n \to X$, a. e. [P_1] 而

$$P_2(\{\omega: X_n(\omega) \not\to X(\omega)\}) = P_2(\{\text{一切有理数}\}) = +\infty.$$

因此 $X_n \xrightarrow{\text{a.e.}[P_2]} X$ 不成立.

例 9 说明了 P_1, P_2 是 $(\Omega, \mathscr{A})$ 上任意两个不同的测度，X 及 $X_n (n \geqslant 1)$ 是 $\mathscr{A}$ 可测的函数，一般说来，若 $X_n \xrightarrow{\text{a.e.}[P_1]} X$ 成立，但不一定有 $X_n \xrightarrow{\text{a.e.}[P_2]} X$ 成立.

今后若不另加申明，我们都对一个固定的测度空间 $(\Omega, \mathscr{A}, P)$ 来讨论，而 X, Y (或带有下标)是 a. e. [P] 有限的可测函数. 这时 a. e. [P] 常省略为 a. e..

引理 3.3　若 $X_n \xrightarrow{\text{a.e.}} X$ 且 $X_n \xrightarrow{\text{a.e.}} Y$，则 $X \overset{\text{a.e.}}{=\!=} Y$. 反之，若 $X \overset{\text{a.e.}}{=\!=} Y$ 且 $X_n \xrightarrow{\text{a.e.}} X$，则 $X_n \xrightarrow{\text{a.e.}} Y$.

证　令 $N_2 = \{\omega: X_n(\omega) \not\to X(\omega)\}$,

$N_3 = \{\omega: X_n(\omega) \not\to Y(\omega)\}$,

$N_1 = \{\omega: X(\omega) \neq Y(\omega)\}$.

则
$$X_n \xrightarrow{\text{a.e.}} X \text{ 等价于 } P(N_2) = 0,$$
$$X_n \xrightarrow{\text{a.e.}} Y \text{ 等价于 } P(N_3) = 0,$$
$$X \overset{\text{a.e.}}{=\!=} Y \text{ 等价于 } P(N_1) = 0.$$
显然,若 $X_n \xrightarrow{\text{a.e.}} X$ 且 $X_n \xrightarrow{\text{a.e.}} Y$, 则当 $\omega \bar{\in} N_2 \cup N_3$ 时有
$$X_n(\omega) \to X(\omega) \text{ 且 } X_n(\omega) \to Y(\omega)(n \to \infty).$$
所以 $X(\omega) = Y(\omega)$, 故 $\omega \bar{\in} N_1$, 因而
$$N_1 = \{\omega: X(\omega) \neq Y(\omega)\} \subset N_2 \cup N_3,$$
但
$$P(N_2 \cup N_3) \leqslant P(N_2) + P(N_3) = 0,$$
所以 $P(N_1) = 0$, 即 $X \overset{\text{a.e.}}{=\!=} Y$.

反之,同上可证 $N_3 \subset N_1 \cup N_2$, 从而由题设 $P(N_1) = P(N_2) = 0$ 导得 $P(N_3) = 0$, 即 $X_n \xrightarrow{\text{a.e.}} Y$. 证完.

如果我们把 a.e. 相等的可测函数视为"同一"个函数,则 a.e. 收敛的极限函数是唯一的.

引理 3.4　若 $\{X_n: n \geqslant 1\}$ 是测度空间 $(\Omega, \mathscr{A}, P)$ 上的可测函数列且 $X_n \xrightarrow{\text{a.e.}} X$, 则 X 是 a.e. 可测的. 特别,若 $\mathscr{A}$ 对 P 是完全的,则 X 还是可测的.

证　令 $N = \{\omega: X_n(\omega) \not\to X(\omega)\}$, 由 X 和 X_n 的可测性 $(n \geqslant 1)$ 及 $X_n \xrightarrow{\text{a.e.}} X$ 的定义可知,集 N 是可测的且 $P(N) = 0$, 再令

$\tilde{X}(\omega) = \chi_N(\omega) X(\omega)$,

$\tilde{X}_n(\omega) = \chi_N(\omega) X_n(\omega) \quad (n = 1, 2, 3 \cdots)$.

显然, $\{\tilde{X}_n(\omega): n \geqslant 1\}$ 也是可测函数列且 $\tilde{X}_n(\omega) \to \tilde{X}(\omega)$ 对 $\omega \in \Omega$ 处处收敛. 又因对任意实数 a
$$\{\omega: \tilde{X}(\omega) < a\}$$
$$= \bigcup_{n,m=1}^{\infty} \bigcap_{K=n}^{\infty} \left\{\omega: \tilde{X}_K(\omega) < a - \frac{1}{m}\right\} \in \mathscr{A},$$

故 $\widetilde{X}(\omega)$ 可测，而

$$\{\omega: X(\omega) \neq \widetilde{X}(\omega)\} \subset N$$

且 $P(N)=0$，故知 $X \stackrel{\text{a.e.}}{=\!=} \widetilde{X}$ 成立，所以 X 是 a.e. 可测的.

对任意波莱尔集 B 有

$$\begin{aligned} X^{-1}(B) &= X^{-1}(B) \cap N + X^{-1}(B) \cap N^c \\ &= X^{-1}(B) \cap N + \widetilde{X}^{-1}(B) \cap N^c, \end{aligned}$$

而 $X^{-1}(B) \cap N \subset N$ 且 $P(N)=0$，若 $\mathscr{A}$ 对 P 完全，则

$$X^{-1}(B) \cap N \in \mathscr{A},$$

再由 N 及 $\widetilde{X}$ 的可测性又知

$$\widetilde{X}^{-1}(B) \cap N^c \in \mathscr{A},$$

从而

$$X^{-1}(B) \in \mathscr{A}.$$

所以 X 可测，这就证明了若 $\mathscr{A}$ 对 P 完全，则 X 还是可测的．证完.

引理 3.5 设 $\{X_n: n \geqslant 1\}$ 是 a.e. 有限的可测函数列，则 $\{X_n: n \geqslant 1\}$ 是 a.e. 基本列的充要条件是存在一个处处有限的可测函数 X 使得 $X_n \xrightarrow{\text{a.e.}} X$.

证 由 X_n a.e. 有限可测可导得 $P(N_n)=0$，其中

$$N_n = \{\omega: X_n(\omega) = \pm\infty\} \ (n=1,2,3\cdots),$$

令 $N = \bigcup_{n=1}^{\infty} N_n$，则 N 可测且 $P(N)=0$.

先证必要性．若 $\{X_n: n \geqslant 1\}$ 是 a.e. 基本列，则

$$N' = \{\omega: X_n(\omega) - X_m(\omega) \underset{m,n\to\infty}{\not\to} 0\}$$

可测且 $P(N')=0$．故对每个固定的 $\omega \bar{\in} N \cup N'$，$\{X_n(\omega): n \geqslant 1\}$ 是有限数列，且

$$X_n(\omega) - X_m(\omega) \underset{m,n\to\infty}{\longrightarrow} 0.$$

由实数的完备性可知，存在一个有限数 $\widetilde{X}(\omega)$ 使得 $X_n(\omega) \underset{n\to\infty}{\rightarrow} \widetilde{X}(\omega)$．对任意 $\omega \in \Omega$ 和 $n \geqslant 1$，令

$$X(\omega) = \begin{cases} \widetilde{X}(\omega), & \omega \bar{\in} N \cup N', \\ 0, & \omega \in N \cup N', \end{cases}$$

$$\widetilde{X}_n(\omega)=X_n(\omega)\chi_{N^c}(\omega).$$

则由N和N'的可测性可知$\{\widetilde{X}_n:n\geqslant 1\}$是处处有限的可测函数列，而$X(\omega)$也是处处有限可测函数且

$$\{\omega:X_n(\omega)\not\to X(\omega)\}\subset N\cup N'.$$

但$P(N\cup N')=0$，从而$X_n\xrightarrow{\text{a.e.}}X$.

次证充分性．令

$$N''=\{\omega:X_n(\omega)\not\to X(\omega)\},$$

$$N'''=\{\omega:X(\omega)=\pm\infty\}.$$

由$X_n\to X$ a.e. 可知，当$\omega\bar{\in}(N\cup N''\cup N''')$时，$X_n(\omega)$，$X(\omega)$都是实数$(n=1,2,3,\cdots)$且$X_n(\omega)\to X(\omega)$，再由实数列的性质可知，$X_n(\omega)-X_m(\omega)\xrightarrow[m,n\to\infty]{}0$．故

$$\{\omega:X_n(\omega)-X_m(\omega)\underset{m,n\to\infty}{\not\to}0\}\subset N\cup N''\cup N'''.$$

根据题设

$$P(N\cup N''\cup N''')\leqslant P(N)+P(N'')+P(N''')=0,$$

故 $$P(\{\omega:X_n(\omega)-X_m(\omega)\underset{m,n\to\infty}{\not\to}0\})=0,$$

即$\{X_n:n\geqslant 1\}$是a.e.基本列．

引理 3.6 对任意在集A上有限的函数列$\{X,X_1,X_2,\cdots\}$都有

$$A\cap\{\omega:X_n(\omega)\to X(\omega)\}$$

$$=\bigcap_{\varepsilon>0}\bigcup_{n=1}^{\infty}\bigcap_{\nu=0}^{\infty}\{\omega:|X_{n+\nu}(\omega)-X(\omega)|<\varepsilon\}\cap A \tag{3.11$'$}$$

$$=\bigcap_{k=1}^{\infty}\bigcup_{n=1}^{\infty}\bigcap_{\nu=0}^{\infty}\left\{\omega:|X_{n+\nu}(\omega)-X(\omega)|<\frac{1}{k}\right\}\cap A, \tag{3.11}$$

$$A\cap\{\omega:X_n(\omega)\not\to X(\omega)\}$$

$$=\bigcup_{k=1}^{\infty}\bigcap_{n=1}^{\infty}\bigcup_{\nu=0}^{\infty}\left\{\omega:|X_{n+\nu}(\omega)-X(\omega)|\geqslant\frac{1}{k}\right\}\cap A, \tag{3.12}$$

$$A\cap\{\omega:X_n(\omega)-X_m(\omega)\underset{m,n\to\infty}{\to}0\}$$

$$= \bigcap_{k=1}^{\infty} \bigcup_{n=1}^{\infty} \bigcap_{\nu=0}^{\infty} \Big\{\omega: |X_{n+\nu}(\omega) - X_n(\omega)|$$

$$< \frac{1}{k}\Big\} \cap A, \tag{3.13}$$

$$A \cap \{\omega: X_n(\omega) - X_m(\omega) \underset{m,n\to\infty}{\not\to} 0\}$$

$$= \bigcup_{k=1}^{\infty} \bigcap_{n=1}^{\infty} \bigcup_{\nu=0}^{\infty} \Big\{\omega: |X_{n+\nu}(\omega) - X_n(\omega)|$$

$$\geqslant \frac{1}{k}\Big\} \cap A. \tag{3.14}$$

证 先证 (3.11)′, 由 X 及 $\{X_n: n \geqslant 1\}$ 在集 A 上的有限性, 对任意 $\omega \in A$ 有: $X_n(\omega) \underset{n\to\infty}{\to} X(\omega)$ 等价于任给 $\varepsilon > 0$, 至少有一个 $n \geqslant 1$, 使得对每个 $\nu \geqslant 0$ 都有 $|X_{n+\nu}(\omega) - X(\omega)| < \varepsilon$, 亦即 (3.11)′ 成立. 由于集

$$\bigcup_{n=1}^{\infty} \bigcap_{\nu=0}^{\infty} \{\omega: |X_{n+\nu}(\omega) - X(\omega)| < \varepsilon\} \cap A$$

随 ε 下降趋于 0 而不增, 故有 (3.11) 成立. (3.12) 由 (3.11) 及 (1.3), (1.4) 得到. (3.13) 类似于 (3.11); (3.14) 类似于 (3.12) 的证明.

定理 3.7 (a. e. 收敛判别法) 设 $\{X, X_1, X_2, \cdots X_n, \cdots\}$ 是测度空间 $(\Omega, \mathscr{A}, P)$ 上的 a. e. 有限可测函数列, 则

(i) $X_n \xrightarrow{\text{a. e.}} X$ 的充要条件是: 对任意 $\varepsilon > 0$

$$P\Big(\bigcap_{n=1}^{\infty} \bigcup_{\nu=0}^{\infty} \{\omega: |X_{n+\nu}(\omega) - X(\omega)| \geqslant \varepsilon\}\Big) = 0. \tag{3.15}$$

进而, 若 P 是有穷的, 则 (3.15) 可化为: 对任意 $\varepsilon > 0$

$$\lim_{n\to\infty} P\Big(\bigcup_{\nu=0}^{\infty} \{\omega: |X_{n+\nu}(\omega) - X(\omega)| \geqslant \varepsilon\}\Big) = 0. \tag{3.16}$$

(ii) $\{X_n: n \geqslant 1\}$ 是 a. e. 基本列的充要条件是: 对任意 $\varepsilon > 0$

$$P\left(\bigcap_{n=1}^{\infty}\bigcup_{\nu=0}^{\infty}\{\omega:|X_{n+\nu}(\omega)-X_n(\omega)|\geqslant\varepsilon\}\right)=0. \quad (3.17)$$

进而,若P有穷,则(3.17)可以下式代替:对任意$\varepsilon>0$

$$\lim_{n\to\infty}P\left(\bigcup_{\nu=0}^{\infty}\{\omega:|X_{n+\nu}(\omega)-X_n(\omega)|\geqslant\varepsilon\}\right)=0. \quad (3.18)$$

证. 令

$$N_0=\{\omega:|X(\omega)|=+\infty\},$$

$$N_n=\{\omega:|X_n(\omega)|=+\infty\}\quad(n=1,2,\cdots).$$

由$\{X,X_1,X_2,\cdots\}$是a. e. 有限的可测函数列,故N_n是可测集且$P(N_n)=0\ (n=0,1,2,\cdots)$;令$N=\bigcup_{n=0}^{\infty}N_n$,显然$N$可测且$P(N)=0$. 而对任意$\omega\bar{\in}N$有$X(\omega)$,$X_n(\omega)\ (n=1,2,\cdots)$都有限,故由(3.12)有

$$N^c\cap\{\omega:X_n(\omega)\not\to X(\omega)\}$$

$$=N^c\cap\left(\bigcup_{k=1}^{\infty}\bigcap_{n=1}^{\infty}\bigcup_{\nu=0}^{\infty}\left\{\omega:|X_{n+\nu}(\omega)-X(\omega)|\geqslant\frac{1}{k}\right\}\right). \quad (3.19)$$

又由$\overline{\lim_{n\to\infty}}X_n$,$\underline{\lim_{n\to\infty}}X_n$及$X$都可测,故

$$\{\omega:X_n(\omega)\to X(\omega)\}$$

$$=\left\{\omega:\overline{\lim_{n\to\infty}}X_n(\omega)=\underline{\lim_{n\to\infty}}X_n(\omega)=X(\omega)\right\}$$

可测,从而$\{\omega:X_n(\omega)\not\to X(\omega)\}$可测. 对任何可测集$A$由

$$P(A)=P(AN)+P(AN^c)\text{ 及 }P(N)=0$$

即可得$P(A)=0$等价于$P(N^cA)=0$. 据此及(3.19)有

$$P(\{\omega:X_n(\omega)\not\to X(\omega)\})=0$$

$$\Leftrightarrow P(\{\omega:X_n(\omega)\not\to X(\omega)\}\cap N^c)=0$$

$$\Leftrightarrow P\left(N^c\cap\left(\bigcup_{k=1}^{\infty}\bigcap_{n=1}^{\infty}\bigcup_{\nu=0}^{\infty}\left\{\omega:|X_{n+\nu}(\omega)\right.\right.\right.$$

$$- X(\omega)| \geqslant \frac{1}{k}\}))) = 0$$

$$\Longleftrightarrow P\left(\bigcup_{k=1}^{\infty} \bigcap_{n=1}^{\infty} \bigcup_{\nu=0}^{\infty} \{\omega: |X_{n+\nu}(\omega) - X(\omega)| \geqslant \frac{1}{k}\}\right) = 0$$

$$\Longleftrightarrow P\left(\bigcap_{n=1}^{\infty} \bigcup_{\nu=0}^{\infty} \{\omega: |X_{n+\nu}(\omega) - X(\omega)| \geqslant \frac{1}{k}\}\right) = 0$$

对每个 $k = 1, 2, 3\cdots$

$$\Longleftrightarrow (3.15).$$

最后第二个等价关系是因为

$$A\left(\frac{1}{k}\right) = \bigcap_{n=1}^{\infty} \bigcup_{\nu=0}^{\infty} \left\{\omega: |X_{m+\nu}(\omega) - X(\omega)| \geqslant \frac{1}{k}\right\}$$

随 k 增加而不减及测度的下连续性所得到．若 P 有穷，由测度的上连续性及当 $n \to \infty$ 时

$$A_n\left(\frac{1}{k}\right) = \bigcup_{\nu=0} \left\{\omega: |X_{n+\nu}(\omega) - X(\omega)| \geqslant \frac{1}{k}\right\} \downarrow A\left(\frac{1}{k}\right)$$

可得 (3.15) 与 (3.16) 等价．从而证明了 (i) 成立．

(ii) 中 $\{X_n: n \geqslant 1\}$ 是 a. e. 基本列与 (3.17) 的等价性可类似 (i) 得到．但 (3.17) 与 (3.18) 的等价性不能类似于 (3.15) 与 (3.16) 等价性的证法，因这时集

$$\bigcup_{\nu=0}^{\infty} \{\omega: |X_{n+\nu}(\omega) - X_n(\omega)| \geqslant \varepsilon\}$$

不随 n 增大而不增，故不能用测度的上连续性．但由于对每个 $n(n = 1, 2, 3, \cdots)$

$$\bigcap_{n=1}^{\infty}\bigcup_{\nu=0}^{\infty}\{\omega:|X_{n+\nu}(\omega)-X_n(\omega)|\geqslant\varepsilon\}$$

$$\subset\bigcup_{\nu=0}^{\infty}\{\omega:|X_{n+\nu}(\omega)-X_n(\omega)|\geqslant\varepsilon\},$$

故 (3.18) 必可导得 (3.17)，从而导得 $\{X_n:n\geqslant 1\}$ 是 a. e. 基本列.

现在证反问题，若 $\{X_n:n\geqslant 1\}$ 是 a. e. 基本列，由引理 3.5 必存在一个有限的可测函数 X，使得 $X_n\xrightarrow{\text{a. e.}}X$，当 P 有穷时由 (i) 有 (3.16) 成立．而

$$\bigcup_{\nu=0}^{\infty}\{\omega:|X_{n+\nu}(\omega)-X_n(\omega)|\geqslant\varepsilon\}$$

$$\subset\bigcup_{\nu=0}^{\infty}\left[\left\{\omega:|X_{n+\nu}(\omega)-X(\omega)|\geqslant\frac{\varepsilon}{2}\right\}\right.$$

$$\left.\cup\left\{\omega:|X_n(\omega)-X(\omega)|\geqslant\frac{\varepsilon}{2}\right\}\right]$$

$$=\bigcup_{\nu=0}^{\infty}\left\{\omega:|X_{n+\nu}(\omega)-X(\omega)|\geqslant\frac{\varepsilon}{2}\right\}.$$

故 (3.18) 成立．证完.

定理 3.8 (叶果洛夫定理)　设 $(\Omega,\mathscr{A},P)$ 是有穷测度空间，$\{X,X_1,X_2,\cdots\}$ 是其上的 a. e. 有限可测函数列，则 $X_n\xrightarrow{\text{a. e.}}X$ 的充要条件是：对任给 $\varepsilon>0$，都存在集 $A\in\mathscr{A}$，使得 $P(A)<\varepsilon$ 且在 $\Omega-A=A^c$ 上 $X_n(\omega)\to X(\omega)$ 是一致的．常以 $X_n\xrightarrow{\text{a.u.}[P]}X$ 或 $X_n\to X$，a. u. [P] 记之.

证　先证充分性，若 $X_n\xrightarrow{\text{a. u.}}X$，则对每个正整数 m，都存在一个集 $A_m\in\mathscr{A}$，使得 $P(A_m)<\dfrac{1}{m}$ 且对 $\omega\in A_m^c$ 一致地有 $X_n(\omega)\to X(\omega)$ 成立.

令 $N=\bigcap_{m=1}^{\infty}A_m$，则

$$P(N) \leqslant P(A_m) < \frac{1}{m} \to 0 \quad (m \to \infty).$$

所以 $P(N) = 0$. 又当 $\omega \bar{\in} N$ 即 $\omega \in N^c = \bigcup_{m=1}^{\infty} A_m^c$ 时，必存在一个 $m_0 = m_0(\omega)$ 使得 $\omega \in A_{m_0}^c$，且在 $A_{m_0}^c$ 上一致地有 $X_n(\omega) \to X(\omega)$，更有 $X_n(\omega) \to X(\omega)$，因此

$$\omega \bar{\in} \{\omega: X_n(\omega) \not\to X(\omega)\},$$

从而有

$$P(\{\omega: X_n(\omega) \not\to X(\omega)\}) \leqslant P(N) = 0.$$

所以 $X_n \xrightarrow{\text{a. e.}} X$.

必要性可根据定理 3.7，由 $X_n \xrightarrow{\text{a. e.}} X$ 可得 (3.16) 成立，所以对任给 $\varepsilon > 0$ 和 k 都存在一个 n_k，使得

$$P\left(\bigcup_{\nu=0}^{\infty}\left\{\omega: |X_{n_k+\nu}(\omega) - X(\omega)| \geqslant \frac{1}{k}\right\}\right) < \frac{\varepsilon}{2^k}. \qquad (3.20)$$

令

$$A = \bigcup_{k=1}^{\infty} \bigcup_{\nu=0}^{\infty} \left\{\omega: |X_{n_k+\nu}(\omega) - X(\omega)| \geqslant \frac{1}{k}\right\},$$

则由 (3.20) 有

$$P(A) \leqslant \sum_{k=1}^{\infty} P\left(\bigcup_{\nu=0}^{\infty}\left\{\omega: |X_{n_k+\nu}(\omega) - X(\omega)| \geqslant \frac{1}{k}\right\}\right) < \sum_{k=1}^{\infty} \frac{\varepsilon}{2^k} = \varepsilon.$$

另一方面，因

$$A^c = \bigcap_{k=1}^{\infty} \bigcap_{\nu=0}^{\infty} \left\{\omega: |X_{n_k+\nu}(\omega) - X(\omega)| < \frac{1}{k}\right\},$$

故 $X_n(\omega) \to X(\omega)$ 在 A^c 上一致成立. 即 $X_n \xrightarrow{\text{a. u.}} X$ 成立. 证完.

注意，定理 3.8 去掉测度空间的有穷性，一般不一定成立，反例如下：

例 10　设 $\Omega=\{1,2,3,\cdots\}$，$\mathscr{A}=S(\Omega)$，$P(A)=A$ 中点的个数，则 $(\Omega,\mathscr{A},P)$ 是 σ 有穷测度空间，而不是有穷的．令 $A_n=\{1,2,\cdots,n\}$，而

$$X_n(\omega)=\chi_{A_n}(\omega)\quad(n=1,2,\cdots),$$

显然对每个 $\omega\in\Omega$ 有 $X_n(\omega)\to 1$ 处处收敛，但 $X_n\xrightarrow{\text{a.u.}[P]}1$ 不成立。

§3.5　测度收敛

定义 3.8　设 X 及 X_n 是测度空间 $(\Omega,\mathscr{A},P)$ 上 a.e. 有限的可测函数 $(n\geqslant 1)$．

(i) 若对任给 $\varepsilon>0$ 有

$$\lim_{n\to\infty}P(\{\omega:|X_n(\omega)-X(\omega)|\geqslant\varepsilon\})=0,\tag{3.21}$$

则称 $\{X_n:n\geqslant 1\}$ 按测度(或度量) P 收敛于 X，以 $X_n\xrightarrow{P}X$ 记之。

(ii) 若对任给 $\varepsilon>0$ 有

$$\lim_{m,n\to\infty}P(\{\omega:|X_n(\omega)-X_m(\omega)|\geqslant\varepsilon)=0,\tag{3.22}$$

则称 $\{X_n:n\geqslant 1\}$ 为按测度 P 收敛的基本列或按测度 P 基本收敛；以 $X_n-X_m\xrightarrow{P}0$ 记之．

引理 3.7　设 $X,Y,X_n(n=1,2,3\cdots)$ 都是 a.e. $[P]$ 有限可测函数．若 $X_n\xrightarrow{P}X$ 且 $X_n\xrightarrow{P}Y$；则 $X=Y$, a.e. $[P]$。

证　因对任意 $\varepsilon>0$ 和正整数 n 有

$$\begin{aligned}&\{\omega:|X(\omega)-Y(\omega)|\geqslant\varepsilon\}\\&\quad\subset\{\omega:|X_n(\omega)-X(\omega)|+|X_n(\omega)-Y(\omega)|\geqslant\varepsilon\}\\&\quad\subset\left\{\omega:|X_n(\omega)-X(\omega)|\geqslant\frac{\varepsilon}{2}\right\}\\&\quad\cup\left\{\omega:|X_n(\omega)-Y(\omega)|\geqslant\frac{\varepsilon}{2}\right\}.\end{aligned}$$

再根据 $X_n\xrightarrow{P}X$ 及 $X_n\xrightarrow{P}Y$ 可导得

$$0 \leqslant P(\{\omega: |X(\omega) - Y(\omega)| \geqslant \varepsilon\}$$

$$\leqslant P\left(\left\{\omega: |X_n(\omega) - X(\omega)| \geqslant \frac{\varepsilon}{2}\right\}\right)$$

$$+ P\left(\left\{\omega: |X_n(\omega) - Y(\omega)| \geqslant \frac{\varepsilon}{2}\right\}\right) \xrightarrow[n\to\infty]{} 0.$$

故对任意 $\varepsilon > 0$

$$P(\{\omega: |X(\omega) - Y(\omega)| \geqslant \varepsilon\}) = 0.$$

由测度的下连续性及随 $\varepsilon \downarrow 0$ 有

$$\{\omega: |X(\omega) - Y(\omega)| \geqslant \varepsilon\} \uparrow \{\omega: X(\omega) \neq Y(\omega)\}$$

$$= \bigcup_{\varepsilon > 0} \{\omega: |X(\omega)| - Y(\omega)| \geqslant \varepsilon\},$$

故

$$P(\{\omega: X(\omega) \neq Y(\omega)\})$$

$$= \lim_{\varepsilon \downarrow 0} P(\{\omega: |X(\omega) - Y(\omega)| \geqslant \varepsilon\}) = 0.$$

从而 $X = Y$, a. e. $[P]$ 成立. 证完.

此引理说明,当我们把 a. e. 相等的函数,视为“同一”函数时,测度收敛的极限函数是唯一的.

定理 3.9 设 X 及 X_n 是测度空间 $(\Omega, \mathscr{A}, P)$ 上 a. e. 有限可测函数 $(n \geqslant 1)$.

(i)(勒贝格定理) 若 $P(\Omega) < +\infty$, $X_n \xrightarrow{\text{a. e.}} X$, 则 $X_n \xrightarrow{P} X$.

(ii)(黎斯定理) 若 $X_n \xrightarrow{P} X$, 则存在一个子列 $\{X_{n_k}: k \geqslant 1\}$ 使得 $X_{n_k} \xrightarrow{\text{a. e.}} X$ $(k \to +\infty)$.

证 若 $X_n \xrightarrow{\text{a. e.}} X$ 根据定理 3.7 (i),对任意 $\varepsilon > 0$ 和正整数 n 有

$$P(|X_n - X| \geqslant \varepsilon) \leqslant P\left(\bigcup_{\nu=0}^{\infty} \{|X_{n+\nu} - X| \geqslant \varepsilon\}\right)$$

$$\to 0, \quad (n \to \infty)$$

从而得 $X_n \xrightarrow{P} X$.

下证 (ii). 由 $X_n \xrightarrow{P} X$ 的定义可得,对每个正整数 k, 存在一

个正整数 n_k（不妨设 $n_k > n_{k-1}$）使得

$$P\left(\left\{\omega: |X_{n_k}(\omega) - X(\omega)| \geqslant \frac{1}{2^k}\right\}\right) < \frac{1}{2^k}.$$

于是，对于任意 $0 < \varepsilon < 1$ 及一切 $k \geqslant N_0 = -\log\varepsilon/\log 2$ $\left(即\frac{1}{2^k} \leqslant \varepsilon\right)$和 $N \geqslant N_0$ 有

$$\begin{aligned}
&\sum_{k=N}^{\infty} P(\{\omega: |X_{n_k}(\omega) - X(\omega)| \geqslant \varepsilon\} \\
&\quad \leqslant \sum_{k=N}^{\infty} P\left(\left\{\omega: |X_{n_k}(\omega) - X(\omega) \geqslant \frac{1}{2^k}\right\}\right) \\
&\quad < \sum_{k=N}^{\infty} \frac{1}{2^k} = \frac{1}{2^{N+1}}.
\end{aligned}$$

因而

$$\begin{aligned}
&P(\overline{\lim_{k\to\infty}}\{\omega: |X_{n_k}(\omega) - X(\omega)| \geqslant \varepsilon\}) \\
&\quad = P\left(\bigcap_{k=N_0}^{\infty} \bigcup_{v=0}^{\infty} \{\omega: |X_{n_{k+v}}(\omega) - X(\omega)| \geqslant \varepsilon\}\right) \\
&\quad = \lim_{k\to\infty} P\left(\bigcup_{v=0}^{\infty} \{\omega: |X_{n_{k+v}}(\omega) - X(\omega)| \geqslant \varepsilon\}\right) \\
&\quad \leqslant \lim_{k\to\infty} \sum_{v=0}^{\infty} P(\{\omega: |X_{n_{k+v}}(\omega) - X(\omega)| \geqslant \varepsilon\}) \\
&\quad \leqslant \lim_{k\to\infty} \frac{1}{2^{k+1}} = 0.
\end{aligned}$$

故

$$\begin{aligned}
&P\left(\bigcap_{k=1}^{\infty} \bigcup_{v=0}^{\infty} \{\omega: |X_{n_{k+v}}(\omega) - X(\omega)| \geqslant \varepsilon\right) \\
&\quad = P(\overline{\lim_{k\to\infty}}\{\omega: |X_{n_k}(\omega) - X(\omega)| \geqslant \varepsilon\}) = 0.
\end{aligned}$$

根据定理 3.7 的 (i) 知，当 $k\to\infty$ 时

$$X_{n_k} \xrightarrow{\text{a. e.}} X.$$

从而定理得证.

系 设 $\{X_n: n \geqslant 1\}$ 是有穷测度空间 $(\Omega, \mathscr{A}, P)$ 上 a.e. 有限可测函数列，则 $\{X_n: n \geqslant 1\}$ 是按测度基本收敛的充要条件是存在一个处处有限的可测函数，使得 $X_n \xrightarrow{P} X$.

证 充分性可由不等式

$$P(\{\omega: |X_n(\omega) - X_m(\omega)| \geqslant \varepsilon\}) \leqslant P\left(\left\{\omega: |X_n(\omega) - X(\omega)| \geqslant \frac{\varepsilon}{2}\right\}\right) + P\left(\left\{\omega: |X_m(\omega) - X(\omega)| \geqslant \frac{\varepsilon}{2}\right\}\right)$$

得到.

下证必要性：因为 $\{X_n: n \geqslant 1\}$ 是按测度收敛的基本列，由 (3.22) 可知，对任意 $\varepsilon > 0$ 和整数 $\nu \geqslant 0$ 有

$$\lim_{n\to\infty} P(\{\omega: |X_{n+\nu}(\omega) - X_n(\omega)| \geqslant \varepsilon\} = 0,$$

所以对每个正整数 k，都存在一个 $n(k)$ 使得对任意 $n \geqslant n(k)$ 和一切 $\nu \geqslant 0$ 都有

$$P\left(\left\{\omega: |X_{n+\nu}(\omega) - X_n(\omega)| \geqslant \frac{1}{2^k}\right\}\right) < \frac{1}{2^k}.$$

选取 $n_1 = n(1)$, $n_2 = \max\{n_1 + 1, n(2)\}$, $n_3 = \max\{n_2 + 1, n(3)\}$ 等等. 于是 $n_1 < n_2 < \cdots < n_k < n_{k+1} \cdots$ 且 $\lim_{k\to\infty} n_k = +\infty$. 对每个 $k \geqslant 1$, $m \geqslant 1$，令

$$A_k = \left\{\omega: |X_{n_{k+1}}(\omega) - X_{n_k}(\omega)| \geqslant \frac{1}{2^k}\right\},$$

$$B_m = \bigcup_{k=m}^{\infty} A_k.$$

因 $n_k > n(k)$，故

$$P(A_k) < \frac{1}{2^k}, P(B_m) \leqslant \sum_{k=m}^{\infty} P(A_k) < \sum_{k=m}^{\infty} \frac{1}{2^k} = \frac{1}{2^{m-1}}.$$

任给 $\varepsilon > 0$，对充分大的 m 使得 $\frac{1}{2^{m-1}} < \varepsilon$ 及一切 $\nu \geqslant 0$，若

$$\omega \in B_m^c = \bigcap_{k=m}^{\infty} A_k^c,$$

则

$$|X_{n_{m+\nu}}(\omega) - X_{n_m}(\omega)| \leqslant \sum_{k=m}^{\infty} |X_{n_{k+1}}(\omega) - X_{n_k}(\omega)|$$

$$< \sum_{k=m}^{\infty} \frac{1}{2^k} = \frac{1}{2^{m-1}} < \varepsilon.$$

因此

$$\bigcup_{\nu=0}^{\infty} \{\omega: |X_{n_{m+\nu}}(\omega) - X_{n_m}(\omega)| \geqslant \varepsilon\} \subset B_m,$$

$$P\left(\bigcup_{\nu=0}^{\infty} \{\omega: |X_{n_{m+\nu}}(\omega) - X_{n_m}(\omega)| \geqslant \varepsilon\}\right)$$

$$\leqslant P(B_m) \leqslant \frac{1}{2^{m-1}}.$$

令 $m \to \infty$，从而可得

$$\lim_{m\to\infty} P\left(\bigcup_{\nu=0}^{\infty} \{\omega: |X_{n_{m+\nu}}(\omega) - X_{n_m}(\omega)| \geqslant \varepsilon\}\right) = 0.$$

根据 (3.18) 即可得到 $\{X_{n_m}: m \geqslant 1\}$ 是 a. e. $[P]$ 基本列，再利用引理 3.5 和定理的 (i) 得知，存在一个处处有限的可测函数 X，使得当 $m \to \infty$ 时 $X_{n_m} \xrightarrow{P} X$. 由题设 $\{X_n: n \geqslant 1\}$ 按测度 P 基本收敛，从而由

$$P(\{\omega: |X_n(\omega) - X(\omega)| \geqslant \varepsilon\})$$

$$\leqslant P\left(\left\{\omega: |X_{n_k}(\omega) - X_n(\omega)| \geqslant \frac{\varepsilon}{2}\right\}\right)$$

$$+ P\left(\left\{\omega: |X_{n_k}(\omega) - X(\omega) \geqslant \frac{\varepsilon}{2}\right\}\right)$$

可知 $X_n \xrightarrow{P} X$. 证完.

此定理的系说明了，在有穷测度空间上的一切 a. e. 有限可测函数全体，如果我们把 a. e. 相等的函数视为“同一”函数，并在此函数空间上定义收敛为测度收敛时，该函数空间具有完备性.

本定理的 (i)，反之不真，由下例说明．

例 11 设 $(\Omega, \mathscr{A}, P)=([0,1), \mathscr{B}[0,1), \mu)$，其中 $\mathscr{B}[0,1)$ 是 $[0,1)$ 上波莱尔集类，μ 是勒贝格测度．对每个正整数 k，在 $[0,1)$ 上定义 k 个函数

$$X_1^{(k)}(\omega), X_2^{(k)}(\omega), \cdots, X_k^{(k)}(\omega),$$

其中

$$X_i^{(k)}(\omega)=\begin{cases}1, & \omega \in\left[\dfrac{i-1}{k}, \dfrac{i}{k}\right) \\ 0, & \omega \bar{\in}\left[\dfrac{i-1}{k}, \dfrac{i}{k}\right)\end{cases} \quad (i=1,2,\cdots k)$$

(特别 $X_1^{(1)}(\omega)=1$, $\omega \in[0,1)$)．将这些函数排列成一列

$$X_1(\omega)=X_1^{(1)}(\omega),\ X_2(\omega)=X_1^{(2)}(\omega),\ X_3(\omega)=X_2^{(2)}(\omega)$$

$$X_4(\omega)=X_1^{(3)}(\omega),\ X_5(\omega)=X_2^{(3)}(\omega),\ X_6(\omega)=X_3^{(3)}(\omega)$$

……………………………………………

则函数列 $\{X_n(\omega): n \geqslant 1\}$ 是勒贝格可测的且 $X_n \xrightarrow{\mu} 0$. 因为对于任意的小于 1 的正数 σ，当 $n \to \infty$ 时有

$$\mu(\{\omega: |X_n(\omega)| \geqslant \sigma\})$$

$$=\mu\left(\left[\frac{i-1}{k_n}, \frac{1}{k_n}\right]\right)=\frac{1}{k_n} \to 0.$$

但是在 $[0,1)$ 中任意一点 ω_0，当 $n \to \infty$ 时

$$X_n(\omega_0) \to 0$$

并不成立．因为当 $\omega_0 \in[0,1)$ 时，固定 k 必有如下的 i，使得

$$\omega_0 \in\left[\frac{i-1}{k}, \frac{i}{k}\right),$$

从而 $X_i^{(k)}(\omega_0)=1$．换言之，当我们沿数列

$$X_1(\omega_0),\ X_2(\omega_0),\ X_3(\omega_0),\ \cdots$$

看下去，不论怎样的远，总有等于 1 的数．所以 $X_n(\omega_0) \to 0$ 不能成立．亦即 $X_n(\omega)$ 在 $[0,1)$ 上处处不收敛于 0，因而更不 a.e.$[\mu]$ 收敛于 0．

由此可见，在有穷测度空间上，按测度收敛的概念，较几乎处处收敛的概念为弱，较处处收敛的概念更弱．

定理的 (i) 去掉 $P(\Omega)<+\infty$，结论不真. 见下面反例.

例 12 设 $(\Omega, \mathscr{A}, P)=(R, \mathscr{B}, \mu)$，$\mu$ 是勒贝格测度，$X(\omega)\equiv 0$，$\omega\in\Omega$，

$$X_n(\omega)=\begin{cases}0, & \text{当 } |\omega|\leqslant n \text{ 时}\\ 1, & \text{当 } |\omega|>n \text{ 时}\end{cases} \quad (n=1,2,3\cdots)$$

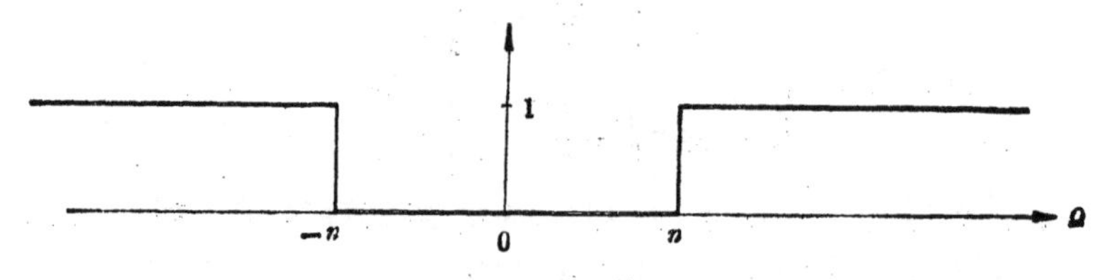

$(n=1,2,3\cdots\cdots)$

显然，$\mu(R)=+\infty$，且对每个 $n\geqslant 1$

$$\mu\left(\left\{\omega: |X_n(\omega)-X(\omega)|\geqslant\frac{1}{2}\right\}\right)$$
$$=\mu((-\infty,-n)+(n,+\infty))=+\infty.$$

故

$$\lim_{n\to\infty}\mu\left(\left\{\omega: |X_n(\omega)-X(\omega)|\geqslant\frac{1}{2}\right\}\right)=+\infty,$$

所以

$$X_n \stackrel{\mu}{\not\to} X.$$

但对每个 $\omega\in\Omega$，当 $n\to\infty$ 时都有

$$X_n(\omega)\to X(\omega)\equiv 0.$$

§ 3.6 分 布 收 敛

设 $(\Omega, \mathscr{A}, P)$ 是有穷测度空间，X 是其上 a. e. 有限的可测函数，令

$$F_X(x)=P(\{\omega: X(\omega)\leqslant x\}),\quad x\in R. \tag{3.23}$$

不难验证 $F_X(x)$ 是定分布函数，我们把此 $F_X(x)$ 称为 X 的分布函

数. 反之, 给定一个定分布函数 $F(x)$, 试问是否存在一个有穷测度空间 $(\Omega, \mathscr{A}, P)$ 和其上的 a.e. 有限的可测函数 X, 使得

$$F_X(x) = F(x)$$

呢? 答案是肯定的.

引理 3.8 对任意定分布函数 $F(x)$, 必存在一个有穷测度空间 $(\Omega, \mathscr{A}, P)$ 及其上的 a.e. 有限的可测函数 X, 使得 $F_X(x) = F(x)$.

证. 由第二章定理 2.7, 对 $F(x)$ 必存在有穷测度空间 $(R, \mathscr{B}, \mu_F)$, 使得

$$\mu_F((a,b]) = F(b) - F(a)$$

成立;令

$$(\Omega, \mathscr{A}, P) = (R, \mathscr{B}, \mu_F)$$

且
$$X(\omega) = \omega, \quad \omega \in R.$$

显然, $X(\omega)$ 是处处有限且是波莱尔可测的,还有

$$F_X(b) = P(\{\omega: X(\omega) \leqslant b\}) = \mu_F((-\infty, b])$$
$$= F(b) - F(-\infty) = F(b).$$

成立,显然 F_X 是定分布函数且

$$\mu_F(R) = F(+\infty) - F(-\infty) = F(+\infty) < +\infty.$$

故 $(\Omega, \mathscr{A}, P) = (R, \mathscr{B}, \mu_F)$ 和 $X(\omega) = \omega, \omega \in R$ 即为所求. 证完.

由此可见,任何定分布函数 F 都可视为某一有穷测度空间上,某一 a.e. 有限可测函数的分布函数. 我们首先研究分布函数列的收敛问题.

定义 3.9 设 $\{F, F_1, F_2, \cdots\}$ 是分布函数列. $C(F)$ 是 F 的连续点集.

(i) 若对一切 $x \in C(F)$, 当 $n \to \infty$ 时都有

$$F_n(x) \to F(x),$$

则称 $\{F_n: n \geqslant 1\}$ 弱收敛于 F. 以 $F_n \xrightarrow{w} F$ 记之.

(ii) 若 $F_n \xrightarrow{w} F$ 且 $F_n(\pm\infty) \xrightarrow[n\to\infty]{} F(\pm\infty)$, 则称 $\{F_n: n \geqslant$

1} 完全收敛于 F，以 $F_n \xrightarrow{c} F$ 记之.

一般说来，$F_n \xrightarrow{w} F$ 不一定有 $F_n \xrightarrow{c} F$ 成立. 反例如下.

例 13 设 $F(x)=\frac{1}{2}, x\in R$; 对每个 $n\geqslant 1$

$$F_n(x)=\begin{cases}0, & x<-n,\\ \frac{1}{2}, & -n\leqslant x<n,\\ 1, & n\leqslant x;\end{cases}$$

显然 $C(F)=R$ 且对每个 $x\in R$ 有 $F_n(x)\to F(x)$，所以 $F_n\xrightarrow{w} F$. 但当 $n\to\infty$ 时

$$F_n(-\infty)\equiv 0\not\to\frac{1}{2}=F(-\infty),$$

$$F_n(+\infty)\equiv 1\not\to\frac{1}{2}=F(+\infty).$$

故 $F_n\xrightarrow{c} F$ 不成立.

引理 3.9 设 F 及 $F_n(n\geqslant 1)$ 是分布函数.

(i) 若 $F_n\xrightarrow{w} F$，则

$$\overline{\lim_{n\to\infty}} F_n(-\infty)\leqslant F(-\infty)\leqslant F(+\infty)\leqslant \underline{\lim_{n\to\infty}} F_n(+\infty), \tag{3.24}$$

$$\operatorname{var} F\leqslant \underline{\lim_{n\to\infty}} \operatorname{var} F_n. \tag{3.25}$$

(ii) 若 $F_n\xrightarrow{w} F$ 且 $|F(\pm\infty)|<+\infty$，则当 $n\to\infty$ 时

$$F_n(\pm\infty)\to F(\pm\infty)\Longleftrightarrow \operatorname{var} F_n\to\operatorname{var} F,$$

其中

$$\operatorname{var} F=F(+\infty)-F(-\infty),$$

$$\operatorname{var} F_n=F_n(+\infty)-F_n(-\infty).$$

证 (i) 可由 $F_n(-\infty)\leqslant F_n(x)\leqslant F_n(+\infty)$ 及 $F_n\xrightarrow{w} F$ 得到：当 $x\in C(F)$ 时有

$$\varlimsup_{n\to\infty} F_n(-\infty) \leqslant \varlimsup_{n\to\infty} F_n(x) = \lim_{n\to\infty} F_n(x)$$
$$= F(x) = \varliminf_{n\to\infty} F_n(x) \leqslant \varliminf_{n\to\infty} F_n(+\infty)$$

再沿集 $C(F)$ 中点 x 使 $x \to \pm\infty$ 得

$$\varlimsup_{n\to\infty} F_n(-\infty) \leqslant F(-\infty) \leqslant F(+\infty) \leqslant \varliminf_{n\to\infty} F_n(+\infty).$$

所以 (3.24) 成立. 从而

$$\begin{aligned} \operatorname{var} F &= F(+\infty) - F(-\infty) \\ &\leqslant \varliminf_{n\to\infty} F(+\infty) - \varlimsup_{n\to\infty} F_n(-\infty) \\ &\leqslant \varliminf_{n\to\infty} [F_n(+\infty) - F_n(-\infty)] = \varliminf_{n\to\infty} \operatorname{var} F_n, \end{aligned}$$

即 (3.25) 成立. 下证 (ii).

因为 $|F(\pm\infty)| < +\infty$，若 $F_n(\pm\infty) \to F(\pm\infty)$，则对充分大的 n 都有 $|F_n(\pm\infty)| < +\infty$，故

$$\begin{aligned} \operatorname{var} F_n = F_n(+\infty) - F_n(-\infty) \to \\ F(+\infty) - F(-\infty) = \operatorname{var} F. \end{aligned}$$

反之，若 $\operatorname{var} F_n \to \operatorname{var} F$，由 $|F(\pm\infty)| < +\infty$ 知 $0 \leqslant \operatorname{var} F < +\infty$，故当 $n \to \infty$ 时有

$$\operatorname{var} F_n - \operatorname{var} F \to 0.$$

再由 (3.24) 及 $|F(\pm\infty)| < +\infty$ 可得

$$0 \leqslant F(-\infty) - \varlimsup_{n\to\infty} F_n(-\infty) = \varliminf_{n\to\infty} [F(-\infty) - F_n(-\infty)]$$

$$\begin{aligned} 0 &\leqslant \varliminf_{n\to\infty} F_n(+\infty) - F(+\infty) = \varliminf_{n\to\infty} [F_n(+\infty) - F(+\infty)] \\ &\leqslant \varlimsup_{n\to\infty} [F_n(+\infty) - F(+\infty)] \\ &\leqslant \varlimsup_{n\to\infty} [F_n(+\infty) - F(+\infty)] + \varliminf_{n\to\infty} [F(-\infty) - F_n(-\infty)] \end{aligned}$$

$$\leqslant \overline{\lim_{n\to\infty}}[F_n(+\infty)-F(+\infty)+F(-\infty)-F_n(-\infty)]$$

$$=\overline{\lim_{n\to\infty}}[\text{var } F_n-\text{var } F]=0.$$

故

$$\lim_{n\to\infty}[F_n(+\infty)-F(+\infty)]=0,$$

即

$$F_n(+\infty)\to F(+\infty).$$

从而

$$F_n(-\infty)=F_n(+\infty)-\text{var } F_n \xrightarrow[n\to\infty]{} F(+\infty)-\text{var } F=F(-\infty).$$

这就证明了 (ii) 中右到左成立．证完.

本引理中条件 $|F(\pm\infty)|<+\infty$ 去掉后 (ii) 不一定成立．反例如下:

例 14　对每个正整数 n，设

$$F_n(x)=\begin{cases}x, & x<0,\\ 1, & 0\leqslant x<n,\\ x, & n\leqslant x,\end{cases}$$

$$F(x)=\begin{cases}x, & x<0,\\ 1, & x\geqslant 0.\end{cases}$$

显然 F 及 $F_n(n\geqslant 1)$ 都是分布函数且对每个 $x\in R$ 当 $n\to\infty$ 时，都有 $F_n(x)\to F(x)$，故 $F_n\xrightarrow{w}F$．但对每个 $n\geqslant 1$ 有

$$F_n(-\infty)=F(-\infty)=-\infty,$$

$$F_n(+\infty)=+\infty,\quad F(+\infty)=1.$$

故

$$\text{var } F_n\to\text{var } F,$$

而

$$F_n(+\infty)=+\infty\not\to 1=F(+\infty).$$

引理 3.10　分布函数列 $\{F_n:n\geqslant 1\}$ 弱收敛于某一分布函数 F 的充要条件是存在一个稠密于 R 的可数集 D，使得 $\{F_n:n\geqslant 1\}$ 在 D 上收敛于某个有限函数 F_D.

证　先证必要性，由 $R-C(F)$ 是可数集（因不减函数的不

连续点至多可数)，故 $C(F)$ 必稠于 R. 易证，存在一个可数稠于 R 的集 D，使得 $D\subset C(F)$，再由 $F_n \xrightarrow{w} F$ 知，当 $x\in D$ 时 $F_n(x)\to F(x)$ $(n\to\infty)$. 取 $F_D(x)=F(x)$，则 D 和 F_D 即为所求.

充分性证明：因 $F_n(x)\to F_D(x)$，$x\in D$，令

$$F(x)=\lim_{\substack{y\downarrow x\\ y\in D}}F_D(y),\ x\in R. \tag{3.26}$$

容易验证 $F(x)$ 是分布函数. 剩下只须证 $F_n\xrightarrow{w}F$. 为此，设 $x\in C(F)$，对任意 $x',x''\in D$ 且 $x'<x<x''$ 有

$$F_n(x')\leqslant F_n(x)\leqslant F_n(x'').$$

令 $n\to\infty$ 得

$$F_D(x')\leqslant\varliminf_{n\to\infty}F_n(x)\leqslant\varlimsup_{n\to\infty}F_n(x)\leqslant F_D(x'').$$

由 D 的稠密性及 (3.26) 得，对任意 $\varepsilon>0$，有

$$\begin{aligned}F(x-\varepsilon)&=\lim_{\substack{x'\downarrow x-\varepsilon\\ x'\in D}}F_D(x')\leqslant\varliminf_{n\to\infty}F_n(x)\\ &\leqslant\varlimsup_{n\to\infty}F_n(x)\\ &\leqslant\lim_{\substack{x''\downarrow x+\varepsilon\\ x''\in D}}F_D(x'')=F(x+\varepsilon).\end{aligned}$$

再令 $\varepsilon\downarrow 0$ 由 $x\in C(F)$ 得 $\lim\limits_{n\to\infty}F_n(x)=F(x)$，即 $F_n\xrightarrow{w}F$. 证完.

定理 3.10 (弱致密定理) 若分布函数列 $\{F_n:n\geqslant 1\}$ 存在一个与 n 和 x 无关的常数 $M>0$ 使得

$$|F_n(x)|\leqslant M,\ x\in R,\ n\geqslant 1,$$

则存在一个分布函数 $F(x)$ 和子列 $\{F_{n_k}:k\geqslant 1\}$，使得

$$F_{n_k}\xrightarrow{w}F\ (k\to\infty)\ 且\ |F(x)|\leqslant M,\ x\in R.$$

证 由引理 3.10 只须证明存在一个子列 $\{n_k:k\geqslant 1\}$ 和可数稠密集 D，使得 $\{F_{n_k}(x):k\geqslant 1\}$ 在 D 上收敛到有限函数即可. 为此，我们利用对角线方法来求之. 设 $D=\{r_1,r_2,\cdots,r_n,\cdots\}$，由 $\{F_n(r_1):n\geqslant 1\}$ 是有界数列，利用外氏定理，存在一个子列

$\{n_{1k}\}$ 和数 $F_D(r_1)$，使得 $|F_D(r_1)| \leqslant M$ 且 $F_{n_{1k}}(r_1) \to F_D(r_1)$（如下图），

$$
\begin{array}{l}
F_1(x),\ F_2(x) \cdots F_n(x) \cdots \\
F_{n_{11}}(r_1),\ F_{n_{12}}(r_1), \cdots F_{n_{1k}}(r_1) \cdots \to F_D(r_1) \\
F_{n_{21}}(r_2),\ F_{n_{22}}(r_2), \cdots F_{n_{2k}}(r_2) \cdots \to F_D(r_2) \\
\cdots\cdots\cdots\cdots\cdots\cdots\cdots\cdots\cdots\cdots \\
F_{n_{k1}}(r_k),\ F_{n_{k2}}(r_k) \cdots F_{n_{kk}}(r_k) \cdots \to F_D(r_k) \\
\cdots\cdots\cdots\cdots\cdots\cdots\cdots\cdots\cdots\cdots
\end{array}
$$

对 $\{F_{n_{1k}}(r_2): k \geqslant 1\}$ 同上理由，存在一个子列 $\{n_{2k}\} \subset \{n_{1k}\}$ 和 $F_D(r_2)$，使 $|F_D(r_2)| \leqslant M$ 且 $F_{n_{2k}}(r_2) \to F_D(r_2)$，以此类推，存在一串子子列 $\{n_{1k}\} \supset \{n_{2k}\} \supset \cdots \supset \{n_{mk}\} \cdots$，使得对每个正整数 m，当 $k \to \infty$ 时都有

$$F_{n_{mk}}(r_m) \to F_D(r_m).$$

选择对角线元素列 $\{n_k = n_{kk}: k \geqslant 1\}$，显然数列

$$\{n_k: k \geqslant m\} \subset \{n_{mk}: k \geqslant 1\}, \quad m \geqslant 1$$

且对每个 $r \in D$，当 $k \to \infty$ 时都有

$$F_{n_k}(r) \to F_D(r) \text{ 且 } |F_D(r)| \leqslant M.$$

故由引理 3.10 可知，存在一个分布函数 $F(x)$，使得 $|F(x)| \leqslant M$ 且当 $k \to \infty$ 时 $F_{n_k} \xrightarrow{w} F$. 证完.

定义 3.10 设 $\{X, X_1, X_2, \cdots, X_n, \cdots\}$ 是测度空间 $(\Omega, \mathscr{A}, P)$ 上的 a. e. 有限可测函数列，F_X 及 F_{X_n} 分别是 X 及 X_n 的分布函数 $(n \geqslant 1)$. 如果

$$F_{X_n} \xrightarrow{w} F_X,$$

则称 $\{X_n: n \geqslant 1\}$ 按分布收敛于 X，以 $X_n \xrightarrow{\text{d.f.}} X$ 记之.

定理 3.11 设 X 及 X_n $(n \geqslant 1)$ 是测度空间 $(\Omega, \mathscr{A}, P)$ 上 a. e. 有限可测函数. 若 $X_n \xrightarrow{P} X$，则 $X_n \xrightarrow{\text{d.f.}} X$.

证 因 X 及 X_n 是 a. e. 有限可测函数，故

$$F_X(-\infty) = F_{X_n}(-\infty) = 0,$$

$$F_X(+\infty) = F_{X_n}(+\infty) = P(\Omega), \quad (n \geqslant 1).$$

因此下述等价关系成立:

$$F_{X_n} \xrightarrow{w} F_X \Longleftrightarrow F_{X_n} \xrightarrow{c} F_X.$$

根据定义 3.10

$$F_{X_n} \xrightarrow{w} F_X \Longleftrightarrow X_n \xrightarrow{\text{d.f.}} X.$$

为证 $X_n \xrightarrow{\text{d.f.}} X$，设 $x \in C(F_X)$，$x' < x < x''$. 因

$$\begin{aligned} F_X(x') &= P(\{X \leqslant x'\}) = P(\{X_n \leqslant x, X \leqslant x'\}) \\ &\quad + P(\{X_n > x, X \leqslant x'\}) \leqslant P(\{X_n \leqslant x\}) \\ &\quad + P(\{|X_n - X| \geqslant x - x'\}) \\ &= F_{X_n}(x) + P(\{|X_n - X| \geqslant x - x'\}), \end{aligned}$$

故根据 $X_n \xrightarrow{P} X$ 可得

$$\begin{aligned} F_X(x') &\leqslant \varliminf_{n\to\infty} F_{X_n}(x) + \lim_{n\to\infty} P(\{|X_n - X| \geqslant x - x'\}) \\ &= \varliminf_{n\to\infty} F_{X_n}(x). \end{aligned}$$

同理可证

$$\varlimsup_{n\to\infty} F_{X_n}(x) \leqslant F_X(x'').$$

因 $x \in C(F_X)$，令 $x'' \downarrow x$，$x' \uparrow x$ 得

$$F_X(x) \leqslant \varliminf_{n\to\infty} F_{X_n}(x) \leqslant \varlimsup_{n\to\infty} F_{X_n}(x) \leqslant F_X(x).$$

所以

$$F_{X_n}(x) \to F_X(x), \quad x \in C(F_X).$$

故 $F_{X_n} \xrightarrow{w} F_X$，亦即 $X_n \xrightarrow{\text{d.f.}} X$. 证完.

反定理是不真的. 见下面反例.

例 15 设 A 是可测集且 $P(A) = P(A^c) = \frac{1}{2}$. 令

$$X_n(\omega) = \begin{cases} 1, & \omega \in A, \\ -1, & \omega \bar{\in} A, \end{cases} \quad (n = 1, 2, \cdots),$$

$$X(\omega) = \begin{cases} -1, & \omega \in A, \\ 1, & \omega \bar{\in} A. \end{cases}$$

则

$$F_{X_n}(x)=F_X(x)=\begin{cases}0, & x<-1,\\ \dfrac{1}{2}, & -1\leqslant x<1,\ (n=1,2\cdots)\\ 1, & x\geqslant 1.\end{cases}$$

故 $F_{X_n}\xrightarrow{w}F_X$，即 $X_n\xrightarrow{\text{d.f.}}X$. 但 $|X_n(\omega)-X(\omega)|=2, \omega\in\Omega$. 故

$$P\left(\left\{|X_n-X|\geqslant\frac{1}{2}\right\}\right)=P(\Omega)=1\quad(n=1,2,\cdots).$$

所以 $X_n\xrightarrow{P}X$ 不成立.

总结上面各节所述，处处收敛，几乎处处收敛，几乎一致收敛，测度收敛以及分布收敛之间存在如下关系：

(i) 若测度空间是有穷的，则

$$X_n\xrightarrow{\text{a.e.}}X \begin{cases}\Leftarrow\!\!\Rightarrow X_n\xrightarrow{\text{a.u.}}X\\ \Rightarrow X_n\xrightarrow{P}X\Longrightarrow X_n\xrightarrow{\text{d.f.}}X\end{cases}$$

(ii) 若测度空间不一定是有穷的，一般只能保证

$$X_n\to X \text{ 处处(或逐点)收敛}\Longrightarrow X_n\xrightarrow{\text{a.e.}}X$$

$$X_n\xrightarrow{P}X\begin{cases}\nRightarrow X_n\xrightarrow{\text{d.f.}}\\ \Rightarrow \text{存在一个子列 } \{X_{n_k}:k\geqslant 1\}\text{，使得}\end{cases}$$

$$X_{n_k}\xrightarrow{\text{a.e.}}X\ (k\to\infty)$$

习　　题

1. 试证示性函数有下列性质：

(i) $\chi_{AB}=\chi_A\cdot\chi_B$; $\chi_{A\cup B}=\chi_A+\chi_B-\chi_{AB}$;

$$\chi_{\sum\limits_n A_n}=\sum_n\chi_{A_n}$$

(ii) $\chi_{\overline{\lim\limits_{n\to\infty}}A_n}=\overline{\lim\limits_{n\to\infty}}\chi_{A_n}$; $\chi_{\underline{\lim\limits_{n\to\infty}}A_n}=\underline{\lim\limits_{n\to\infty}}\chi_{A_n}$.

(iii) $\chi_{A-B}=\chi_A(1-\chi_B)$.

2. 若 X, Y 是简单函数，则下列函数也是简单函数: $aX+bY$ $(a, b\in R)$; $X\cdot Y$; $|X|$; X^+; X^-.

3. 设 A 是直线上勒贝格不可测集，试证

$$X(x)=\begin{cases} x, & x\in A, \\ -x, & x\bar{\in} A \end{cases}$$

不是勒贝格可测函数.

4. 试问: (a) 若 $|X|$ 可测，是否 X 可测? (b) 若对任一实数 c, $\{\omega: X(\omega)=c\}$ 是可测集，X 是否是可测函数?

5. 试求 $(\Omega, \mathscr{A})$, $\mathscr{A}=\{\phi, A, A^c, \Omega\}$ 上的全部可测函数.

6. 试证，对 $(\Omega, \mathscr{A})$ 上的任一非负有界可测函数 X，必存在一个非负简单函数列 $\{X_n: n\geqslant 1\}$，使得 $X_n\uparrow X$ 对 $\omega\in\Omega$ 一致成立.

7. 设 $(\Omega, \bar{\mathscr{A}}_P, \bar{P})$ 是 $(\Omega, \mathscr{A}, P)$ 的完全化测度空间. 试证，对任意 $\bar{\mathscr{A}}_P$ 可测函数 X，必存在一个 $\mathscr{A}$ 可测函数 Y，使得 $X=Y$, a.e. $[\bar{P}]$.

提示: 利用完全化定义及下述事实. X 是 $\bar{\mathscr{A}}_P$ 可测的充要条件是对任意有理数 r 有

$$E_r=\{\omega; X(\omega)<r\}\in\bar{\mathscr{A}}_P.$$

再利用有理数集的可数性而得.

8. 试证，若 $X_n\xrightarrow{\text{a.e.}}X$，对每个 $\omega\in\Omega$ 数列 $\{k_n(\omega)\}\subset\{n\}$，且 $k_n(\omega)\xrightarrow{\text{a.e.}}+\infty(n\to\infty)$，则 $X_{k_n(\omega)}(\omega)\xrightarrow{\text{a.e.}}X(n\to\infty)$.

9. 试证，若可测函数 X 及 $X_n(n\geqslant 1)$ 具有性质: 对任意子列 $\{X_{n_k}: k\geqslant 1\}$ 总有子列

$$\{X_{n_{k_\nu}}: \nu\geqslant 1\}\subset\{X_{n_k}: k\geqslant 1\}$$

使得

$$X_{n_{k_\nu}}\xrightarrow{P}X(\nu\to\infty), \text{ 则 } X_n\xrightarrow{P}X.$$

提示: 利用按测度收敛定义及实数列的对应性质.

10. 设 $\{X_n: n\geqslant 1\}$ 是有穷测度空间上的 a.e. 基本列，则对任

意正测度的可测集 A，都存在一个正测度的子集 B 和正常数 M，使得对任意 $\omega \in B$ 及 $n \geqslant 1$ 都有 $|X_n(\omega)| \leqslant M$.

11. 设 $\{X_n: n \geqslant 1\}$ 及 X 是 σ 有穷测度空间 $(\Omega, \mathscr{A}, P)$ 上的 a.e. 有限可测函数列且 $X_n \xrightarrow{\text{a.e.}} X$，则存在一个可测集列 $\{\Omega_k: k \geqslant 1\}$ 且 $P\left(\Omega - \bigcup_{k=1}^{\infty} \Omega_k\right) = 0$，使得对每个 $k \geqslant 1$，当 $n \to \infty$ 时一致地有

$$X_n(\omega) \to X(\omega), \quad \omega \in \Omega_k.$$

12. 设 $g(x_1, x_2, \cdots, x_n)$ 是 n 维波莱尔可测函数，$X_1, X_2, \cdots, X_n$ 都是 $(\Omega, \mathscr{A})$ 上可测函数，试证 $Y(\omega) = g(X_1(\omega), X_2(\omega), \cdots X_n(\omega))$ 是 $(\Omega, \mathscr{A})$ 上可测函数.

提示：利用 $\mathscr{L}$-$\mathscr{H}$ 系方法及定理 3.2.

13. 试证：若 $X_n \xrightarrow{P} X$ 且 $Y_n \xrightarrow{P} Y$，则

(a) $aX_n + bY_n \xrightarrow{P} aX + bY (a, b \in R)$，

(b) $|X_n| \xrightarrow{P} |X|$，

进而，当 P 有穷时还有

(c) $X_n^2 \xrightarrow{P} X^2$, $Y_n^2 \xrightarrow{P} Y^2$, $X_nY_n \xrightarrow{P} XY$.

14. 设 $\Omega = R$，$\mathscr{A}$ 是波莱尔集类，P 是勒贝格测度，对每个 $n \geqslant 1$，令

$$X_n(\omega) = Y_n(\omega) = \begin{cases} \omega + \dfrac{1}{2}, & n < \omega \leqslant n + 1, \\ \omega, & \text{其他}, \end{cases}$$

$$X(\omega) = Y(\omega) = \omega, \quad \omega \in R.$$

试证，$X_n \xrightarrow{P} X$，$Y_n \xrightarrow{P} Y$，但 $X_nY_n \xrightarrow{P} XY$ 不成立.

15. 设 F，$\tilde{F}$ 及 $F_n (n \geqslant 1)$ 是分布函数，如果 $F_n \xrightarrow{w} F$ 且 $F_n \xrightarrow{w} \tilde{F}$，则 $F \equiv \tilde{F}$.

16. 试证，设 $P(\Omega) < +\infty$，则 $X_n \xrightarrow{P} c$ 的充要条件是 $X_n \xrightarrow{\text{d.f.}}$

c. 其中 c 是常数.

17. 设 $(\Omega, \mathscr{A}, P)$ 是概率空间, Y_n, X_n $(n \geqslant 1)$, X 是其上 a.e. [P] 有限的可测函数(概率论的述语称为随机变数). 试证,若 $X_n \xrightarrow{\text{d.f.}} X$, $Y_n \xrightarrow{\text{d.f.}} c$, 则

(a) $X_n + Y_n \xrightarrow{\text{d.f.}} X + c$,

(b) $X_n Y_n \xrightarrow{\text{d.f.}} cX$, $(c > 0)$,

(c) $X_n / Y_n \xrightarrow{\text{d.f.}} X/c$ $(c > 0)$.

18. 设 $\{r_1, r_2, \cdots, r_n, \cdots\}$ 是有理数全体,令

$$F(x) = \sum_{r_k \leqslant x} \frac{1}{2^k}.$$

试证, $F(x)$ 是概率分布函数, 其不连续点集为 $\{r_1, r_2, \cdots, r_n, \cdots\}$ 是稠于 R 的.

19. 设 $(\Omega, \mathscr{U}, \sigma(\mathscr{U}))$ 是拓扑可测空间,试证,若 $X(\omega)$ 是其上的连续函数,则 $X(\omega)$ 必是其上的可测函数.

20. 设 $g(x)$ 是 R 上连续函数, X 及 X_n $(n \geqslant 1)$ 是有穷测度空间 $(\Omega, \mathscr{A}, P)$ 上 a.e. 有限可测函数,试问:

(i) 若 $X_n \xrightarrow{\text{d.f.}} X$, 是否有 $g(X_n) \xrightarrow{\text{d.f.}} g(X)$?

(ii) 若 $X_n \xrightarrow{P} X$, 是否有 $g(X_n) \xrightarrow{P} g(X)$?

若不然,试举一反例说明.

21. 设 $P(A) = P(A^c) = \frac{1}{2}$. 对每个 $n \geqslant 1$.

$$X_n = \begin{cases} -n, & \omega \in A, \\ n, & \omega \bar{\in} A. \end{cases}$$

试问: (i) $\{F_{X_n}: n \geqslant 1\}$ 弱收敛于什么分布函数? 完全收敛否?

(ii) $\{X_n: n \geqslant 1\}$ 是否按分布收敛于某一可测函数 X?

第四章 积　　分

§4.1 积分的定义

设 $(\Omega, \mathscr{A}, P)$ 是测度空间，我们知道其上最简单的可测函数是示性函数 $\chi_A(A \in \mathscr{A})$. 自然，我们定义它的积分为集 A 的测度. 比示性函数稍复杂的是示性函数的线性组合——简单函数. 自然我们定义它的积分为对应的示性函数积分的线性组合. 而一般的可测函数 X，由可测函数的构造定理，X 可表为 $X = X^+ - X^-$；其中 $X^\pm$ 是非负可测的，而 $X^\pm$ 又可表为 $0 \leqslant X_n^\pm \uparrow X^\pm$，其中 $\{X_n^\pm : n \geqslant 1\}$ 是简单函数列. 自然地，对一般 X 的积分可按如下办法层层定义之.

定义 4.1 (i) 若 $X(\omega) = \sum_{i=1}^{n} a_i \chi_{A_i}(\omega)$ 是非负简单函数，则称值 $\sum_{i=1}^{n} a_i P(A_i)$ 为 $X(\omega)$ 在测度空间 $(\Omega, \mathscr{A}, P)$ 上的积分，并以 $\int_\Omega X(\omega) dP$ 表之，即

$$\int_\Omega X(\omega) dP = \sum_{i=1}^{n} a_i P(A_i). \tag{4.1}$$

(ii) 若 $X(\omega)$ 是非负可测函数且 $\{X_n : n \geqslant 1\}$ 是某一具有使 $0 \leqslant X_n \uparrow X$ 的简单函数列. 我们定义 X 的积分为

$$\int_\Omega X(\omega) dP = \lim_{n \to \infty} \int_\Omega X_n(\omega) dP. \tag{4.2}$$

(iii) 若 $X(\omega)$ 是一般的可测函数，我们定义 X 的积分为

$$\int_\Omega X(\omega) dP = \int_\Omega X^+(\omega) dP - \int_\Omega X^-(\omega) dP, \tag{4.3}$$

其中，

$$X^+(\omega) = X(\omega)\chi_{\{\omega: X(\omega)\geqslant 0\}}(\omega),$$
$$X^-(\omega) = -X(\omega)\chi_{\{\omega: X(\omega)<0\}}(\omega). \tag{4.4}$$

如果 (4.3) 右端二项中有一项是有限的，则称 $X(\omega)$ 的积分是存在的(或积分有意义). 如果二项都是有限的，我们就称 X 是可积的.

读者由定义 4.1 及简单函数的性质不难得到非负简单函数 X, Y 的积分有如下性质:

(α) 若 $X \geqslant 0$, 则 $\int_\Omega XdP \geqslant 0$;

(β) 若 $X \geqslant 0$ 且 $Y \geqslant 0$, 则

$$\int_\Omega (X+Y)dP = \int_\Omega XdP + \int_\Omega YdP.$$

进而，若 $\int_\Omega XdP < +\infty$ 或 $\int_\Omega YdP < +\infty$, $X - Y \geqslant 0$, 则

$$\int_\Omega (X-Y)dP = \int_\Omega XdP - \int_\Omega YdP;$$

(γ) 若 $X \geqslant Y \geqslant 0$, 则

$$\int_\Omega XdP \geqslant \int_\Omega YdP.$$

(δ) 若 $X \geqslant 0$ 且常数 $c > 0$, 则

$$\int_\Omega cXdP = c\int_\Omega XdP.$$

在定义 4.1 中，细心的读者，自然会提出下面问题：同一简单函数可以有多种表现形式，同一非负可测函数，可以存在很多个非负不减的简单函数列上升趋于它. 是否定义中 (4.1) 和 (4.2) 不依赖于不同的表现形式和简单函数列呢? (4.2) 右端的极限是否存在呢? ((4.3) 由于 (4.4) 表现是唯一的，因此不需考虑). 答案是 X 的积分值 $\int_\Omega XdP$ 是唯一确定的，不依赖于表现形式. 下面引理就说明这一事实.

引理 4.1 (i) 若非负简单函数 $X(\omega)$ 可表为

$$X(\omega)=\sum_{i=1}^{n}a_i\chi_{A_i}(\omega)=\sum_{k=1}^{m}b_k\chi_{B_k}(\omega),$$

则 $\sum_{i=1}^{n}a_iP(A_i)=\sum_{k=1}^{m}b_kP(B_k)$.

(ii) 若 $0\leqslant X_n\uparrow X$ 且 $0\leqslant Y_n\uparrow X$，其中 $\{X_n:n\geqslant 1\}$，$\{Y_n:n\geqslant 1\}$ 是简单函数列，则 $\left\{\int_\Omega X_ndP:n\geqslant 1\right\}$ 和 $\left\{\int_\Omega Y_ndP:n\geqslant 1\right\}$ 都是不减数列，且

$$\lim_{n\to\infty}\int_\Omega X_ndP=\lim_{n\to\infty}\int_\Omega Y_ndP.$$

证 (i) 因 $\sum_{i=1}^{n}A_i=\sum_{k=1}^{m}B_k=\Omega$，所以

$$A_i=\sum_{k=1}^{m}A_iB_k,\quad B_k=\sum_{i=1}^{n}A_iB_k.$$

再由 $X(\omega)=\sum_{i=1}^{n}a_i\chi_{A_i}(\omega)=\sum_{k=1}^{m}b_k\chi_{B_k}(\omega)$ 可知：当 $A_iB_k\neq\phi$ 时，存在 $\omega\in A_iB_k$ 则有 $X(\omega)=a_i=b_k$，即 $a_i=b_k$；而当 $A_iB_k=\phi$ 时

$$P(A_iB_k)=P(\phi)=0.$$

从而，由测度的加性有

$$\begin{aligned}\sum_{i=1}^{n}a_iP(A_i)&=\sum_{i=1}^{n}a_i\sum_{k=1}^{m}P(A_iB_k)=\sum_{i=1}^{n}\sum_{k=1}^{m}a_iP(A_iB_k)\\&=\sum_{i=1}^{n}\sum_{k=1}^{m}b_kP(A_iB_k)=\sum_{k=1}^{m}\sum_{i=1}^{n}b_kP(A_iB_k)\\&=\sum_{k=1}^{m}b_kP(B_k).\end{aligned}$$

为证 (ii)，根据非负简单函数积分的性质 (γ)，即可导得两个积分列的不减性，从而极限存在. 由对称性只须证

$$\lim_{n\to\infty}\int_\Omega X_ndP\geqslant\lim_{k\to\infty}\int_\Omega Y_kdP$$

成立，而这又只须证明

$$\lim_{n\to\infty}\int_{\Omega} X_n dP \geqslant \int_{\Omega} Y_k dP \quad (k=1, 2, 3, \cdots). \tag{4.5}$$

为此，任意固定 k，我们分二种情形证明之.

情形一 设 $P(\{\omega: Y_k(\omega)>0\})<+\infty$. 因对每个 $k\geqslant 1$ 有 $0\leqslant Y_k\leqslant X$ 及 $0\leqslant X_n\uparrow X$，故对任给 $\varepsilon>0$ 和 $n, k\geqslant 1$，令

$$A_{nk}=\{\omega: X_n(\omega)>Y_k(\omega)-\varepsilon\}\cap\{\omega: Y_k(\omega)>0\}.$$

则当 $n\to\infty$ 时 $\varepsilon\leqslant m_k=\min\{Y_k(\omega): Y_k(\omega)\to 0,\ \omega\in\Omega\}$ 有

$$A_{nk}\uparrow\{\omega: Y(\omega)>0\}, \tag{4.6}$$

$$\begin{aligned}
\int_{\Omega} X_n dP &= \int_{\Omega} X_n \chi_{A_{nk}} dP + \int_{\Omega} X_n \chi_{A^c_{nk}} dP \\
&\geqslant \int_{\Omega} X_n \chi_{A_{nk}} dP \\
&\geqslant \int_{\Omega} (Y_k-\varepsilon)\chi_{A_{nk}} dP = \int_{\Omega} Y_k \chi_{A_{nk}} dP \\
&\quad - \varepsilon\int_{\Omega} \chi_{A_{nk}} dP \\
&= \int_{\Omega} (Y_k)(1-\chi_{A^c_{nk}}) dP - \varepsilon\int_{\Omega} \chi_{A_{nk}} dP \\
&= \int_{\Omega} Y_k dP - \int_{\Omega} Y_k \chi_{A^c_{nk}\cap\{\omega: Y_k(\omega)>0\}} dP \\
&\quad - \varepsilon\int_{\Omega} \chi_{A_{nk}} dP \\
&\geqslant \int_{\Omega} Y_k dP - M_k P(A^c_{nk}\cap\{\omega: Y_k(\omega)>0\}) \\
&\quad - \varepsilon P(A_{nk}),
\end{aligned} \tag{4.7}$$

其中 $M_k=\max\limits_{\omega\in\Omega} Y_k(\omega)$，因 Y_k 是简单函数，故 M_k 必是有限数. 由 (4.6) 知，当 $n\to\infty$ 时

$$A^c_{nk}\cap\{\omega: Y_k(\omega)>0\}\downarrow\phi.$$

再利用测度的上连续性可知

$$P(A^c_{nk}\cap\{\omega: Y_k(\omega)>0\})\downarrow 0 \quad (n\to\infty).$$

从而由 (4.7) 有

$$\lim_{n\to\infty}\int_\Omega X_n dP \geqslant \int_\Omega Y_k dP - \varepsilon P(\{\omega: Y_k(\omega) > 0\}).$$

再令 $\varepsilon \downarrow 0$，即得 (4.5) 成立.

情形二 设 $P(\{\omega: Y_k > 0\}) = +\infty$. 令

$$m_k = \min_{\omega\in\{\omega: Y_k(\omega)>0\}} Y_k(\omega);$$

任取 $0 < \varepsilon < m_k$，则对每个 $n, k \geqslant 1$ 有

$$\int_\Omega X_n dP \geqslant \int_\Omega (Y_k - \varepsilon)\chi_{A_{nk}} dP$$
$$\geqslant (m_k - \varepsilon) P(A_{nk}).$$

令 $n \to \infty$，由测度的下连续性及 (4.6) 有

$$\lim_{n\to\infty}\int_\Omega X_n dP \geqslant (m_k - \varepsilon) P(\{\omega: Y_k(\omega) > 0\}) = +\infty.$$

故

$$\lim_{n\to\infty}\int_\Omega X_n dP = +\infty.$$

所以 (4.5) 成立. 证完.

§ 4.2 积分的基本性质

今后若不另加申明，我们都对某一固定的测度空间 $(\Omega, \mathscr{A}, P)$ 来讨论，$\int_\Omega XdP$ 表 X 对 $(\Omega, \mathscr{A}, P)$ 可测且积分存在，即 $\int_\Omega X^+ dP < +\infty$ 或 $\int_\Omega X^- dP < +\infty$. 然而对任意 $A \in \mathscr{A}$ 有

$$0 \leqslant X^\pm \chi_A \leqslant X^\pm$$

利用非负简单函数积分的单调性 (γ)，不难得到

$$0 \leqslant \int_\Omega X^\pm \chi_A dP \leqslant \int_\Omega X^\pm dP.$$

因此我们可由 $\int_\Omega XdP$ 的存在性，导得积分 $\int_\Omega X\chi_A dP$ 的存在性. 这时对任意 $A \in \mathscr{A}$，令

$$\varphi(A) = \int_A XdP = \int_\Omega X\chi_A dP. \tag{4.8}$$

是 $\mathscr{A}$ 上集函数(可取 $\pm\infty$ 值).

在前节中我们知道对非负简单函数的积分有性质 (α)—(δ),据此及非负可测函数积分的定义不难证得对任意非负可测函数的积分亦有性质 (α)—(δ) 成立. 进而对一般可测函数的积分有如下基本性质:

性质 1 (绝对连续性) 若 $\int_\Omega XdP$ 存在, 则对任意 $A\in\mathscr{A}$ 且 $P(A)=0$ 都有 $\varphi(A)=0$.

证 设 $0\leqslant X_n^{\pm}\uparrow X^{\pm}$, $\{X_n: n\geqslant 1\}$ 是简单函数列. 对任何简单函数 $Y=\sum_{i=1}^{n}a_i\chi_{A_i}$, 由于 $A_iA\subset A$ 及 $P(A)=0$ 可得 $P(A_iA)=0(i=1,2,\cdots,n)$, 故

$$\int_A YdP=\int_\Omega Y\chi_A dP=\sum_{i=1}^{n}a_iP(AA_i)=0.$$

因此 $\int_\Omega X_n^{\pm}\chi_A dP=0(n=1,2,\cdots)$ 而 $0\leqslant X_n^{\pm}\chi_A\uparrow X^{\pm}\chi_A$, $\{X_n^{\pm}\chi_A: n\geqslant 1\}$ 也是简单函数列且 $[X\chi_A]^{\pm}=X^{\pm}\chi_A$, $[X_n\chi_A]^{\pm}=X_n^{\pm}\chi_A$. 故

$$\int_\Omega [X\chi_A]^{\pm}dP=\int_\Omega X^{\pm}\chi_A dP=\lim_{n\to\infty}\int_\Omega X_n^{\pm}\chi_A dP=0.$$

因而

$$\varphi(A)=\int_A XdP=\int_\Omega X\chi_A dP=\int_\Omega [X\chi_A]^{+}dP-\int_\Omega [X\chi_A]^{-}dP=0.$$

性质 2 (保序性) 设 $\int_\Omega XdP$ 及 $\int_\Omega YdP$ 都存在

(i) 若 $X\geqslant 0$, a.e. $[P]$, 则 $\int_\Omega XdP\geqslant 0$, (4.9)

(ii) 若 $X\geqslant Y$, a.e. $[P]$, 则 $\int_\Omega XdP\geqslant\int_\Omega YdP$, (4.10)

(iii) 若 $X=Y$, a.e. $[P]$, 则 $\int_\Omega XdP=\int_\Omega YdP$, (4.11)

特别，若 $X=0$, a. e. $[P]$, 则 $\int_\Omega XdP=0$.

证 令 $A^-=\{\omega: X(\omega)<0\}$. 若 $X\geqslant 0$, a.e. $[P]$, 则 $P(A^-)=0$. 由性质 1 有 $\int_{A^-}(-X)dP=0$, 故

$$\int_\Omega XdP=\int_\Omega X^+dP-\int_\Omega X^-dP=\int_\Omega X^+dP$$

$$-\int_{A^-}(-X)dP=\int_\Omega X^+dP.$$

再由简单函数积分的性质 (α) 及 (4.2) 知 $\int_\Omega X^+dP\geqslant 0$, 从而 $\int_\Omega XdP\geqslant 0$, 即 (i) 成立. (iii) 由 (ii) 及对称性得到. 下证 (ii): 我们首先证明若 $X\geqslant 0$, $Y\geqslant 0$ 且 $X\geqslant Y$, a. e. $[P]$ 有 (4.10) 成立. 由简单函数的积分性质 (α)—(δ) 及 (4.2), 可证得对非负可测函数亦具有性质 (α)—(δ), 令

$$N=\{\omega: X(\omega)<Y(\omega)\}.$$

由 $X\geqslant Y$, a. e. $[P]$, 所以 $P(N)=0$, 再由性质 1 及 (β) 有

$$\int_\Omega XdP=\int_\Omega [X\chi_{N^c+N}]dP=\int_\Omega [X\chi_{N^c}+X\chi_N]dP$$

$$=\int_\Omega X\chi_{N^c}dP+\int_\Omega X\chi_N dP=\int_\Omega X\chi_{N^c}dP$$

$$+\int_N XdP=\int_\Omega X\chi_{N^c}dP.$$

同理 $\int_\Omega YdP=\int_\Omega Y\chi_{N^c}dP$, 而 $0\leqslant Y\chi_{N^c}\leqslant X\chi_{N^c}$, 故由 (γ) 有

$$\int_\Omega YdP=\int_\Omega Y\chi_{N^c}dP\leqslant\int_\Omega X\chi_{N^c}dP=\int_\Omega XdP,$$

即 (4.10) 成立. 次证对任意 $X\geqslant Y$, a. e. $[P]$ 有 (4.10) 成立. 因 $X\geqslant Y$, a. e. $[P]$, 则 $X^+\geqslant Y^+$, a. e. $[P]$ 且 $X^-\leqslant Y^-$, a. e. $[P]$, 而 $X^\pm\geqslant 0$, $Y^\pm\geqslant 0$. 由前证知

$$\int_\Omega X^+dP\geqslant\int_\Omega Y^+dP \text{ 且 } \int_\Omega X^-dP\leqslant\int_\Omega Y^-dP,$$

$$\int_\Omega XdP=\int_\Omega X^+dP-\int_\Omega X^-dP\geqslant\int_\Omega Y^+dP-\int_\Omega Y^-dP$$

$$= \int_\Omega Y dP.$$

证完.

性质 3（线性性） 设 $\int_\Omega X dP$, $\int_\Omega Y dP$, $\int_\Omega X dP + \int_\Omega Y dP$ 存在(或有意义). 则

(i) $$a\int_\Omega X dP = \int_\Omega aX dP, \quad a \in R, \tag{4.12}$$

(ii) $$\int_\Omega (X+Y) dP = \int_\Omega X dP + \int_\Omega Y dP. \tag{4.13}$$

证 根据非负可测函数积分的性质 (β) 和 (δ), 可证得对任意非负可测函数 X, Y 有 (4.12) 及 (4.13) 成立, 因此对任意 a, $b = \pm 1$ 有

$$\int_\Omega (aX + bY) dP = a\int_\Omega X dP + b\int_\Omega Y dP$$

(当等式右端有意义时)成立.

对任意一般可测函数 X, Y, 令

$$A_1 = \{\omega : X(\omega) \geqslant 0 \text{ 且 } Y(\omega) \geqslant 0\},$$

$$A_2 = \{\omega : X(\omega) < 0 \text{ 且 } Y(\omega) < 0\},$$

$$A_3 = \{\omega : X(\omega) \geqslant 0, Y(\omega) < 0, X(\omega) + Y(\omega) \geqslant 0\},$$

$$A_4 = \{\omega : X(\omega) \geqslant 0, Y(\omega) < 0, X(\omega) + Y(\omega) < 0\},$$

$$A_5 = \{\omega : X(\omega) < 0, Y(\omega) \geqslant 0, X(\omega) + Y(\omega) \geqslant 0\},$$

$$A_6 = \{\omega : X(\omega) < 0, Y(\omega) \geqslant 0, X(\omega) + Y(\omega) < 0\}.$$

显然

$$(X+Y) = (X+Y)[\chi_{\sum_{i=1}^{6} A_i}] = X\left(\sum_{i=1}^{6} \chi_{A_i}\right)$$

$$+ Y\left(\sum_{i=1}^{6} \chi_{A_i}\right) = X\chi_{A_1} - (-X\chi_{A_2}) + X\chi_{A_3}$$

$$+ X\chi_{A_4} - (-X\chi_{A_5}) - (-X\chi_6) + Y\chi_{A_1}$$
$$- (-Y\chi_{A_2}) - (-Y\chi_{A_3}) - (-Y\chi_{A_4})$$
$$+ Y\chi_{A_5} + Y\chi_6.$$

右端每项都是非负的，故由非负可测函数积分的线性性可得

$$\int_\Omega (X+Y)dP = \sum_{i=1}^6 \int_{A_i}(X+Y)dP = \sum_{i=1}^6 \int_{A_i} XdP$$
$$+ \sum_{i=1}^6 \int_{A_i} YdP = \int_\Omega XdP + \int_\Omega YdP.$$
$$a\int_\Omega XdP = a\left[\int_\Omega X^+dP - \int_\Omega X^-dP\right] = \int_\Omega aXdP.$$

性质 4 若 $\int_\Omega XdP$ 存在，则由 (4.8) 定义的 $\varphi(A)$, $A \in \mathscr{A}$ 是可加的.

证 设 $A_1, A_2 \in \mathscr{A}$ 且 $A_1 \cap A_2 = \phi$，由性质 3 得

$$\varphi(A_1 + A_2) = \int_\Omega X\chi_{A_1+A_2}dP = \int_\Omega X\chi_{A_1}dP + \int_\Omega X\chi_{A_2}dP$$
$$= \varphi(A_1) + \varphi(A_2).$$

性质 5 (可积性) 设 X 是可测函数，则

(i) X 可积 $\Longleftrightarrow |X|$ 可积 $\Longrightarrow X$, a. e. 有限,

(ii) 若 Y 可积且 $|X| \leqslant Y$, a. e. 则 X 可积.

证 (i) 因 X 可积 $\Longleftrightarrow \int_\Omega X^\pm dP < +\infty$

$$\Longleftrightarrow \int_\Omega |X|dP = \int_\Omega X^+dP + \int_\Omega X^-dP < +\infty$$
$$\Longleftrightarrow |X| \text{ 可积}.$$

用反证法可得 (i) 的后一结论.

(ii) 可由保序性的 (4.10) 得到.

性质 6 设 X 是可测函数，则

$$\int_\Omega |X|dP = 0 \Longleftrightarrow X = 0, \text{ a. e.} \Longleftrightarrow \varphi(A) = 0,\ A \in \mathscr{A}.$$

证 因为对任意 $A \in \mathscr{A}$ 有

$$|X\chi_A| = |X|\chi_A \leqslant |X|,$$

因此，对任意 $A \in \mathscr{A}$ 有

$$|\varphi(A)| = \left|\int_\Omega X\chi_A dP\right| \leqslant \int_\Omega |X\chi_A| dP \leqslant \int_\Omega |X| dP.$$

所以若 $\int_\Omega |X| dP = 0$，则 $\varphi(A) \equiv 0, A \in \mathscr{A}$.

反之，若 $\varphi(A) \equiv 0, A \in \mathscr{A}$，取

$$A^+ = \{\omega: X(\omega) \geqslant 0\}, \ A^- = \{\omega: X(\omega) < 0\}.$$

由 X 的可测性知 $A^+, A^- \in \mathscr{A}$. 从而

$$\int_\Omega X^+ dP = \int_\Omega X\chi_{A^+} dP = \int_{A^+} X dP = \varphi(A^+) = 0,$$

$$\int_\Omega X^- dP = \int_\Omega X\chi_{A^-} dP = \int_{A^-} X dP = \varphi(A^-) = 0.$$

故 $\int_\Omega |X| dP = \int_\Omega X^+ dP + \int_\Omega X^- dP = 0$. 这就证明了

$$\int_\Omega |X| dP = 0 \Longleftrightarrow \varphi(A) \equiv 0, A \in \mathscr{A}.$$

若 $X = 0$, a. e.，则 $|X| = 0$, a. e.，由性质 2 知 $\int_\Omega |X| dP = 0$. 反之，假若 $X = 0$, a. e 不成立，则

$$P(\{\omega: |X(\omega)| > 0\}) = P(\{\omega: X(\omega) \neq 0\}) > 0.$$

显然，当 $n \to \infty$ 时

$$P\left(\left\{\omega: |X(\omega)| \geqslant \frac{1}{n}\right\}\right) \uparrow P(\{\omega: |X(\omega)| > 0\}).$$

故存在一个 n_0，使得

$$P\left(\left\{\omega: |X(\omega)| \geqslant \frac{1}{n_0}\right\}\right) > 0,$$

从而对 $A_0 = \left\{\omega: |X(\omega)| \geqslant \frac{1}{n_0}\right\}$ 有

$$\int_\Omega |X| dP \geqslant \int_\Omega |X| \chi_{A_0} dP \geqslant \frac{1}{n_0} P(A_0) > 0.$$

这就证明了

$$\int_\Omega |X| dP = 0 \Longleftrightarrow X = 0, \text{ a. e. } [P].$$

证完.

§4.3 积分号与极限号的交换

据第三章所述,“极限”的意义对可测函数列而言有多种多样,在那里我们新引进了几乎处处收敛、测度收敛和分布收敛等三种“极限”概念. 在本章最后一节我们还将引进另一种“极限”概念——平均收敛. 在许多具体场合,经常碰到积分号与“极限”号的交换问题. 一般说来,正如我们在数学分析中所知. 它们之间是不一定可以交换的. 试问在什么条件下,才能保证它们是可交换的呢? 本节讨论几乎处处收敛和测度收敛两种“极限”意义下极限号与积分号交换的条件,它们概括在下面的几个定理中,望读者熟记之.

以下提到的 X, Y, 或带有附标如 X_n, Y_n 等都是某一固定测度空间 $(\Omega, \mathscr{A}, P)$ 上的可测函数,而不再另加申述了.

从 (4.2) 可见, 对非负不减简单函数列 $\{X_n: n \geqslant 1\}$, 在处处(或逐点)收敛意义下有

$$\int_\Omega XdP = \int_\Omega \lim_{n\to\infty} X_n dP = \lim_{n\to\infty} \int_\Omega X_n dP, \qquad (4.14)'$$

亦即“极限”号与积分号是可交换的. 试问是否可把非负不减简单函数列推广到任意非负不减可测函数列, 并且将处处收敛推广到几乎处处收敛的“极限”意义, (4.14)′ 仍成立呢? 答案是肯定的.

定理 4.1 (单调收敛定理) 设 $\{X_n: n \geqslant 1\}$ 几乎处处 (即 a. e. $[P]$) 是非负、不减的可测函数列. 若 $X_n \xrightarrow{\text{a.e.}} X$ 或 $X_n \xrightarrow{P} X$, 则

$$\int_\Omega XdP = \lim_{n\to\infty} \int_\Omega X_n dP. \qquad (4.14)$$

证 (i) 首先假设 $0 \leqslant X_n \uparrow X$ 处处成立. 由可测函数的构造定理知, 对每个 n $(n = 1, 2, 3, \cdots)$ 存在一个简单函数列 $\{X_{nk}: k \geqslant 1\}$, 使得处处有 $0 \leqslant X_{nk} \uparrow X_n$ $(k \to \infty)$. 令

$$Y_1 = X_{11},$$

$$Y_2 = \max\{X_{12}, X_{22}\},$$

$$\cdots\cdots$$

$$Y_k = \max\{X_{1k}, X_{2k}, \cdots, X_{kk}\},$$

$$\cdots\cdots$$

易证 $0 \leqslant Y_k \uparrow (k \to \infty)$ 且 Y_k 是简单函数. 下证 $\{Y_k: k \geqslant 1\}$ 还具有性质:

$$0 \leqslant Y_k \uparrow X \quad (k \to \infty), \tag{4.15}$$

$$\lim_{k\to\infty} \int_\Omega Y_k dP = \lim_{n\to\infty} \int_\Omega X_n dP, \tag{4.16}$$

事实上,因对任意 $n \leqslant k$ 有

$$X_{nk} \leqslant Y_k \leqslant X_k,$$

所以

$$X_n = \lim_{k\to\infty} X_{nk} \leqslant \lim_{k\to\infty} Y_k \leqslant \lim_{k\to\infty} X_k = X, \tag{4.17}$$

$$\int_\Omega X_{nk} dP \leqslant \int_\Omega Y_k dP \leqslant \int_\Omega X_k dP. \tag{4.18}$$

对 (4.17) 令 $n \to \infty$ 得 (4.15) 成立. 对 (4.18) 令 $k \to \infty$ 再由 (4.14)′ 得

$$\int_\Omega X_n dP = \int_\Omega \lim_{k\to\infty} X_{nk} dP = \lim_{k\to\infty} \int_\Omega X_{nk} dP$$

$$\leqslant \lim_{k\to\infty} \int_\Omega Y_k dP \leqslant \lim_{k\to\infty} \int_\Omega X_k dP.$$

再令 $n \to \infty$ 得 (4.16) 成立. 由 (4.14)′, (4.15), (4.16) 得

$$\int_\Omega \lim_{n\to\infty} X_n dP = \int_\Omega \lim_{k\to\infty} Y_k dP = \lim_{k\to\infty} \int_\Omega Y_k dP$$

$$= \lim_{n\to\infty} \int_\Omega X_n dP,$$

即 (4.14) 成立.

(ii) 若 $0 \leqslant X_n \uparrow X$, a. e. 成立,令

$$N_n = \{\omega: X_n(\omega) < 0\}, \tilde{N} = \{\omega: X_n(\omega) \uparrow X(\omega) \text{ 不成立}\},$$

$$N = \bigcup_{n=1}^{\infty} N_n \cup \tilde{N}.$$

显然，$P(N_n)=0(n\geqslant 1)$，$P(N)=0$. 从而 $P(N)=0$ 且 $0\leqslant X_n \uparrow X$ 对一切 $\omega\in N^c$ 成立. 由积分性质 1，性质 4 及证明的 (i) 有

$$\int_\Omega \lim_{n\to\infty} X_n dP=\int_{N^c}\lim_{n\to\infty} X_n dP=\lim_{n\to\infty}\int_{N^c} X_n dP$$
$$=\lim_{n\to\infty}\int_\Omega X_n dP,$$

即 (4.14) 成立.

下证 $X_n \xrightarrow{P} X$ 的情形. 由于 (4.14) 右端是数列的极限问题，因而 (4.14) 等价于对任意子列 $\left\{\int_\Omega X_{n_k}dP:k\geqslant 1\right\}$ 都存在一个子子列 $\left\{\int_\Omega X_{n_{k_\nu}}dP:\nu\geqslant 1\right\}$ 使得

$$\int_\Omega XdP=\lim_{\nu\to\infty}\int_\Omega X_{n_{k_\nu}}dP.$$

根据定理 3.9，由 $X_n \xrightarrow{P} X$ 可导得 $X_{n_k}\xrightarrow{P} X\ (k\to\infty)$，进而导得存在一个子子列 $\{X_{n_{k_\nu}}:\nu\geqslant 1\}$ 使得

$$X_{n_{k_\nu}}\xrightarrow{\text{a.e.}} X(\nu\to\infty).$$

故由前证知

$$\int_\Omega XdP=\lim_{\nu\to\infty}\int_\Omega X_{n_{k_\nu}}dP$$

所以 (4.14) 成立. 证完.

系 1 设 Y 可测且 $Y_n\geqslant 0$, a.e. $(n\geqslant 1)$，则

$$\int_\Omega \sum_{k=1}^{\infty} Y_k dP=\sum_{k=1}^{\infty}\int_\Omega Y_k dP. \tag{4.19}$$

证 令 $X_n=\sum_{k=1}^{n} Y_k$. 显然，$0\leqslant X_n\uparrow \sum_{k=1}^{\infty} Y_k$, a. e. 由定理及积分性质 3 有下式成立

$$\int_\Omega \sum_{k=1}^{\infty} Y_k dP=\lim_{n\to\infty}\int_\Omega X_n dP=\lim_{n\to\infty}\sum_{k=1}^{n}\int_\Omega Y_k dP$$
$$=\sum_{k=1}^{\infty}\int_\Omega Y_k dP.$$

证完.

系 2 设 $X \geqslant 0$, a. e. 或者 X 可积, $\{A_n: n \geqslant 1\}$ 是不相交的可测集列且 $\sum_{n=1}^{\infty} A_n = \Omega$. 则

$$\int_{\Omega} X dP = \sum_{n=1}^{\infty} \int_{A_n} X dP.$$

证 由 $\sum_{n=1}^{\infty} A_n = \Omega$ 可得

$$1 \equiv \chi_{\Omega}(\omega) = \chi_{\sum_{n=1}^{\infty} A_n}(\omega) = \sum_{n=1}^{\infty} \chi_{A_n}(\omega).$$

因此对任意 $Y(\omega)$ 有

$$Y(\omega) = \sum_{n=1}^{\infty} Y(\omega) \chi_{A_n}(\omega).$$

当 $Y(\omega) = X(\omega) \geqslant 0$, a. e. 时,利用系 1 即得

$$\begin{aligned}\int_{\Omega} X dP &= \int_{\Omega} \sum_{n=1}^{\infty} X(\omega) \chi_{A_n}(\omega) dP \\ &= \sum_{n=1}^{\infty} \int_{\Omega} X \chi_{A_n} dP = \sum_{n=1}^{\infty} \int_{A_n} X dP.\end{aligned}$$

若 X 可积,取 $Y(\omega) = X^{\pm}(\omega) \geqslant 0$. 则

$$\int_{\Omega} X^{\pm} dP = \sum_{n=1}^{\infty} \int_{A_n} X^{\pm} dP < +\infty.$$

故

$$\begin{aligned}\int_{\Omega} X dP &= \int_{\Omega} X^{+} dP - \int_{\Omega} X^{-} dP \\ &= \sum_{n=1}^{\infty} \left(\int_{A_n} X^{+} dP - \int_{A_n} X^{-} dP \right) \\ &= \sum_{n=1}^{\infty} \int_{A_n} (X^{+} - X^{-}) dP = \sum_{n=1}^{\infty} \int_{A_n} X dP.\end{aligned}$$

引理 4.2 (法图-勒贝格引理) 设 $\int_{\Omega} X_n dP$ 存在($n = 1, 2,$

3, …).

(i) 若 $X_n \geqslant Y$, a. e. ($n=1, 2, 3, \cdots$) 且 Y 可积, 则 $\int_\Omega \varliminf_{n\to\infty} X_n dP$ 存在且

$$\int_\Omega \varliminf_{n\to\infty} X_n dP \leqslant \varliminf_{n\to\infty} \int_\Omega X_n dP. \tag{4.20}$$

(ii) 若 $X_n \leqslant Z$, a. e. ($n=1, 2, 3\cdots$) 且 Z 可积, 则 $\int_\Omega \varlimsup_{n\to\infty} X_n dP$ 存在且

$$\varlimsup_{n\to\infty} \int_\Omega X_n dP \leqslant \int_\Omega \varlimsup_{n\to\infty} X_n dP. \tag{4.21}$$

证. 先证 (i) 令 $Y_n = \inf_{k\geqslant n} \{X_n - Y\}$, 由 $X_n \geqslant Y$, a. e. 知, $0 \leqslant Y_n \uparrow$ a. e. ($n\to\infty$) 且 $Y_n \leqslant X_n - Y$. 进而由 Y 的可积性得知 Y, a. e. 有限, 对于有限的 Y 值有

$$\begin{aligned}\lim_{n\to\infty} Y_n &= \lim_{n\to\infty} \inf_{k\geqslant n} \{X_k - Y\} = \varliminf_{n\to\infty}\{X_n - Y\}\\ &= \varliminf_{n\to\infty} X_n - Y.\end{aligned}$$

再由 Y 可积及 $\int_\Omega \lim_{n\to\infty} Y_n dP$ 的存在性知, $\int_\Omega \varliminf_{n\to\infty} X_n dP$ 存在, 又根据定理 4.1 还有

$$\begin{aligned}\int_\Omega \varliminf_{n\to\infty} X_n dP - \int_\Omega Y dP &= \int_\Omega \varliminf_{n\to\infty} (X_n - Y) dP\\ &= \int_\Omega \lim_{n\to\infty} Y_n dP = \lim_{n\to\infty} \int_\Omega Y_n dP\\ &\leqslant \varliminf_{n\to\infty} \int_\Omega (X_n - Y) dP\\ &= \varliminf_{n\to\infty} \int_\Omega X_n dP - \int_\Omega Y dP.\end{aligned}$$

再由 $\int_\Omega Y dP$ 有限, 从而知 (4.20) 成立.

(ii) 证. 令 $X_n' = -X_n$, $Y = -Z$. 则 $X_n' \geqslant Y$, a. e. ($n = 1, 2, \cdots$) 且 Y 可积, 由 (4.20) 及上, 下极限的性质有

$$\varlimsup_{n\to\infty}\int_\Omega X_n dP = -\varliminf_{n\to\infty}\int_\Omega X'_n dP \leqslant -\int_\Omega \varliminf_{n\to\infty} X'_n dP$$

$$= -\int_\Omega [-\varlimsup_{n\to\infty} X_n] dP = \int_\Omega \varlimsup_{n\to\infty} X_n dP,$$

即 (4.21) 成立. 证完.

系 (i) 对任意可测集列 $\{A_n: n \geqslant 1\}$ 有

$$P(\varliminf_{n\to\infty} A_n) \leqslant \varliminf_{n\to\infty} P(A_n), \tag{4.22}$$

(ii) 若 P 有穷,则

$$P(\varlimsup_{n\to\infty} A_n) \geqslant \varlimsup_{n\to\infty} P(A_n). \tag{4.23}$$

证 由 $1 \geqslant \chi_{A_n} \geqslant 0$ 及 $\chi_{\varlimsup\limits_{n\to\infty} A_n} = \varlimsup\limits_{n\to\infty} \chi_{A_n}$ 和 $\chi_{\varliminf\limits_{n\to\infty} A_n} = \varliminf\limits_{n\to\infty} \cdot$ χ_{A_n}, 取 $Y = 0$, $Z = 1$. 由 (4.20) 得 (4.22), 由 (4.21) 得 (4.23). 证完.

定理 4.2 (控制收敛定理) 设 $|X_n| \leqslant Y$, a.e, $(n = 1, 2, 3, \cdots)$ 而 Y 可积, 若 $X_n \xrightarrow{\text{a.e.}} X$, 或 $X_n \xrightarrow{P} X$, 则

$$\int_\Omega X dP = \lim_{n\to\infty}\int_\Omega X dP. \tag{4.24}$$

证 先证 $X_n \xrightarrow{\text{a.e.}} X$, 的情形. 因 $|X_n| \leqslant Y$, a.e 及 Y 可积. 故 $-Y \leqslant X_n \leqslant Y$, a.e $(n = 1, 2, 3, \cdots)$ 及 $-Y$, Y 都可积. 由引理 4.2 知

$$\int_\Omega X dP = \int_\Omega \varliminf_{n\to\infty} X_n dP \leqslant \varliminf_{n\to\infty}\int_\Omega X_n dP$$

$$\leqslant \varlimsup_{n\to\infty}\int_\Omega X_n dP \leqslant \int_\Omega \varlimsup_{n\to\infty} X_n dP = \int_\Omega X dP.$$

所以 (4.24) 成立. 次证 $X_n \xrightarrow{P} X$ 的情形. 由于 (4.24) 是一个数列的收敛问题. 因此 (4.24) 等价于对任意子列 $\{n_k\}$ 都存在一个子列 $\{n_{k_\nu}\}$ 使得

$$\int_\Omega X dP = \lim_{\nu\to\infty}\int_\Omega X_{n_{k_\nu}} dP. \tag{4.25}$$

为证 (4.25)，由第三章定理 3.9 (Riez 定理)知，由 $X_{n_k} \xrightarrow{P} X$ ($k \to \infty$)，必存在一个子列 $\{n_{k_v}\}$，使得 $X_{n_{k_v}} \xrightarrow{\text{a.e.}} X$，($v \to \infty$). 故由前一情形所证有 (4.25) 成立. 证完.

系 1（有界收敛定理） 设测度 P 有穷，$|X_n| \leqslant c < +\infty$，a.e. ($n \geqslant 1$)，若 $X_n \xrightarrow{\text{a.e.}} X$ 或 $X_n \xrightarrow{P} X$，则 (4.24) 成立. 其中 c 是常数.

证 令 $Y = c$，由 P 的有穷性有

$$\int_\Omega Y dP = cP(\Omega) < +\infty.$$

故知 Y 可积，由定理即得系 1 成立.

系 2 设 $|X_t| \leqslant Y$，a.e. 对 $t \in (t_0 - \delta, t_0 + \delta)$ 都成立且 Y 可积，若当 $t \to t_0$ 时，$X_t \xrightarrow{\text{a.e.}} X$ 或 $X_t \xrightarrow{P} X$，则

$$\lim_{t \to t_0} \int_\Omega X_t dP = \int_\Omega X_{t_0} dP,$$

其中常数 $\delta > 0$.

证 令 $f(t) = \int_\Omega X_t dP$，由 Y 的可积性及 $|X_t| \leqslant Y$，a.e. 知 X_t 可积，即 $f(t)$ 是 $(t_0 - \delta, t_0 + \delta)$ 上实函数. 对于任意子列 $t_n \to t_0$ ($n \to \infty$)，由 $X_t \xrightarrow{\text{a.e.}} X_{t_0}$ 或 $X_t \xrightarrow{P} X_{t_0}$ (当 $t \to t_0$)，可知 $X_{t_n} \xrightarrow{\text{a.e.}} X$ 或 $X_{t_n} \xrightarrow{P} X$ ($n \to \infty$). 因而存在一个子列 $\{t'_n: n \geqslant 1\} \subset \{t_n: n \geqslant 1\}$，$t'_n \to t_0$ ($n \to \infty$) 使得 $X_{t'_n} \xrightarrow{\text{a.e.}} X_{t_0}$ ($n \to \infty$)，根据定理可得

$$\lim_{n \to \infty} f(t'_n) = \lim_{n \to \infty} \int_\Omega X_{t'_n} dP = \int_\Omega X_{t_0} dP = f(t_0).$$

于是根据实函数的性质有

$$\lim_{t \to t_0} f(t) = f(t_0),$$

即系 2 成立.

系 3 设 $\left| \dfrac{X_t - X_{t_0}}{t - t_0} \right| \leqslant Y$，a.e.，对一切 $t \neq t_0$，$t \in (t_0 - \delta,$

$t_0+\delta)$ 成立，若 Y 可积且 $\frac{dX_t}{dt}$ 在 $t=t_0$ 处，a. e. 存在，则

$$\left(\frac{d}{dt}\int_\Omega X_t dP\right)_{t=t_0}=\int_\Omega\left(\frac{dX_t}{dt}\right)_{t=t_0}dP,$$

其中常数 $\delta>0$.

证 令 $f(t)=\int_\Omega X_t dP$,

$$g(t)=\frac{f(t)-f(t_0)}{t-t_0}=\int_\Omega\left(\frac{X_t-X_{t_0}}{t-t_0}\right)dP.$$

由 $\left|\frac{X_t-X_{t_0}}{t-t_0}\right|\leqslant Y$，a. e. 且 Y 可积，故知 $g(t)$ 在 $t\neq t_0$，$t\in(t_0-\delta,t_0+\delta)$ 内是有限实函数. 因为 $\frac{dX_t}{dt}$ 在 $t=t_0$ 处 a. e. 存在，即

$$\lim_{t\to t_0}\frac{X_t-X_{t_0}}{t-t_0}=\left(\frac{dX_t}{dt}\right)_{t=t_0},\ \text{a. e.}$$

且 $\left|\left(\frac{dX_t}{dt}\right)_{t=t_0}\right|\leqslant Y$，a. e.，所以

$$g(t_0)=\int_\Omega\left(\frac{dX_t}{dt}\right)_{t=t_0}dP$$

有限. 仿系 2 的证法可得 $\lim\limits_{t\to t_0}g(t)=g(t_0)$，故

$$\left(\frac{d}{dt}\int_\Omega X_t dP\right)_{t=t_0}=\lim_{t\to t_0}g(t)=g(t_0)$$
$$=\int_\Omega\left(\frac{dX_t}{dt}\right)_{t=t_0}dP,$$

即系 3 成立. 证完.

关于控制收敛定理的用法，举例如下.

例 1 设 $f(u)=\int_0^\infty xe^{-2x}\cos ux dx$，试求 $\lim\limits_{u\to 0}f(u)=?$ 因为对任意 $x>0$，$|x|e^{-x}\leqslant c$（某一常数），故

$$|e^{-2x}x\cos ux|\leqslant|x|e^{-2x}=e^{-x}(|x|e^{-x})\leqslant ce^{-x},\ u\in R$$

而 $\int_0^\infty ce^{-x}dx<+\infty$，即 ce^{-x} 对 $[0,\infty)$ 上的勒贝格测度空间可

积，利用控制收敛定理系 2 可得

$$\lim_{u\to 0} f(u) = \lim_{u\to 0}\int_0^\infty xe^{-2x}\cos uxdx = \int_0^\infty \lim_{u\to 0} xe^{-2x}\cos uxdx$$

$$= \int_0^\infty xe^{-2x}dx = \frac{1}{4}.$$

例 2 试求 $\lim_{t\to 0^+}\sum_{n=1}^\infty \frac{\cos tn}{2^n + t^n} = ?$，令

$$\Omega = \{1, 2, 3, \cdots\},\ \mathscr{A} = S(\Omega)\ (\Omega \text{ 的一切子集类}).$$

$$P(A) = A \text{ 中所含点的个数},$$

$$X_t(\omega) = \frac{\cos t\omega}{2^\omega + t^\omega},\quad Y(\omega) = \frac{1}{2^\omega},\ \omega \in \Omega.$$

显然，$|X_t(\omega)| \leqslant Y(\omega)$ 对 $\omega \in \Omega$ 及 $t \geqslant 0$ 成立且

$$\int_\Omega Y(\omega)dP = \sum_{n=1}^\infty \frac{1}{2^n} = 1,$$

$$\lim_{t\to 0^+} X_t(\omega) = \lim_{t\to 0^+}\frac{\cos t\omega}{2^\omega + t^\omega} = \frac{1}{2^\omega} = Y(\omega).$$

利用系 2 可得

$$\lim_{t\to 0^+}\sum_{n=1}^\infty \frac{\cos tn}{2^n + t^n} = \lim_{t\to 0^+}\int_\Omega X_t(\omega)dP$$

$$= \int_\Omega Y(\omega)dP = 1.$$

例 3 试证若 $X_n \xrightarrow{P} X$ 且 $P(\Omega) < +\infty$，则

$$\lim_{n\to\infty}\int_\Omega \sin X_n dP = \int_\Omega \sin X dP.$$

证 令 $Y_n = \sin X_n$，$Y = \sin X$. 因为 $X_n \xrightarrow{P} X$，则对任意子列 $\{X_{n_k}: k \geqslant 1\}$，都存在子列 $\{X_{n_{k_\nu}}: \nu \geqslant 1\}$，使得当 $\nu \to \infty$ 时

$$X_{n_{k_\nu}} \xrightarrow{\text{a.e.}} X$$

再由 $\sin x$ 的连续性可得

$$Y_{n_{k_\nu}} = \sin(X_{n_{k_\nu}}) \xrightarrow{\text{a.e.}} \sin X = Y,$$

而 $|Y_n| \leqslant 1\ (n \geqslant 1)$，利用有界收敛定理有

$$\lim_{\nu\to\infty}\int_{\Omega} Y_{n_{k_\nu}} dP = \int_{\Omega} Y dP.$$

因而

$$\lim_{n\to\infty}\int_{\Omega} Y_n dP = \int_{\Omega} Y dP.$$

为了研究在分布收敛意义下，极限号与积分号的交换问题，必需引进勒贝格-斯蒂阶积分的概念及其有关的一些重要性质。

§ 4.4 L-S 积分及积分转化定理

设 $f(x)$ 是定义在有限的右闭左开区间 $(a, b]$ 上的有限函数，$F(x)$ 是分布函数，黎曼积分的一个最重要的推广是所谓黎曼-斯蒂阶积分，简称 R-S 积分。

定义 4.2 (i) 若对 $(a, b]$ 的任意分割 $\mathscr{D}$:

$$a = x_0 < x_1 < \cdots < x_n = b$$

及任意插入点

$$\xi_k \in (x_k, x_{k+1}] \ (k = 0, 1, 2, \cdots, n-1),$$

作"R-S 和"

$$\sum_{k=0}^{n-1} f(\xi_k) F(x_k, x_{k+1}]. \tag{4.26}$$

当分割 $\mathscr{D}$ 的最大分点距离 $\max\limits_{1\leqslant k\leqslant n-1}(x_{k+1}-x_k)$ 趋向零时，(4.26) 的极限存在，且其极限值不依赖于分割 $\mathscr{D}$ 及其插入点. 则我们称 $f(x)$ 对 $F(x)$ 的 R-S 积分在 $(a, b]$ 上存在，并以

$$(\text{R-S})\int_{(a,b]} f(x) dF(x)$$

表此极限值.

(ii) 若对任意 $-\infty < a \leqslant b < +\infty$, $(\text{R-S})\int_{(a,b]} f(x) dF(x)$ 存在，并且

$$\lim_{\substack{b\to+\infty\\ a\to-\infty}} (\text{R-S})\int_{(a,b]} f(x) dF(x)$$

存在，以 (R-S) $\int_{-\infty}^{+\infty} f(x)dF(x)$ 或 (R-S) $\int_R f(x)dF(x)$ 记此极限值. 并称 $f(x)$ 在 R 上对 $F(x)$ 的 R-S 积分是存在的. 其中 $R=(-\infty, +\infty)$.

$$F(x_k, x_{k+1}] = F(x_{k+1}) - F(x_k).$$

勒贝格积分的一个重要推广是勒贝格-斯蒂阶积分，简称 L-S 积分. 不难证明，我们在实变函数论[2]中所学的勒贝格积分的定义是与下述定义等价的. 即若 $f(x)$ 对勒贝格测度空间 $(R, \mathscr{L}, \mu)$ 是可测的，并且积分存在，则我们称 $f(x)$ 在 R 上的勒贝格积分存在. 其中 $\mathscr{L}$ 表 L 可测集类，μ 表 L 测度. 自然关于 L-S 积分可作如下定义.

设 $F(x)$ 是给定的分布函数，μ_F 是它对应的 L-S 测度，$\overline{\mathscr{B}}_{\mu_F}$ 表波莱尔集类 $\mathscr{B}$ 对 μ_F 的完全化，$f(x)$ 是定义在 R 上的函数（可取"$\pm\infty$"值).

定义 4.3 (i) 若 $f(x)$ 对测度空间 $(R, \overline{\mathscr{B}}_{\mu_F})$ 可测，并且积分 $\int_R f(x)d\mu_F$ 存在，我们把 $\int_R f(x)d\mu_F$ 称为 $f(x)$ 在数集 R 上的 L-S 积分，以

$$(\text{L-S}) \int_R f(x)dF(x)$$

记之. 亦即

$$(\text{L-S}) \int_R f(x)dF(x) = \int_R f(x)d\mu_F.$$

(ii) 对有限区间 $(a, b]$ 上 $f(x)$ 的 L-S 积分定义为

$$\int_{(a,b]} f(x)d\mu_F = \int_R f(x)\chi_{(a,b]}(x)d\mu_F,$$

并以 (L-S) $\int_{(a,b]} f(x)dF(x)$ 记之.

引理 4.3 若 $f(x)$ 在闭区间 $[a, b]$ $(-\infty < a \leqslant b < +\infty)$ 上连续，则

$$(\text{L-S}) \int_{(a,b]} f(x)dF(x) = (\text{R-S}) \int_{(a,b]} f(x)dF(x) \quad (4.27)$$

等式两端都存在且有限.

证 令 $f_n(x)=\sum_{k=0}^{k_n-1}f(\xi_k^{(n)})\chi_{(x_k^{(n)},x_{k+1}^{(n)}]}(x)$

其中 $x_k^{(n)}(k=0,1,2,\cdots k_n)$ 及 $\xi_k^{(n)}(k=0,1,2,\cdots,k_n-1)$ 是任意满足

$$\lim_{n\to\infty}\max_{0\leqslant k\leqslant k_n-1}(x_{k+1}^{(n)}-x_k^{(n)})=0$$

的分割列

$$\{a=x_0^{(n)}<x_1^{(n)}<x_2^{(n)}<\cdots<x_{k_n}^{(n)}=b:n\geqslant 1\}$$

及任意插入的点列

$$\{(\xi_1^{(n)},\xi_2^{(n)},\cdots,\xi_{k_n}^{(n)}):x_k^{(n)}<\xi_k^{(n)}\leqslant x_{k+1}^{(n)},$$
$$k=0,1,\cdots,k_n-1,n\geqslant 1\}.$$

由 $f(x)$ 在 $[a,b]$ 上的连续性,存在一个 $M>0$,使得对一切 $x\in(a,b]$ 及 $n\geqslant 1$ 有 $|f(x)|\leqslant M$,从而 $|f_n(x)|\leqslant M$;还有

$$\lim_{n\to\infty}f_n(x)=f(x).$$

由有界收敛定理及 L-S 积分的定义可得

$$\lim_{n\to\infty}\sum_{k=0}^{k_n-1}f(\xi_k^{(n)})F(x_k^{(n)},x_{k+1}^{(n)}]$$
$$=\lim_{n\to\infty}\int_{(a,b]}f_n(x)d\mu_F$$
$$=\int_{(a,b]}f(x)d\mu_F=(\text{L-S})\int_{(a,b]}f(x)dF(x),$$

且

$$\left|\int_{(a,b]}f(x)d\mu_F\right|\leqslant M\mu_F((a,b])=MF(a,b]<+\infty.$$

再根据定义 4.2 知,$f(x)$ 在 $(a,b]$ 上对 $F(x)$ 的 R-S 积分

$$(\text{R-S})\int_{(a,b]}f(x)dF(x)$$

是存在且有限的,并且

$$\lim_{n\to\infty}\sum_{k=0}^{k_n-1}f(\xi_k^{(n)})F(x_k^{(n)},x_{k+1}^{(n)}]=(\text{R-S})\int_{(a,b]}f(x)dF(x)$$

故

$$(L\text{-}S)\int_{(a,b]} f(x)dF(x) = (R\text{-}S)\int_{(a,b]} f(x)dF(x)$$

且都有限．证完．

系 若 $f(x)$ 在数集 R 上连续且 $(L\text{-}S)\int_{-\infty}^{\infty} f(x)dF(x)$ 有限，则 $(R\text{-}S)\int_{-\infty}^{\infty} f(x)dF(x)$ 有限且

$$(R\text{-}S)\int_{-\infty}^{\infty} f(x)dF(x) = (L\text{-}S)\int_{-\infty}^{\infty} f(x)dF(x). \quad (4.28)$$

证．由 $(L\text{-}S)\int_{-\infty}^{\infty} f(x)dF(x) = \int_R f(x)d\mu_F$ 有限及积分的性质 5 知

$$(L\text{-}S)\int_{-\infty}^{\infty} |f(x)|dF(x) = \int_R |f(x)|d\mu_F < +\infty.$$

又因对一切 $-\infty < a \leqslant b < +\infty$ 有

$$|f(x)\chi_{(a,b]}(x)| \leqslant |f(x)|,$$

且

$$\lim_{\substack{a\to-\infty \\ b\to+\infty}} f(x)\chi_{(a,b]}(x) = f(x).$$

利用控制收敛定理系 2 及引理 4.3 有

$$\begin{aligned}(L\text{-}S)\int_{-\infty}^{\infty} f(x)dF(x) &= (L\text{-}S)\int_{-\infty}^{\infty} \lim_{\substack{b\to+\infty \\ a\to-\infty}} f(x)\chi_{(a,b]}(x)dF(x) \\ &= \int_R \lim_{\substack{b\to+\infty \\ a\to-\infty}} f(x)\chi_{(a,b]}(x)d\mu_F = \lim_{\substack{b\to+\infty \\ a\to-\infty}} \int_R f(x)\chi_{(a,b]}(x)d\mu_F \\ &= \lim_{\substack{b\to+\infty \\ a\to-\infty}} (L\text{-}S)\int_{(a,b]} f(x)dF(x) = \lim_{\substack{b\to+\infty \\ a\to-\infty}} (R\text{-}S) \\ &\quad \cdot \int_{(a,b]} f(x)dF(x) = (R\text{-}S)\int_{-\infty}^{+\infty} f(x)dF(x).\end{aligned}$$

证完．

系中条件 L-S 积分的可积性不能去掉．反例如下．

例 4 设对任意 $x\in R$，$F(x)=x$，且

$$f(x) = \begin{cases} \dfrac{\sin x}{x}, & x \neq 0, \\ 1, & x = 0. \end{cases}$$

由数学分析中所证 (R)$\int_{-\infty}^{+\infty} f(x)dx$ 存在且有限,但

$$
\begin{aligned}
(\mathrm{L})\int_{-\infty}^{+\infty}|f(x)|\,dx &= 2(\mathrm{L})\int_{0}^{+\infty}|f(x)|\,dx \\
&= 2\sum_{n=0}^{\infty}\left[(\mathrm{L})\int_{2n\pi}^{(2n+1)\pi}\left|\frac{\sin x}{x}\right|dx\right. \\
&\qquad \left.+(\mathrm{L})\int_{(2n+1)\pi}^{(2n+2)\pi}\left|\frac{\sin x}{x}\right|dx\right] \\
&= 2\sum_{n=0}^{\infty}\left[(\mathrm{R})\int_{2n\pi}^{(2n+1)\pi}\frac{|\sin x|}{x}\,dx\right. \\
&\qquad \left.+(\mathrm{R})\int_{(2n+1)\pi}^{(2n+2)\pi}\frac{|\sin x|}{x}\,dx\right] \\
&\geqslant 2\sum_{n=0}^{\infty}\left[\frac{\pi}{(2n+1)\pi}+\frac{\pi}{(2n+2)\pi}\right] \\
&\geqslant 2\sum_{n=0}^{\infty}\frac{1}{(n+1)} = +\infty.
\end{aligned}
$$

故由积分性质 5 知 (L)$\int_{-\infty}^{+\infty} f(x)dF(x)$ 不可积.

下面引进一个在概率论方面起着重要作用的，把一般抽象空间的积分转化为比较具体的,易于研究的 (L-S) 积分的转化定理.

定理 4.3 (积分转化定理) 设 $(\Omega, \mathscr{A}, P)$ 是有穷测度空间, $X(\omega)$ 是其上几乎处处有限的可测函数,则对任意波莱尔可测函数 $g(x)$ 都有

$$
\int_{\Omega} g(X(\omega))dP = (\text{L-S})\int_{R} g(x)dF_X(x). \tag{4.29}
$$

等式两端一个存在,另一个也存在且二者相等.

证 (i) 首先假定 (4.29) 右端积分 (L-S)$\int_R g(x)dF_X(x)$ 存在且有限. 我们利用 $\mathscr{L}$-$\mathscr{H}$ 系方法来证明. 令

$\mathscr{H}=\{g(x): g(x)$ 满足 (4.29) 且

(L-S)$\int_R g(x)dF_X(x)$ 有限$\}$,

$$\mathscr{L}=\{g(x):g(x) \text{ 使 } (\text{L-S})\int_R g(x)dF_X(x) \text{ 有限}\},$$

$$\mathscr{K}=\{g(x):g(x) \text{ 是波莱尔可测函数}\},$$

$$\mathscr{C}=\{(a,b]:-\infty<a\leqslant b<+\infty\}.$$

显然，$\mathscr{C}$ 是 π 类且 $\mathscr{K}$ 是 $\sigma(\mathscr{C})$ 可测函数全体，$\mathscr{L}$ 是"加减系"。下面验证 $\mathscr{H}$ 是 $\mathscr{L}$ 系.

($\mathscr{L}_1$) 因 $P(\Omega)<+\infty$，及 X，a. e. 有限可测，所以

$$F_X(+\infty)=P(\Omega)<+\infty,$$

对 $g(x)\equiv 1$ 有

$$\begin{aligned}\int_\Omega g(X(\omega))dP&=\int_\Omega 1dP=P(\Omega)=F_X(+\infty)\\&=(\text{L-S})\int_R 1dF_X(x)\\&=(\text{L-S})\int_R g(x)dF(x)<+\infty.\end{aligned}$$

故 $g(x)\equiv 1\in\mathscr{H}$.

($\mathscr{L}_2$) 线性封闭性：设 α,β 是常数，$g_1,g_2\in\mathscr{H}$，即

$$(\text{L-S})\int_R g_i(x)dF_X(x)$$

有限，且

$$\int_R g_i(X(\omega))dP=(\text{L-S})\int_R g_i(x)dF_X(x)\quad(i=1,2).$$

因而

$$(\text{L-S})\int_R[\alpha g_1(x)+\beta g_2(x)]dF_X(x)$$

有限，再利用积分的线性性可得

$$\begin{aligned}&\int_\Omega[\alpha g_1(X(\omega))+\beta g_2(X(\omega))]dP\\&=\alpha\int_\Omega g_1(X(\omega))dP+\beta\int_\Omega g_2(X(\omega))dP\\&=\alpha(\text{L-S})\int_R g_1(x)dF_X(x)\\&\quad+\beta(\text{L-S})\int_R g_2(x)dF_X(x)\end{aligned}$$

$$= (L\text{-}S)\int_R [\alpha g_1(x) + \beta g_2(x)]dF_X(x).$$

故 $\alpha g_1 + \beta g_2 \in \mathscr{H}$.

($\mathscr{L}_3$) 单调极限封闭性：设 $0 \leqslant g_n \uparrow g(n\to\infty)$, $\{g_n: n\geqslant 1\}\subset\mathscr{H}$ 且 $g\in\mathscr{L}$，即 (L-S) $\int_R g(x)dF(x)$ 有限；若 $g(x)$ 有界，必可推出 (L-S) $\int_R g(x)dF_X(x)$ 有限. 对 g_n 的 (4.29) 两端分别用单调收敛定理即知 g 满足 (4.29)，从而 $g\in\mathscr{H}$.

再验证 $I_{\mathscr{C}}\subset\mathscr{H}$：对任意 $(a,b]\in\mathscr{C}$，当 $g(x)=\chi_{(a,b]}(x)$ 时有

$$(L\text{-}S)\int_R \chi_{(a,b]}(x)dF_X(x) = \mu_{F_X}((a,b])$$
$$= F_X(a,b] < +\infty,$$
$$\int_\Omega \chi_{(a,b]}(X(\omega))dP = \int_\Omega \chi_{\{\omega:X(\omega)\in(a,b]\}}(\omega)dP$$
$$= P(\{\omega: a < X(\omega)\leqslant b\})$$
$$= P(\{\omega: X(\omega)\leqslant b\}) - P(\{\omega: X(\omega)\leqslant a\})$$
$$= F_X(b) - F_X(a) = F_X(a,b].$$

故

$$(L\text{-}S)\int_R \chi_{(a,b]}(x)dF_X(x) = \int_\Omega \chi_{(a,b]}(X(\omega))dP$$
$$= F_X(a,b] < +\infty.$$

所以 $\chi_{(a,b]}(x)\in\mathscr{H}$. 亦即 $I_{\mathscr{C}}\subset\mathscr{H}$.

综上所述，利用第三章定理 3.5，得到 $\mathscr{X}\cap\mathscr{L}\subset\mathscr{H}$，亦即对任意使得 (L-S) $\int_R g(x)dF_X(x)$ 有限的波莱尔可测函数 $g(x)$ 都有 (4.29) 成立.

(ii) (4.29) 右端积分存在但为"∞"值. 不妨设

$$(L\text{-}S)\int_R g(x)dF_X(x) = +\infty,$$

则

$$(L\text{-}S)\int_R g^+(x)dF_X(x) = +\infty,$$

且

$$(\text{L-S})\int_R g^-(x)dF_X(x) < +\infty.$$

由 (i) 证，知

$$\int_\Omega g^-(X(\omega))dP = \int_R g^-(x)dF_X(x).$$

令 $g_n^+(x) = g^+(x)\chi_{[0,n]}(g^+(x))$，显然 $0 \leqslant g_n^+ \uparrow g^+$，而

$$\int_R g_n^+(x)dF_X(x) \leqslant nF_X(+\infty) = nP(\Omega) < +\infty.$$

由 (i) 证知对每个 g_n^+ (4.29) 都成立 ($n \geqslant 1$)，由单调收敛定理知 g^+ 也满足 (4.29)，即

$$\int_\Omega g^+(X(\omega))dP = \int_R g^+(x)dF_X(x) = +\infty,$$

$$\int_\Omega g(X(\omega))dP = \int_\Omega g^+(X(\omega))dP - \int_\Omega g^-(X(\omega))dP$$

$$= +\infty = (L-S)\int_R g(x)dF_X(x),$$

即 (4.29) 成立.

例 5 设 $f(x)$ 和 $\varphi(x)$ 都是数集 R 上连续函数，并且对任意 $x \in R$，$\varphi(x) \geqslant 0$，令

$$F(x) = \int_{-\infty}^x \varphi(u)du.$$

则 $F(x)$ 是定分布函数，且当 $(\text{L})\cdot\int_R f(x)\varphi(x)dx$ 可积时有

$$(\text{L-S})\int_R f(x)dF(x) = (\text{L})\int_R f(x)\varphi(x)dx$$

$$= (\text{R})\int_R f(x)\varphi(x)dx.$$

证 对任意有限区间 $(a, b]$，按引理 4.3

$$(\text{L-S})\int_{(a,b]} f(x)dF(x) = \lim_{n\to\infty}\sum_{k=0}^{k_n-1} f(\xi_k^{(n)})[F(x_{k+1}^{(n)}) - F(x_k^{(n)})]$$

$$= \lim_{n\to\infty}\sum_{k=0}^{k_n-1} f(\xi_k^{(n)})\varphi(\eta_k^{(n)})(x_{k+1}^{(n)} - x_k^{(n)})$$

$$= (\mathrm{L})\int_{(a,b]} f(x)\varphi(x)dx$$

$$= (\mathrm{R})\int_{(a,b]} f(x)\varphi(x)dx,$$

其中

$$F(x_{k+1}^{(n)}) - F(x_k^{(n)}) = \int_{x_k^{(n)}}^{x_{k+1}^{(n)}} \varphi(u)du = \varphi(\eta_k^{(n)})(x_{k+1}^{(n)} - x_k^{(n)})$$

是根据积分中值定理得到的，$\eta_k^{(n)}$ 是 $(x_k^{(n)}, x_{k+1}^{(n)}]$ 中某一点. 在上式中令 $a \to -\infty, b \to +\infty$ 即得.

例 6 设 $F(x) = \frac{1}{\sqrt{2\pi}}\int_{-\infty}^{x} e^{-\frac{1}{2}(u-m)^2}du$，则

$$\int_R x dF(x) = \frac{1}{\sqrt{2\pi}}\int_{-\infty}^{+\infty} x e^{-\frac{1}{2}(x-m)^2}dx = m.$$

例 7 设 $A_k = \{\omega: X(\omega) = x_k\}\ (k \geqslant 1)$，当 $i \neq j$ 时 $x_i \neq x_j$，并且 $\sum_{k=1}^{\infty} A_k = \Omega$ 而 $P(\Omega) < +\infty$. 试求 $\int_R x^2 dF_X(x) = ?$

利用积分转化定理可得

$$\int_R x^2 dF_X(x) = \int_\Omega X^2 dP = \int_{\sum_{k=1}^{\infty} A_k} X^2 dP$$

$$= \sum_{k=1}^{\infty}\int_{A_k} X^2 dP = \sum_{k=1}^{\infty} x_k^2 P(A_k).$$

特别，设 $P(A_k) = \frac{k^2}{2^{k+1}}$，$x_k = 1/k\ (k \geqslant 1)$，则

$$\int_R x^2 dF_X(x) = \sum_{k=1}^{\infty}\left(\frac{1}{k}\right)^2 \cdot \frac{k^2}{2^{k+1}} = \sum_{k=1}^{\infty}\frac{1}{2^{k+1}} = \frac{1}{2}.$$

例 8 设 $-\infty < x_1 < x_2 < \cdots < x_{n-1} < x_n < +\infty$.

$$F(x) = \begin{cases} 0, & x < x_1, \\ \sum_{i=1}^{k} p_i, & x_k \leqslant x < x_{k+1}\ (k = 1,2,\cdots,n-1), \\ 1, & x \geqslant x_n, \end{cases}$$

其中 $p_i \geqslant 0\,(i=1,2,\cdots,n)$ 且 $\sum_{i=1}^{n} p_i = 1$. 试求

$$\int_R g(x)dF(x) = ?$$

我们用二种方法来解:

(I) 利用积分的可加性及

$$R = (-\infty, x_1) + \{x_1\} + (x_1, x_2) + \{x_2\} + (x_2, x_3) + \cdots + \{x_{n-1}\} + (x_{n-1}, x_n) + [x_n, +\infty)$$

易证,若 $F(x)$ 在某区间为常数,则必在此区间上对任何 $g(x)$,其积分值均为 0, 故

$$\int_R g(x)dF(x) = \int_{(-\infty, x_1)} g(x)dF(x) + \int_{\{x_1\}} g(x)dF(x) + \cdots + \int_{(x_k, x_{k+1})} g(x)dF(x) + \int_{\{x_{k+1}\}} g(x)dF(x) + \cdots + \int_{(x_n, +\infty)} g(x)dF(x) = \sum_{k=1}^{n} \int_{\{x_k\}} g(x)dF(x)$$

$$= \sum_{k=1}^{n} g(x_k)[F(x_k) - F(x_k - 0)]$$

$$= \sum_{k=1}^{n} g(x_k)p_k.$$

(II) 利用对任意分布函数 F,必存在一个测度空间 $(\Omega, \mathscr{A}, P)$ 及其上的 a. e. 有限可测函数 X,使得 $F = F_X$,这时 X 必有

$$P(\{\omega: X(\omega) = x_k\}) = p_k, \quad k = 1, 2, \cdots, n.$$

根据积分转化定理亦有

$$\int_R g(x)dF(x) = \int_R g(x)dF_X(x) = \int_\Omega gX(x)dF$$

$$= \sum_{k=1}^{n} \int_{\{\omega: X(\omega) = x_k\}} g(X(\omega))dP$$

$$= \sum_{k=1}^{n} g(x_k)p_k.$$

§ 4.5 积分序列的收敛定理

在第三节中，我们研究了在 $X_n \xrightarrow{\text{a.e.}} X$，或 $X_n \xrightarrow{\text{P}} X$ 收敛意义下的“极限”号与积分号可以交换的条件. 读者自然会想到，我们把“收敛”意义减弱为 $X_n \xrightarrow{\text{d.f.}} X$，那么“极限”号与积分号可以交换的条件又是什么呢? 由第四节的积分转化定理，把我们的问题转化为研究 $X_n \xrightarrow{\text{d.f.}} X$ 等价于 $F_{X_n} \xrightarrow{w} F_X$ 或 $F_{X_n} \xrightarrow{c} F_X$ 意义下，当 $n \to \infty$ 时

$$\int_R x dF_{X_n}(x) = \int_\Omega X_n dP \to \int_\Omega X dP = \int_R x dF_X(x)$$

的条件. 更一般的提法是: 设 $\{F$ 及 $F_n:(n \geq 1)\}$ 是分布函数列，$g(x)$ 是 R 上连续函数. 我们要求找，当 $F_n \xrightarrow{w} F$ 或者 $F_n \xrightarrow{c} F$ 时，积分序列当 $n \to \infty$ 时

$$\int_R g(x) dF_n(x) \to \int_R g(x) dF(x) \tag{4.30}$$

成立的条件.

引理 4.4 (海来-布勒引理) 设 $C(F)$ 是分布函数 F 的连续点集，若 $a, b \in C(F)$ 且 $g(x)$ 在 $[a, b]$ 上连续，而 $F_n \xrightarrow{w} F$，则当 $n \to \infty$ 时

$$\int_{(a, b]} g(x) dF_n(x) \to \int_{(a, b]} g(x) dF(x). \tag{4.31}$$

证 由 $g(x)$ 在闭区间 $[a, b]$ 的连续性及引理 4.3 知，(R-S) 积分与 (L-S) 积分都存在且等于同一有限数. 故对任意分割

$$\mathscr{D}_m: a = x_0^{(m)} < x_1^{(m)} < \cdots < x_{k_m}^{(m)} = b,$$

其中

$$\{x_k^{(m)}: k = 0, \cdots, k_m\} \subset C(F)$$

且

$$\lim_{m \to \infty} \max_{0 \leq k \leq k_m - 1} (x_{k+1}^{(m)} - x_k^{(m)}) = 0.$$

令 $$g_m(x)=\sum_{k=0}^{k_m-1}g(x_{k+1}^{(m)})\chi_{(x_k^{(m)},x_{k+1}^{(m)}]}(x),\ x\in(a,b].$$
则
$$\left|\int_{(a,b]}g(x)dF_n(x)-\int_{(a,b]}g_m(x)dF_n(x)\right|$$
$$\leqslant\int_{(a,b]}|g(x)-g_m(x)|dF_n(x)$$
$$\leqslant\max_{a<x\leqslant b}|g(x)-g_m(x)|\int_{(a,b]}dF_n(x)$$
$$=\max_{a<x\leqslant b}|g(x)-g_m(x)|[F_n(b)-F_n(a)].\tag{4.32}$$
显然，当 $m\to\infty$ 时，对 $x\in(a,b]$ 一致地有 $g_m(x)\to g(x)$，亦即
$$\lim_{m\to\infty}\max_{a<x\leqslant b}|g_m(x)-g(x)|=0.$$
将此代入(4.32)，则得当 $n\to\infty$，而后 $m\to\infty$ 时有
$$\left|\int_{(a,b]}g(x)dF_n(x)-\int_{(a,b]}g_m(x)dF_n(x)\right|\to0$$
再由 $F_n\xrightarrow{w}F$ 及 $\{x_k^{(m)}:k=0,1,\cdots,k_m\}\subset C(F)$ 可得
$$\lim_{n\to\infty}\int_{(a,b]}g_m(x)dF_n(x)=\lim_{n\to\infty}\sum_{k=0}^{k_m-1}g(x_{k+1}^{(m)})[F_n(x_{k+1}^{(m)})-F_n(x_k^{(m)})]=\sum_{k=0}^{k_m-1}g(x_{k+1}^{(m)})[F(x_{k+1}^{(m)})-F(x_k^{(m)})]$$
$$=\int_{(a,b]}g_m(x)dF(x),$$
亦即当 $n\to\infty$ 时有
$$\left|\int_{(a,b]}g_m(x)dF_n(x)-\int_{(a,b]}g_m(x)dF(x)\right|\to0,$$
又
$$\lim_{m\to\infty}\int_{(a,b]}g_m(x)dF(x)=\int_{(a,b]}g(x)dF(x)$$
可由 $g_m(x)\to g(x)$ $(m\to\infty)$ 及有界收敛定理而得．亦即，当 $m\to\infty$ 时有

$$\left|\int_{(a,b]} g_m(x)dF(x) - \int_{(a,b]} g(x)dF(x)\right| \to 0.$$

综上所述,并利用不等式

$$\begin{aligned}\left|\int_{(a,b]} g(x)dF_n(x) - \int_{(a,b]} g(x)dF(x)\right| \leqslant & \left|\int_{(a,b]} g(x)dF_n(x)\right. \\ & \left. - \int_{(a,b]} g_m(x)dF_n(x)\right| + \left|\int_{(a,b]} g_m(x)dF_n(x)\right. \\ & \left. - \int_{(a,b]} g_m(x)dF(x)\right| + \left|\int_{(a,b]} g_m(x)dF(x)\right. \\ & \left. - \int_{(a,b]} g(x)dF(x)\right|.\end{aligned}$$

先令 $n\to\infty$,而后再令 $m\to\infty$,则不等式右端趋于零,故不等式左端也趋于零,即

$$\lim_{n\to\infty}\int_{(a,b]} g(x)dF_n(x) = \int_{(a,b]} g(x)dF(x).$$

证完.

对于 (4.30) 的情形. 根据不等式:

$$\begin{aligned}\left|\int_R g(x)dF_n(x) - \int_R g(x)dF(x)\right. \leqslant & \left|\int_R g(x)dF_n(x)\right. \\ & \left. - \int_{(a,b]} g(x)dF_n(x)\right| + \left|\int_{(a,b]} g(x)dF_n(x)\right. \\ & \left. - \int_{(a,b]} g(x)dF(x)\right| + \left|\int_{(a,b]} g(x)dF(x)\right. \\ & \left. - \int_R g(x)dF(x)\right|.\end{aligned} \tag{4.33}$$

类似引理 4.4 的证明要使 (4.30) 成立,只须要加适当条件使得当 $n\to\infty$,而后 $a\to-\infty$, $b\to+\infty$ 且 $\{a, b\}\subset C(F)$ 时,(4.33) 右端三项都趋于零即可,下面的定理条件都是来保证这点的.

定义 4.4 设 $g(x)$ 是波莱尔可测函数,$\{F_n: n\geqslant 1\}$ 是分布函数列,如果对任给 $\varepsilon>0$,都存在二个数 a, b (不依赖于 $n\geqslant 1$) $a<b$,使得

$$\left|(\text{L-S})\int_{R-(a,b]} g(x)dF_n(x)\right| < \varepsilon,\ (n=1,2\cdots), \quad (4.34)$$

则称 $g(x)$ 对 $\{F_n: n\geqslant 1\}$ 是一致可积的.

定理 4.4 （海来-布勒引理推广）. 设 $\{F, F_1, F_2, \cdots\}$ 是分布函数列. 若 $g(x)$ 在数集 R 上连续且 $\lim\limits_{x\to\pm\infty} g(x)=0$ 而 $\{F_n: n\geqslant 1\}$ 一致(对 $n\geqslant 1$ 及 $x\in R$) 有界且 $F_n \xrightarrow{w} F$, 则 (4.30 成立).

证 由 $\{F_n: n\geqslant 1\}$ 的一致有界性得知, 存在一个数 $M>0$, 使得

$$|F_n(x)|\leqslant M<+\infty,\ x\in R,\ n\geqslant 1$$

而 $F_n\xrightarrow{w}F$, 所以 $|F(x)|\leqslant M$. 再由 $g(x)$ 在 R 上连续及 $\lim\limits_{x\to\pm\infty} g(x)=0$ 知, $\int_R g(x)dF(x)$ 及 $\int_R g(x)dF_n(x)$ $(n\geqslant 1)$ 都有限(即可积)且

$$\max_{x\in(a,b]}|g(x)|\to 0\ (a\to-\infty,\ b\to+\infty),$$

故

$$\begin{aligned}
&\overline{\lim_{\substack{a\to-\infty\\ b\to+\infty}}}\ \overline{\lim_{n\to\infty}}\left|\int_R g(x)dF_n(x)-\int_{(a,b]} g(x)dF_n(x)\right| \\
&\leqslant \overline{\lim_{\substack{a\to-\infty\\ b\to+\infty}}}\ \overline{\lim_{n\to\infty}}\ \max_{x\in(a,b]}\left|g(x)\right|\left|\int_{\{x\in(a,b]\}} dF_n(x)\right. \\
&\leqslant \overline{\lim_{\substack{a\to-\infty\\ b\to+\infty}}}\ \overline{\lim_{n\to\infty}}\ (\max_{x\in(a,b]}|g(x)|)M=0.
\end{aligned}$$

从而得到 (4.33) 中第一项趋向于零, 同样可证当 $a\to-\infty$, $b\to+\infty$ 时, (4.33) 中第三项也趋向于零.

再由引理 4.4. 对 $\{a, b\}\subset C(F)$, 当 $n\to\infty$ 时 (4.33) 中第二项趋向于零.

综上所述, 先令 $n\to\infty$, 而后再令 $a\to-\infty$, $b\to+\infty$ 且 $\{a, b\}\subset C(F)$. 由不等式 (4.33) 得到 (4.30) 成立. 证完.

定理 4.5 (海来-布勒定理) 设 $\{F, F_1, F_2, \cdots\}$ 是分布函数列, 若 $g(x)$ 在数集 R 上连续且有界, F 对 $x\in R$ 有界且 $F_n\xrightarrow{c}F$,

则 (4.30) 成立.

证　设 $|g(x)| \leqslant G < +\infty$, $x \in R$; 因 F 有界且 $F_n \xrightarrow{c} F$ 所以对充分大的 n, F_n 有界, 从而 $\int_R g(x)dF_n(x)$ 及 $\int_R g(x)dF(x)$ 有限, 由 $F_n \xrightarrow{c} F$ 知: 当 $n \to \infty$ 时

$$|\text{var}\, F_n - \text{var}\, F| \to 0$$

并且对任意 $\{a, b\} \subset C(F)$ 还有

$$|F_n(a, b] - F(a, b]| \to 0.$$

再由 F 有界知 $\text{var}\, F < +\infty$, 所以当 $a \to -\infty$, $b \to +\infty$ 时有

$$|F(a, b] - \text{var}\, F| \to 0.$$

利用不等式

$$\begin{aligned} \left| \int_R g(x)dF_n(x) - \int_{(a, b]} g(x)dF_n(x) \right| &\leqslant G \int_{x \in (a, b]} dF_n(x) \\ &= G[\text{var}\, F_n - F_n(a, b]] \\ &\leqslant G\{|\text{var}\, F_n - \text{var}\, F| + |\text{var}\, F - F(a, b]| \\ &\quad + |F(a, b] - F_n(a, b]|\}. \end{aligned}$$

从而得到当 $n \to \infty$ 而后 $a \to -\infty$, $b \to +\infty$ 且 $\{a, b\} \subset C(F)$ 时, 有

$$\left| \int_R g(x)dF_n(x) - \int_{(a, b]} g(x)dF_n(x) \right| \to 0,$$

即 (4.33) 第一项趋向于零; 由 $\int_R g(x)dF(x)$ 的可积性, 故 (4.33) 第三项趋向于零; (4.33) 第二项趋向于零可由引理 4.4 得到, 从而证明了定理 4.5 成立.

定理 4.6　设 $\{F, F_1, F_2, \cdots\}$ 是分布函数列. 若 $g(x)$ 在数集 R 上连续且 $g(x)$ 对 $\{F, F_1, F_2, \cdots\}$ 一致可积而 $F_n \xrightarrow{w} F$, 则 (4.30) 成立.

证　由 $g(x)$ 对 $\{F, F_1, F_2, \cdots\}$ 一致可积知, $\int_R g(x)dF(x)$ 及 $\int_R g(x)dF_n(x) (n \geqslant 1)$ 都有限且对任意 $\varepsilon > 0$, 存在二个数 $\{a,$

$b\}\subset C(F)$，使得

$$\int_{R-(a,b]}|g(x)|dF_n(x)<\varepsilon\ (n=1,2,3\cdots).$$

故对任意 $\{a',b'\}\subset C(F)$ 且 $a'\leqslant a<b\leqslant b'$ 及 $n\geqslant 1$ 有

$$\left|\int_R g(x)dF_n(x)-\int_{(a',b']}g(x)dF_n(x)\right|$$

$$\leqslant\int_{R-(a',b']}|g(x)|dF_n(x)$$

$$\leqslant\int_{R-(a,b]}|g(x)|dF_n(x)<\varepsilon.$$

所以当 $n\to\infty$，而后 $a\to-\infty$，$b\to+\infty$ 且 $\{a,b\}\subset C(F)$ 时 (4.33) 第一项趋向于零；(4.33) 第二，第三项趋向于零类似前证可得．从而证明了定理 4.6．证完．

系 设 $\{F,F_1,F_2,\cdots\}$ 是分布函数列，若对某一个 $\delta>0$ 和 $r_0>0$，数列 $\{\mu_n^{(r_0+\delta)}:n\geqslant 1\}$ 有界且 $F_n\xrightarrow{w}F$，则对任意 $r\in[0,r_0]$ 和整数 $K\in(0,r_0]$，当 $n\to\infty$ 时有

$$m_n^{(k)}\to m^{(k)},\quad \mu_n^{(r)}\to\mu^{(r)},$$

其中

$$m^{(K)}=\int_R x^k dF(x),\quad m_n^{(k)}=\int_R x^k dF_n(x),$$

$$\mu^{(r)}=\int_R|x|^r dF(x),\ \mu_n^{(r)}=\int_R|x|^r dF_n(x).$$

证 由 $\{\mu_n^{(r_0+\delta)}:n\geqslant 1\}$ 的有界性知，存在一个常数 $M>0$，使得

$$\mu_n^{(r_0+\delta)}\leqslant M<+\infty\ (n=1,2,3\cdots).$$

于是对任意 $r\in[0,r_0]$ 和 $n\geqslant 1$ 以及常数 $c>0$ 都有

$$\int_{\{|x|\geqslant c\}}|x|^r dF_n\leqslant c^{r-r_0}\int_{\{|x|\geqslant c\}}|x|^{r_0}dF_n(x)$$

$$\leqslant c^{r-r_0}c^{-\delta}\int_{\{|x|\geqslant c\}}|x|^{r_0+\delta}dF_n(x)\leqslant c^{-(\delta+r_0-r)}\mu_n^{(r_0+\delta)}$$

$$\leqslant c^{-(\delta+r_0-r)}M.$$

令 $c\to+\infty$，于是对 $n\geqslant 1$ 一致地有

$$\int_{|x|\geqslant c}|x|^r dF_n(x)\to 0.$$

下证 $g(x)=|x|^r$ 对 $F(x)$ 也有上述关系. 因对任意 $-\infty<a\leqslant b<+\infty$ 有

$$M\geqslant\mu_n^{(r_0+\delta)}=\int_R|x|^{(r_0+\delta)}dF_n(x)\geqslant\int_{(a,b]}|x|^{(r_0+\delta)}dF_n(x),$$

根据 $F_n\xrightarrow{w}F$ 及引理 4.4, 故对任意 $\{a,b\}\subset C(F)$ 和 $a\leqslant b$ 当 $n\to\infty$ 时还有

$$\int_{(a,b]}|x|^{(r_0+\delta)}dF_n(x)\to\int_{(a,b]}|x|^{(r_0+\delta)}dF(x).$$

所以

$$\int_{(a,b]}|x|^{(r_0+\delta)}dF(x)\leqslant M,$$

再令 $a\to-\infty$, $b\to+\infty$ 且 $\{a,b\}\subset C(F)$, 可得

$$\mu^{(r_0+\delta)}=\int_R|x|^{(r_0+\delta)}dF(x)\leqslant M.$$

类似上不等式,对任意 $c>0$ 和 $r\in[0,r_0]$ 有

$$\int_{\{|x|\geqslant c\}}|x|^r dF(x)\leqslant c^{-(\delta+r_0-r)}\mu^{(r_0+\delta)}\leqslant c^{-(\delta+r_0-r)}M.$$

故当 $c\to+\infty$ 时有 $\int_{\{|x|\geqslant c\}}|x|^r dF(x)\to 0$. 从而证明了 $g(x)=|x|^r$ 对 $\{F,F_1,F_2,\cdots\}$ 一致可积, 更有 $g(x)=x^k(k\in(0,r_0])$ 对 $\{F,F_1,F_2,\cdots\}$ 一致可积,利用定理 4.6 即得系成立. 证完.

在概率论中 $m^{(K)}$ 和 $\mu^{(r)}$ 分别称为分布函数 $F(x)$ 的K级矩和 r 级绝对矩. 上面系理提供了一个矩的收敛性条件.

例 9 设分布函数列 $\{F_1,F_2,\cdots,F_n,\cdots\}$ 有界且 $F_n\xrightarrow{w}F$, 而

$$F(x)=\begin{cases}0, & x<0,\\ \dfrac{1}{2}, & 0\leqslant x<1,\\ 1, & x\geqslant 1.\end{cases}$$

试问

$$\lim_{n\to\infty}\int_{-\infty}^{+\infty}\frac{1}{1+x^2}dF_n(x)=?$$

解 令 $g(x)=\frac{1}{1+x^2}$. 显然有 $\lim_{x\to\pm\infty}g(x)=0$, 而

$$\int_{-\infty}^{+\infty}\frac{1}{1+x^2}dF(x)=\int_{(-\infty,0)}\frac{1}{1+x^2}dF(x)$$

$$+\int_{\{0\}}\frac{1}{1+x^2}dF(x)+\int_{(0,1)}\frac{1}{1+x^2}dF(x)$$

$$+\int_{\{1\}}\frac{1}{1+x^2}dF(x)+\int_{(1,+\infty)}\frac{1}{1+x^2}dF(x)$$

$$=\int_{\{0\}}\frac{1}{1+x^2}dF(x)+\int_{\{1\}}\frac{1}{1+x^2}dF(x)$$

$$=1\times\frac{1}{2}+\frac{1}{2}\times\frac{1}{2}=\frac{3}{4}.$$

根据定理 4.4 可得

$$\lim_{n\to\infty}\int_{-\infty}^{+\infty}\frac{1}{1+x^2}dF_n(x)=\int_{-\infty}^{+\infty}\frac{1}{1+x^2}dF(x)=\frac{3}{4}.$$

例 10 设 $\{X, X_1, X_2, \cdots\}$ 是概率测度空间 $(\Omega, \mathscr{A}, P)$ 上 a. e. 有限可测函数列且

$$P(\{\omega:X(\omega)=0\})=P(\{\omega:X(\omega)=1\})=\frac{1}{2}.$$

若 $X_n\xrightarrow{\text{d.f.}}X$, 试问 $\lim_{n\to\infty}\int_\Omega X_n e^{-|X_n|}dP=?$

解 根据积分转化定理及定理 4.5, 利用 $g(x)=xe^{-|x|}$ 在 R 上的连续性及 $\lim_{x\to\pm\infty}g(x)=0$, 则

$$\lim_{n\to\infty}\int_\Omega X_n e^{-|X_n|}dP=\lim_{n\to\infty}\int_R xe^{-|x|}dF_{X_n}(x)=\int_R xe^{-|x|}dF_X(x)$$

$$=\int_\Omega Xe^{-X}dP=\int_{\{\omega:X(\omega)=0\}}Xe^{-X}dP$$

$$+\int_{\{\omega:X(\omega)=1\}}Xe^{-X}dP=0$$

$$+e^{-1}P(\{\omega:X(\omega)=1\})=\frac{1}{2}e^{-1}.$$

例 11 设 $\{X_n: n \geqslant 1\}$ 是概率空间 $(\Omega, \mathscr{A}, P)$ 上的 a. e. 有限可测函数列且非负不减，若 $X_n \xrightarrow{\text{d.f.}} 1$，试求 $\lim\limits_{n\to\infty}\int_{-\infty}^{+\infty} x dF_{X_n}(x) = ?$

解 因 $g(x) = x$ 在 R 上既不满足 $\lim\limits_{x\to\pm\infty} g(x) = 0$，又不是有界的，因此不能用定理 4.4 及定理 4.5. 由于 $X_n \xrightarrow{\text{d.f.}} 1$ 等价于 $X_n \xrightarrow{P} 1$，故单调收敛定理可用，因而

$$\lim_{n\to\infty}\int_{-\infty}^{+\infty} x dF_{X_n}(x) = \lim_{n\to\infty}\int_\Omega X_n dP = \int_\Omega 1 dP = P(\Omega) = 1.$$

§4.6 矩和平均收敛

为避免累赘起见，若不另加申明，我们都以 X, Y, Z (或带有附标)表示测度空间 $(\Omega, \mathscr{A}, P)$ 上积分有意义(可能积分值为∞)的可测函数.

定义 4.5 设 k 是正整数，r 是正的实数. 我们把积分 $\int_\Omega X^k dP$ 和 $\int_\Omega |X|^r dP$ 分别称为 X 的 K 级矩和 r 级绝对矩，对应地以 $m^{(k)}$ 和 $\mu^{(r)}$ 表之.

测度空间 $(\Omega, \mathscr{A}, P)$ 上可测函数的矩有如下性质:

性质 1 若 $P(\Omega) < +\infty$ 且 $\mu^{(r)} < +\infty$，则对任意 $0 < r' \leqslant r$ 有 $\mu^{(r')} < +\infty$ 且对任意正整数 $k \leqslant r$ 有 $m^{(k)}$ 有限.

证 对于任意二个正实数 $0 < r' \leqslant r$，显然有

$$|a|^{r'} = e^{r'\log|a|} \leqslant e^{r\log|a|} = |a|^r, \quad \text{当 } |a| \geqslant 1 \text{ 时}$$
$$|a|^{r'} < 1, \quad \text{当 } |a| < 1 \text{ 时}$$

成立. 故对任意数 a 都有

$$|a|^{r'} \leqslant 1 + |a|^r \tag{4.35}$$

成立，以 X 代替 a 而后积分可得

$$\mu^{(r')} = \int_\Omega |X|^{r'} dP \leqslant \int_\Omega (1 + |X|^r) dP = P(\Omega) + \mu^{(r)}. \tag{4.36}$$

从而对任意正整数 $k \leqslant r$ 有

$$|m^{(K)}| = \left|\int_\Omega X^K dP\right| \leqslant \int_\Omega |X|^K dP \leqslant P(\Omega) + \mu^{(r)}.$$

根据 $\mu^{(r)} < +\infty$ 及 $P(\Omega) < +\infty$ 可导得

$$\mu^{(r')} < +\infty, \quad 0 < r' \leqslant r,$$

$$m^{(k)} < +\infty, \quad 0 < k \leqslant r.$$

证完.

性质 1 说明在有穷测度空间上，若 X 的某一级矩有限(等价于它的绝对矩有限)，则必 X 的所有较低级的矩都是有限的.

性质 2 （C_r 不等式） 对任意数 $r > 0$ 有

$$\int_\Omega |X + Y|^r dP \leqslant C_r \left[\int_\Omega |X|^r dP + \int_\Omega |Y|^r dP\right], \tag{4.37}$$

其中

$$C_r = \begin{cases} 1, & \text{当 } r \leqslant 1, \\ 2^{r-1}, & \text{当 } r \geqslant 1. \end{cases} \tag{4.38}$$

证 只须证明下述初等 C_r 不等式 (4.39) 成立. 以 X 和 Y 代替该不等式中的 a 和 b，而后两边取积分，即可得到 (4.37).

初等 C_r 不等式：对任意实数 a, b 都有

$$|a + b|^r \leqslant C_r(|a|^r + |b|^r), \quad r > 0 \tag{4.39}$$

成立，其中 C_r 为 (4.38) 所确定.

事实上，当 a, b 异号或其中之一为零值时，显然有

$$|a + b| \leqslant \max(|a|, |b|)$$

成立，从而有

$$|a + b|^r \leqslant \max(|a|^r, |b|^r) \leqslant C_r(|a|^r + |b|^r),$$

亦即 (4.39) 成立. 因而我们只须证 a, b 同号时，(4.39) 成立即可，不妨设 a, b 都是正的且 $a \leqslant b$，令

$$f(x) = C_r(a^r + x^r) - (a + x)^r, \quad x \geqslant a.$$

由 (4.38) 及 $0 < a/x \leqslant 1$ 可知当 $x \geqslant a$ 时

$$f'(x) = rC_r x^{r-1} - r(a + x)^{r-1}$$
$$= rx^{r-1}\left[C_r - \left(1 + \frac{a}{x}\right)^{r-1}\right] \geqslant 0.$$

故知 $f(x)$ 在 $x \geqslant a$ 上是不减函数，从而由 $b \geqslant a$ 有

$$f(b) \geqslant f(a) = 2C_r a^r - (2a)^r = (2C_r - 2^r)a^r \geqslant 0,$$

亦即

$$f(b) = C_r(a^r + b^r) - (a + b)^r \geqslant 0,$$

所以 (4.39) 成立．证完．

性质 3 若 X, Y 的 r 级矩有限，则它们的线性组合 $\alpha X + \beta Y$ 的 r 级矩也是有限的．

证 利用 r 级矩有限等价于 r 级绝对矩有限以及性质 2 即可得证．

性质 4 (霍尔德尔不等式) 对任意实数 $r > 1$ 和满足等式 $\frac{1}{r} + \frac{1}{s} = 1$ 的实数 s，有下述不等式成立

$$\int_\Omega |XY| dP \leqslant \left(\int_\Omega |X|^r dP\right)^{1/r} \left(\int_\Omega |Y|^s dP\right)^{1/s}. \qquad (4.40)$$

证 由 $r > 1$ 及 $\frac{1}{r} + \frac{1}{s} = 1$ 可得 $s = \frac{r}{r-1} > 1$．若 $\int_\Omega |X|^r dP = 0$ 或 $\int_\Omega |Y|^s dP = 0$，这等价于 $|X|^r = 0$, a. e. 或 $|Y|^s = 0$, a. e. 又等价于 $|X| = 0$, a. e. 或 $|Y| = 0$, a. e.，从而得到 $|XY| = 0$, a. e.，所以 $\int_\Omega |XY| dP = 0$，这时不等式 (4.40) 成立．因此，只需证 $\int_\Omega |X|^r dP$ 和 $\int_\Omega |Y|^s dP$ 都不为零时 (4.40) 成立即可．为此，首先证如下初等不等式成立：对任意实数 a, b 有

$$|ab| \leqslant \frac{|a|^r}{r} + \frac{|b|^s}{s}, \quad r > 1, \quad \frac{1}{r} + \frac{1}{s} = 1. \qquad (4.41)$$

不失一般性，不妨假定 $a > 0, b > 0$，分下面二种情况：

(I) 当 $b \geqslant a^{r/s}$ 时，由 $\frac{1}{r} + \frac{1}{s} = 1$ 可导得

$$s + r = sr, \quad 1 - r = -r/s, \quad 1 - s = -\frac{s}{r}.$$

令

$$f_a(x) = \frac{a^r}{r} + \frac{x^s}{s} - ax, \quad x \geqslant a^{r/s}.$$

则

$$f'_a(x)=x^{s-1}-a=x^{\frac{s}{r}}-a,$$

$$f_a(a^{r/s})=\frac{a^r}{r}+\frac{a^r}{s}-a\cdot a^{r/s}=a^r-a^r=0,$$

$$f'_a(x)=x^{s/r}-a\geqslant(a^{r/s})^{s/r}-a=a-a=0,$$

当 $x\geqslant a^{r/s}$.

故知 $f_a(x)$ 在 $x\geqslant a^{r/s}$ 上是不减的函数. 所以

$$f_a(b)\geqslant f_a(a^{r/s})=0,$$

亦即

$$f_a(b)=\frac{a^r}{r}+\frac{b^s}{s}-ab\geqslant 0,$$

故 (4.41) 成立.

(II) 当 $b<a^{r/s}$ 时,则 $a>b^{s/r}$. 令

$$f_b(x)=\frac{x^r}{r}+\frac{b^s}{s}-bx,\quad x\geqslant b^{s/r}.$$

类似 (I) 可证当 $x\geqslant b^{s/r}$ 时 $f_b(x)\geqslant 0$, 所以 $f_b(a)\geqslant 0$, 亦即 (4.41) 成立.

在 (4.41) 中以 $X\Big/\left(\int_\Omega|X|^r dP\right)^{1/r}$, $Y\Big/\left(\int_\Omega|Y|^s dP\right)^{1/s}$ 分别代替 a, b; 然后两边积分可得

$$\left(\int_\Omega|XY|dP\right)\Big/\left(\int_\Omega|X|^r dP\right)^{1/r}\left(\int_\Omega|Y|^s dP\right)^{1/s}$$

$$\leqslant\frac{\int_\Omega|X|^r dP}{r\left(\int_\Omega|X|^r dP\right)}+\frac{\int_\Omega|Y|^s dP}{s\left(\int_\Omega|Y|^s dP\right)}=\frac{1}{r}+\frac{1}{s}=1.$$

所以 (4.40) 成立. 证完

霍尔德尔不等式在 $r=s=2$ 的特殊情形是施瓦兹不等式

$$\left(\int_\Omega|XY|dP\right)^2\leqslant\left(\int_\Omega|X|^2 dP\right)\left(\int_\Omega|Y|^2 dP\right).\qquad(4.42)$$

性质 5 (闵可夫斯基不等式) 如果 $r\geqslant 1$, 则

$$\left(\int_\Omega|X+Y|^r dP\right)^{1/r}\leqslant\left(\int_\Omega|X|^r dP\right)^{1/r}+\left(\int_\Omega|Y|^r dP\right)^{1/r}.\qquad(4.43)$$

证　当 $r=1$ 时 (4.43) 显然成立. 当 $r>1$ 时在不等式 (4.40) 中以 $|X+Y|^{r-1}$ 代替 Y, 可得

$$
\begin{aligned}
\int_{\Omega}|X+Y|^{r}dP &= \int_{\Omega}|X+Y||X+Y|^{r-1}dP \\
&\leqslant \int_{\Omega}|X||X+Y|^{r-1}dP + \int_{\Omega}|Y||X+Y|^{r-1}dP \\
&\leqslant \left(\int_{\Omega}|X|^{r}dP\right)^{1/r}\left(\int_{\Omega}|X+Y|^{(r-1)s}dP\right)^{1/s} \\
&\quad + \left(\int_{\Omega}|Y|^{r}dP\right)^{1/r}\left(\int_{\Omega}|X+Y|^{(r-1)s}dP\right)^{1/s} \\
&= \left[\left(\int_{\Omega}|X|^{r}dP\right)^{1/r} + \left(\int_{\Omega}|Y|^{r}dP\right)^{1/r}\right] \\
&\quad \times\left(\int_{\Omega}|X+Y|^{(r-1)s}dP\right)^{1/s}.
\end{aligned}
\tag{4.44}
$$

由于 $\frac{1}{r}+\frac{1}{s}=1$, 故 $(r-1)s=rs-s=s+r-s=r$. 同时 $1-1/s=\frac{1}{r}$, 将此关系代入不等式 (4.44), 即可得到 (4.43) 成立. 证完.

引理 4.5　设 P 是概率测度, 则函数 $f(r)=\left(\int_{\Omega}|X|^{r}dP\right)^{1/r}$ 在 $r>0$ 上是不减函数.

证　因为 $\left(\int_{\Omega}|X|^{r}dP\right)^{1/r}=0$ 等价于 $X=0$, a.e., 在此平凡情形引理显然成立. 因此, 我们不妨假定 $P(\{\omega:X(\omega)\neq 0\})>0$, 这时对每个 $r\geqslant 0$ 都有 $\int_{\Omega}|X|^{r}dP>0$. 令

$$
y(r)=\log\left(\int_{\Omega}|X|^{r}dP\right),\quad r\geqslant 0.
$$

对任意 $0\leqslant r'<r$, 由 (4.42)

$$
\begin{aligned}
y\left(\frac{r+r'}{2}\right) &= \log\left(\int_{\Omega}|X|^{\frac{r+r'}{2}}dP\right) \\
&= \log\left(\int_{\Omega}|X|^{\frac{r}{2}}\cdot|X|^{\frac{r'}{2}}dP\right)
\end{aligned}
$$

$$\leqslant \frac{1}{2}\log\left(\int_\Omega |X|^r dP\right)\left(\int_\Omega |X|^{r'} dP\right)$$

$$= \frac{1}{2}[y(r) + y(r')].$$

故知 $y(r)$ 在 $r \geqslant 0$ 上是凸函数. 因此通过 $(0, 0)$ 和 $(r, y(r))$ 二点的直线之斜率

$$\frac{1}{r}y(r) = \frac{1}{r}\log\left(\int_\Omega |X|^r dP\right) = \log\left(\int_\Omega |X|^r dP\right)^{1/r}$$

$$= \log f(r)$$

是随 r 增加而不减的,所以 $f(r)$ 是 $r \geqslant 0$ 上的不减函数.

引理 4.6 (基本不等式) 设 X 是测度空间 $(\Omega, \mathscr{A}, P)$ 上的任意几乎处处有限的可测函数, $g(x)$ 是 $R = (-\infty, +\infty)$ 上的波莱尔可测函数, 如果进而 $g(x)$ 在 R 上是非负的偶函数且在 $[0, +\infty)$ 上是不减的,则对每个 $a > 0$, 都有下面不等式成立:

$$\frac{\int_\Omega g(X)dP - g(a)}{\text{a. e. sup } g(X(\omega))} \leqslant P(\{\omega: |X(\omega)| \geqslant a\})$$

$$\leqslant \frac{\int_\Omega g(X)dP}{g(a)}. \tag{4.45}$$

证 由于 $g(x)$ 是非负波莱尔可测函数, 所以 $g(X)$ 在测度空间 $(\Omega, \mathscr{A}, P)$ 上的积分存在. 令

$$A = \{\omega: |X(\omega)| \geqslant a\}.$$

由 $g(x)$ 是偶函数且在 $[0, \infty)$ 上的不减性,可导得

$$g(a)P(A) \leqslant \int_A g(X)dP \leqslant \text{a. e. sup } g(X(\omega)) \cdot P(A)$$

$$0 \leqslant \int_{A^c} g(X)dP \leqslant g(a)$$

$$\int_\Omega g(X)dP = \int_A g(X)dP + \int_{A^c} g(X)dP.$$

从而有

$$g(a)P(A) \leqslant \int_A g(X)dP \leqslant \int_\Omega g(X)dP$$

$$\leqslant \text{a.e.}\sup g(X(\omega))\cdot P(A)+g(a)$$

移项后即可得到(4.45)成立. 证完.

为简便计,我们以 $\mathscr{L}_r$ 表示给定测度空间 $(\Omega,\mathscr{A},P)$ 上一切 r 级绝对矩有限的可测函数全体,即

$$\mathscr{L}_r=\left\{X:X \text{ 对 } (\Omega,\mathscr{A},P) \text{ 可测且} \int_\Omega |X|^r dP<+\infty\right\}.$$

由性质1知,若 $(\Omega,\mathscr{A},P)$ 是有穷测度空间,则对任意 $0<r'<r$ 有

$$\mathscr{L}_{r'}\supset\mathscr{L}_r\supset\mathscr{L}_\infty,$$

其中

$$\mathscr{L}_\infty=\{X:X \text{ 对 } (\Omega,\mathscr{A},P) \text{ 可测且 a.e.}\sup|X|<+\infty\}.$$

再由性质3知 $\mathscr{L}_r$ 是线性空间,在 $\mathscr{L}_r$ 中引进计量(或距离)

$$d(X,Y)=\int_\Omega |X-Y|^r dP,\qquad 0<r<1,$$

$$d(X,Y)=\left(\int_\Omega |X-Y|^r dP\right)^{1/r},\quad 1\leqslant r\leqslant\infty.$$

在 $\mathscr{L}_r$ 中我们把所有几乎处处相等的可测函数,视为"同一"的元素. 易证在 $\mathscr{L}_r$ 中这样定义的计量,满足计量的三个条件:

(d_1) 同等性 $d(X,Y)=0\Longleftrightarrow X=Y$, a.e.,

(d_2) 对称性 $d(X,Y)=d(Y,X)\geqslant 0$,

(d_3) 三角性 $d(X,Z)+d(Z,Y)\geqslant d(X,Y)$.

(d_3) 可由 C_r 不等式和闵可夫斯基不等式导得:

$$\begin{aligned}d(X,Y)&=\int_\Omega |X-Y|^r dP\leqslant\int_\Omega (|X-Z|+|Z-Y|)^r dP\\&\leqslant\int_\Omega |X-Z|^r dP+\int_\Omega |Z-Y|^r dP\\&=d(X,Z)+d(Z,Y),\quad 0<r<1.\end{aligned}$$

$$\begin{aligned}d(X,Y)&=\left(\int_\Omega |X-Y|^r dP\right)^{1/r}\\&\leqslant\left(\int_\Omega (|X-Z|+|Z-Y|)^r dP\right)^{1/r}\\&\leqslant\left(\int_\Omega |X-Z|^r dP\right)^{1/r}+\left(\int_\Omega |Z-Y|^r dP\right)^{1/r}\end{aligned}$$

$$= d(X, Z) + d(Z, Y), \quad 1 \leqslant r < \infty.$$

定义 4.6 如果当 $n \to \infty$ 时

$$\int_{\Omega} |X_n - X|^r dP \longrightarrow 0, \quad (r > 0),$$

则称 $\{X_n: n \geqslant 1\}$ r 级平均收敛于 X, 常以 $X_n \xrightarrow{r} X$ 表之. 特别当 $r = 2$ 时,简称平均收敛.

显然,在 $\mathscr{L}_r$ 中 $d(X_n, X) \to 0$ 等价于 $X_n \xrightarrow{r} X$.

定理 4.7 ($\mathscr{L}_r$ 完备定理) 设 $r > 0$, $\{X_n: n \geqslant 1\} \subset \mathscr{L}_r$.

(i) 如果 $X_n \xrightarrow{r} X$, 则 $X \in \mathscr{L}_r$.

(ii) $X_n \xrightarrow{r} X$ (某一个 X) $\Longleftrightarrow X_m - X_n \xrightarrow{r} 0$, 当 $m, n \to \infty$ 时.

证 若 $X_n \xrightarrow{r} X$, 则 $\int_{\Omega} |X_n - X|^r dP \longrightarrow 0$ $(n \to \infty)$, 因此对充分大的 n, $\int_{\Omega} |X_n - X|^r dP$ 是有限的,由 C_r 不等式可得

$$\int_{\Omega} |X|^r dP \leqslant \int_{\Omega} (|X - X_n| + |X_n|)^r dP$$

$$\leqslant C_r \left(\int_{\Omega} |X_n - X|^r dP + \int_{\Omega} |X_n|^r dP \right),$$

$$\int_{\Omega} |X_m - X_n|^r dP \leqslant C_r \left(\int_{\Omega} |X_n - X|^r dP \right.$$

$$\left. + \int_{\Omega} |X_m - X|^r dP \right).$$

从而知 (i) 和 (ii) 中的"$\Longrightarrow$"成立.

下证 (ii) 中的"$\Longleftarrow$"成立. 在引理 4.6 中取 $g(x) = |x|^r$, 利用 (4.45) 的右边不等式可得

$$P(\{\omega: |X_m(\omega) - X_n(\omega)| \geqslant \varepsilon\})$$

$$\leqslant \frac{1}{\varepsilon^r} \int_{\Omega} |X_m - X_n|^r dP, \quad \varepsilon > 0.$$

从而由 $X_m - X_n \xrightarrow{r} 0$ $(m, n \to \infty)$ 可知 $X_m - X_n \xrightarrow{\mathrm{P}} 0$ $(m, n \to \infty)$, 即 $\{X_n: n \geqslant 1\}$ 是按测度收敛的基本列,根据第三章定理 3.9

及其系知，存在一个子列 $\{X_{n'}:n'\geqslant 1\}$ 和一个 a. e. 有限的可测函数 X，使得 $X_{n'}\to X$, a. e. $(n'\to\infty)$ 成立，再由法图-勒贝格定理可得

$$\int_\Omega |X_m - X|^r dP = \int_\Omega \varliminf_{n'\to\infty} |X_m - X_{n'}|^r dP$$

$$\leqslant \varliminf_{n'\to\infty} \int_\Omega |X_m - X_{n'}|^r dP.$$

利用题设 $\int_\Omega |X_m - X_{n'}|^r dP \longrightarrow 0\ (m,\ n'\to\infty)$，从而得知

$$\int_\Omega |X_m - X|^r dP \longrightarrow 0\ (m\to\infty).$$

证完.

定义 4.7 设 $\{X_n:n\geqslant 1\}$ 是 a. e. 有限的可测函数列，如果对任给 $\varepsilon>0$，都存在 $a_\varepsilon\geqslant 0$ 和 $\delta_\varepsilon>0$（不依赖于 n）使得

(i) 对任意 $a\geqslant a_\varepsilon$ 及 $n\geqslant 1$ 有

$$\int_{B_n(a)} |X_n| dP < \varepsilon,$$

则称 $\{X_n:n\geqslant 1\}$ 是一致(对 $n\geqslant 1$) 可积的. 其中

$$B_n(a) = \{\omega: |X_n(\omega)| \geqslant a\}.$$

(ii) 对任意可测集 A 且 $P(A)<\delta_\varepsilon$ 有

$$\int_A |X_n| dP < \varepsilon,$$

则称 $\{X_n:n\geqslant 1\}$ 的积分是一致(对 $n\geqslant 1$) P 绝对连续的.

引理 4.7 设测度空间 $(\Omega,\mathscr{A},P)$ 是有穷的，则 $\{X_n:n\geqslant 1\}$ 是一致可积的充要条件是 $\{X_n:n\geqslant 1\}$ 的积分一致有界且是一致 P 绝对连续的.

证 先证必要性. 设 $\{X_n:n\geqslant 1\}$ 是一致可积的，按定义对任给 $\varepsilon>0$，存在一个 $a_\varepsilon>0$，使得对任意 $a\geqslant a_\varepsilon$ 及 $n\geqslant 1$ 有

$$\int_{B_n(a)} |X_n| dP < \varepsilon/2.$$

选取 $\delta_\varepsilon=\dfrac{\varepsilon}{2a_\varepsilon}>0$，则对任意可测集 A 且 $P(A)<\delta_\varepsilon$ 以及每个

$n \geqslant 1$ 及 $a = a_\varepsilon$ 有

$$\int_A |X_n| dP = \int_{AB_n(a)} |X_n| dP + \int_{AB_n(a)^c} |X_n| dP$$
$$\leqslant \int_{B_n(a)} |X_n| dP + aP(A)$$
$$< \varepsilon/2 + a \cdot \frac{\varepsilon}{2a_\varepsilon} = \frac{\varepsilon}{2} + \frac{\varepsilon}{2} = \varepsilon.$$

故知 $\{X_n: n \geqslant 1\}$ 的积分是一致 P 绝对连续的. 再利用上面不等式的前一个,并取 $A = \Omega$, 则对每个 $n \geqslant 1$ 都有

$$\int_\Omega |X_n| dP \leqslant \int_{B_n(a)} |X_n| dP + aP\Omega$$
$$< \frac{\varepsilon}{2} + aP(\Omega) < +\infty.$$

故 $\{X_n: n \geqslant 1\}$ 的积分是一致有界的.

次证充分性. 由 $\{X_n: n \geqslant 1\}$ 的积分一致有界,则

$$c = \sup_{n \geqslant 1} \int_\Omega |X_n| dP < +\infty.$$

在引理 4.6 中取 $g(x) = |x|$, 由 (4.45) 右端不等式可得: 对任意 $n \geqslant 1$ 有

$$P(B_n(a)) = P(\{\omega: |X_n(\omega)| \geqslant a\})$$
$$\leqslant \frac{1}{a} \int_\Omega |X_n| dP \leqslant \frac{c}{a}. \tag{4.46}$$

再由 $\{X_n: n \geqslant 1\}$ 的积分是一致 P 绝对连续的, 故对任给 $\varepsilon > 0$, 存在一个 $\delta_\varepsilon > 0$, 使得对任意 $n \geqslant 1$ 有

$$\int_A |X_n| dP < \varepsilon, \quad P(A) < \delta_\varepsilon.$$

取 $a_\varepsilon = c/\delta_\varepsilon$ (与 n 无关),由 (4.46) 知,当 $a \geqslant a_\varepsilon$ 时有

$$P(B_n(a)) < \delta_\varepsilon,$$

所以当 $a \geqslant a_\varepsilon$ 时有

$$\int_{B_n(a)} |X_n| dP < \varepsilon,$$

即 $\{X_n: n \geqslant 1\}$ 是一致可积的. 证完.

引理 4.8 设 $r>0$，测度空间 $(\Omega, \mathscr{A}, P)$ 是有穷的且 $\{X_n: n\geqslant 1\}\subset \mathscr{L}_r$，若 $X_n \xrightarrow{r} X$，则当 $n\to\infty$ 时有

(i) $\int_\Omega |X_n|^r dP \longrightarrow \int_\Omega |X|^r dP$,

(ii) $\{|X_n|^r: n\geqslant 1\}$ 是一致可积的.

证 由 C_r 不等式及闵可夫斯基不等式可导得对任意 $n\geqslant 1$ 有

$$\left|\int_\Omega |X_n|^r dP - \int_\Omega |X|^r dP\right| \leqslant \int_\Omega |X_n - X|^r dP, \quad 0<r\leqslant 1,$$

$$\left|\left(\int_\Omega |X_n|^r dP\right)^{1/r} - \left(\int_\Omega |X|^r dP\right)^{1/r}\right| \leqslant \left(\int_\Omega |X_n - X|^r dP\right)^{1/r},$$

$$r>1.$$

令 $n\to\infty$ 即可得到 (i). 对任意可测集 A，以 $X_n\chi_A$ 及 $X\chi_A$ 分别代替上面不等式中的 X_n 及 X，于是有

$$\left|\int_A |X_n|^r dP - \int_A |X|^r dP\right| \leqslant \int_A |X_n - X|^r dP$$

$$\leqslant \int_\Omega |X_n - X|^r dP, \quad 0\leqslant r\leqslant 1,$$

$$\left|\left(\int_A |X_n|^r dP\right)^{\frac{1}{r}} - \left(\int_A |X|^r dP\right)^{\frac{1}{r}}\right| \leqslant \left(\int_A |X_n - X|^r dP\right)^{1/r}$$

$$\leqslant \left(\int_\Omega |X_n - X|^r dP\right)^{1/r}, \quad r>1.$$

再由 $X_n \xrightarrow{r} X$ 知，对任给 $\varepsilon>0$，存在一个 n_ε，使得当 $n\geqslant n_\varepsilon$ 时有

$$\int_\Omega |X_n - X|^r dP < \varepsilon.$$

故当 $n\geqslant n_\varepsilon$ 时，对任意可测集 A 都有

$$\left|\int_A |X_n|^r dP - \int_A |X|^r dP\right| < \varepsilon, \quad 0\leqslant r\leqslant 1,$$

$$\left|\left(\int_A |X_n|^r dP\right)^{1/r} - \left(\int_A |X|^r dP\right)^{1/r}\right| < \varepsilon, \quad r>1.$$

所以

$$\int_A |X_n|^r dP < \varepsilon + \int_A |X|^r dP, \quad 0\leqslant r\leqslant 1,$$

$$\int_A |X_n|^r dP < \left[\varepsilon + \left(\int_A |X|^r dP\right)^{1/r}\right]^r, \quad r > 1.$$

再利用定理 4.7 及 $X_n \xrightarrow{r} X$ 知 $X \in \mathscr{L}_r$，即 $|X|^r$ 是可积的，所以是 P 绝对连续的．因而 $\{|X_n|^r: n \geqslant 1\}$ 的积分是一致 P 绝对连续且是一致有界的．根据引理 4.7 得知，$\{|X_n|^r: n \geqslant 1\}$ 是一致可积的．证完．

有了上述关于矩和 r 级平均收敛的各种知识，我们进而讨论在有穷测度空间 $(\Omega, \mathscr{A}, P)$ 上，r 级平均收敛与前述各种收敛的关系．

定理 4.8 设 $(\Omega, \mathscr{A}, P)$ 是有穷测度空间，$\{X_n: n \geqslant 1\} \subset \mathscr{L}_r (r > 0)$．则下述三条件相互等价：

(i) $X_n \xrightarrow{r} X$，

(ii) $X_n \xrightarrow{P} X$ 且 $\{|X_n - X|^r: n \geqslant 1\}$ 的积分是一致 P 绝对连续的，

(iii) $X_n \xrightarrow{P} X$ 且 $\{|X_n|^r: n \geqslant 1\}$ 的积分是一致 P 绝对连续的．

证　首先证 (ii) 与 (iii) 等价．

由 $X_n \xrightarrow{P} X$，根据定理 3.9 的 Riez 定理知，存在一个子列 $\{X_{n'}: n' \geqslant 1\}$，使得当 $n' \to \infty$ 时

$$X_{n'} \xrightarrow{\text{a.e.}} X,$$

从而对任意 $A \in \mathscr{A}$ 也有

$$0 \leqslant |X_{n'}|^r \chi_A \xrightarrow{\text{a.e.}} |X|^r \chi_A.$$

根据引理 4.2 可得

$$\int_A |X|^r dP = \int_\Omega |X|^r \chi_A dP = \int_\Omega \varliminf_{n' \to \infty} |X_{n'}|^r \chi_A dP$$

$$\leqslant \varliminf_{n' \to \infty} \int_\Omega |X_{n'}|^r \chi_A dP = \varliminf_{n' \to \infty} \int_A |X_{n'}|^r dP.$$

若 $\{|X_n|^r: n \geqslant 1\}$ 的积分是一致 P 绝对连续，在 C_r 不等式中以

$X_n\chi_A$ 及 $-X\chi_A$ 分别代替 X 和 Y，再利用上不等式可得

$$\begin{aligned}\int_A |X_n - X|^r dP &= \int_\Omega |X_n\chi_A + (-X\chi_A)|^r dP \\ &\leqslant C_r\left(\int_\Omega |X_n\chi_A|^r dP + \int_\Omega |X\chi_A|^r dP\right) \\ &= C_r\left(\int_A |X_n|^r dP + \int_A |X|^r dP\right) \\ &\leqslant C_r\left(\int_A |X_n|^r dP + \varliminf_{n'\to\infty}\int_A |X_{n'}|^r dP\right).\end{aligned}$$

从而得到 $\{|X_n - X|^r: n \geqslant 1\}$ 的积分是一致 P 绝对连续的.

反之，同上利用 C_r 不等式可得

$$\begin{aligned}\int_A |X_n|^r dP &\leqslant \int_A (|X_n - X| + |X|)^r dP \\ &\leqslant C_r\left(\int_A |X_n - X|^r dP + \int_A |X|^r dP\right). \qquad (4.47)\end{aligned}$$

但对任意 $A \in \mathscr{A}$ 有

$$\int_A |X|^r dP \leqslant \varliminf_{n'\to\infty}\int_A |X_{n'}|^r dP.$$

特别取 $A = \Omega$，并由题设 $\{X_n: n \geqslant 1\} \subset \mathscr{L}_r$ 知，对每个 $n \geqslant 1$，$\int_\Omega |X_n|^r dP < +\infty$，因此

$$\int_\Omega |X|^r dP \leqslant \varliminf_{n'\to\infty}\int_\Omega |X_{n'}|^r dP < +\infty.$$

故可证 $|X|^r$ 的积分是 P 绝对连续的. 根据(4.47)以及 $\{|X_n - X|^r: n \geqslant 1\}$ 的积分是一致 P 绝对连续的可导得 $\{|X_n|^r: n \geqslant 1\}$ 的积分是一致 P 绝对连续的. 综上所述，证明了 (ii) 与 (iii) 的等价性.

次证 (i) 与 (iii) 的等价性.

若 (i) 成立，即 $X_n \xrightarrow{r} X$. 在 (4.45) 右端不等式中取 $g(x) = |x|^r$ 得到：对任意 $\varepsilon > 0$ 及 $n \geqslant 1$

$$P(\{\omega: |X_n(\omega) - X(\omega)| \geqslant \varepsilon\}) \leqslant \frac{1}{\varepsilon^r}\int_\Omega |X_n - X|^r dP.$$

由 $X_n \xrightarrow{r} X$ 知，当 $n \to \infty$ 时

$$\int_\Omega |X_n - X|^r dP \longrightarrow 0.$$

故当 $n \to \infty$ 时

$$P(\{\omega: |X_n(\omega) - X(\omega)| \geqslant \varepsilon\}) \longrightarrow 0,$$

亦即 $X_n \xrightarrow{P} X$ 成立.

另一方面，由 $X_n \xrightarrow{r} X$ 及引理 4.8 知，$\{|X_n|^r: n \geqslant 1\}$ 是一致可积的. 再根据引理 4.7，所以 $\{|X_n|^r: n \geqslant 1\}$ 的积分是一致 P 绝对连续的. 故 (iii) 成立.

反之，若 (iii) 成立，由 (iii) 与 (ii) 是等价的，故 $\{|X_n - X|^r: n \geqslant 1\}$ 的积分是一致 P 绝对连续的，因而对任给 $\varepsilon > 0$，存在一个 $\delta_\varepsilon > 0$ 使得对任何 $n \geqslant 1$ 有

$$\int_A |X_n - X|^r dP < \varepsilon, \quad P(A) < \delta_\varepsilon. \tag{4.48}$$

对每个 $n \geqslant 1$，令

$$A_n = \{\omega: |X_n(\omega) - X(\omega)| \geqslant \varepsilon\}.$$

由 $X_n \xrightarrow{P} X$ 知，当 $n \to \infty$ 时

$$P(A_n) \longrightarrow 0.$$

故对充分大的 n 有

$$P(A_n) < \delta_\varepsilon. \tag{4.49}$$

从而由 (4.48)，(4.49) 可得：当 n 充分大时

$$\int_\Omega |X_n - X|^r dP = \int_{A_n} |X_n - X|^r dP + \int_{A_n^c} |X_n - X|^r dP < \varepsilon + \varepsilon^r P(\Omega).$$

所以当 $n \to \infty$ 时有

$$\int_\Omega |X_n - X|^r dP \longrightarrow 0,$$

亦即 $X_n \xrightarrow{r} X$ 成立. 因此可知 (i) 与 (iii) 等价. 证完.

系 1 在定理假设下，若 $X_n \xrightarrow{r} X$，则对任意 $0 < r' < r$ 有 $X_n \xrightarrow{r'} X$.

证 因 $X_n \xrightarrow{r} X$，由定理知 $\{|X_n - X|^r : n \geqslant 1\}$ 的积分是一致 P 绝对连续的，并且 $X_n \xrightarrow{P} X$. 令

$$A_n = \{\omega: |X_n(\omega) - X(\omega)| \geqslant 1\}.$$

则对任意 $0 < r' < r$ 及 $A \in \mathscr{A}$ 有

$$\begin{aligned}\int_A |X_n - X|^{r'} dP &= \int_{AA_n} |X_n - X|^{r'} dP + \int_{AA_n^c} |X_n - X|^{r'} dP \\ &\leqslant \int_{AA_n} |X_n - X|^r dP + \int_{AA_n^c} dP \\ &\leqslant \int_A |X_n - X|^r dP + P(A).\end{aligned}$$

因而 $\{|X_n - X|^{r'} : n \geqslant 1\}$ 的积分是一致 P 绝对连续的，并且 $X_n \xrightarrow{P} X$. 再由定理 (ii) 与 (i) 的等价性可知 $X_n \xrightarrow{r'} X$. 证完.

系 2 在定理的题设下，若

$$\sup_{n \geqslant 1} \int_\Omega |X_n|^r dP = c < +\infty, \tag{4.50}$$

则对任意 $0 < r' < r$，$X_n \xrightarrow{r'} X$ 与 $X_n \xrightarrow{P} X$ 等价.

证 若 $X_n \xrightarrow{r'} X$，由定理显然 $X_n \xrightarrow{P} X$.

反之，若 $X_n \xrightarrow{P} X$，根据定理我们只须由条件 (4.50) 导得 $\{|X_n|^{r'} : n \geqslant 1\}$ 的积分是一致 P 绝对连续的，则 $X_n \xrightarrow{r'} X$. 为此，对任给 $\varepsilon > 0$，取 a 充分大，使得 $ca^{r'-r} < \frac{\varepsilon}{2}$，即 $a > \left(\frac{2c}{\varepsilon}\right)^{\frac{1}{r-r'}}$. 令

$$A_n = \{\omega: |X_n(\omega)| \geqslant a\}.$$

则对任意 $0 < r' < r$，$A \in \mathscr{A}$，$n \geqslant 1$ 有

$$\int_A |X_n|^{r'} dP = \int_{AA_n} |X_n|^{r'} dP + \int_{AA_n^c} |X_n|^{r'} dP$$

$$= \int_{AA_n} |X_n|^r \cdot |X_n|^{r'-r} dP + \int_{AA_n^c} |X_n|^{r'} dP$$

$$\leqslant a^{r'-r} \int_{AA_n} |X_n|^r dP + a^{r'} P(A)$$

$$\leqslant c a^{r'-r} + a^{r'} P(A) < \frac{\varepsilon}{2} + a^{r'} P(A).$$

取 $\delta_\varepsilon = \frac{\varepsilon}{2a^{r'}}$，则当 $P(A) < \delta_\varepsilon$ 时，对任意 $n \geqslant 1$ 有

$$\int_A |X_n|^{r'} dP < \frac{\varepsilon}{2} + \frac{\varepsilon}{2} = \varepsilon.$$

故 $\{|X_n|^{r'}: n \geqslant 1\}$ 的积分是一致 P 绝对连续的，再由 $X_n \xrightarrow{P} X$，因此 $X_n \xrightarrow{r'} X$. 证完.

系 3 设 $\{X, X_1, X_2, \cdots\}$ 是有穷测度空间 $(\Omega, \mathscr{A}, P)$ 上的可测函数列，若对每个 $n \geqslant 1$ 都有

$$|X_n| \leqslant Y \in \mathscr{L}_r, \quad (r > 0),$$

则 $X_n \xrightarrow{r} X$ 与 $X_n \xrightarrow{P} X$ 等价.

证 由 $X_n \xrightarrow{r} X$，根据定理则有 $X_n \xrightarrow{P} X$.

反之，由 $Y \in \mathscr{L}_r$，即 $\int_\Omega |Y|^r dP < +\infty$，因此，对任给 $\varepsilon > 0$，存在一个 $\delta_\varepsilon > 0$，使得

$$\int_A |Y|^r dP < \varepsilon, \quad P(A) < \delta_\varepsilon.$$

再由 $|X_n| \leqslant Y$，故对任意 $n \geqslant 1$ 有

$$\int_A |X_n|^r dP \leqslant \int_A |Y|^r dP < \varepsilon, \quad P(A) < \delta_\varepsilon,$$

即 $\{|X_n|^r: n \geqslant 1\}$ 的积分是一致 P 绝对连续的. 若再有 $X_n \xrightarrow{P} X$，根据定理就可得 $X_n \xrightarrow{r} X$. 证完.

综上所述，在有穷测度空间条件下，r 级平均收敛与前述各种收敛的关系，简图示意如下：

$$X_n \xrightarrow{\text{a.e.}} X \Rightarrow X_n \xrightarrow{\text{P}} X \Rightarrow X_n \xrightarrow{\text{d.t.}} X$$

$$\Uparrow$$

$$X_n \xrightarrow{r} X \Rightarrow X_n \xrightarrow{r'} X \quad (0 < r' < r)$$

$$X_n \xrightarrow{r} X \Longleftrightarrow X_n \xrightarrow{\text{P}} X \text{ 且 } |X_n| \leqslant Y \in \mathscr{L}_r \quad (n \geqslant 1)$$

$$X_n \xrightarrow{r'} X \Longleftrightarrow X_n \xrightarrow{\text{P}} X \text{ 且 } \sup_{n \geqslant 1} \int_\Omega |X_n|^r dP < +\infty$$

$$(0 < r' < r)$$

$X_n \xrightarrow{\text{a.e.}} X$ 与 $X_n \xrightarrow{r} X$ 之间，一般说来是互不相关的，这可由下面反例说明.

例 12　考虑第三章的例 10，显然，对任意 $r > 0$，

$$\int_{[0,1)} |X_i^{(K)}(\omega)|^r dP = P\left(\left[\frac{i-1}{K}, \frac{i}{K}\right)\right)$$

$$= \frac{1}{K} \longrightarrow 0, \quad (K \to \infty).$$

故 $X_n \xrightarrow{r} 0$，但 $X_n \xrightarrow{\text{a.e.}} 0$ 不成立.

此例中因对一切 $i = 1, 2, \cdots, K;\ K \geqslant 1,\ \omega \in \Omega$ 都有

$$|X_i^{(K)}(\omega)| \leqslant 1,$$

而

$$\int_{[0,1)} 1^r dP = P((0, 1)) = 1 < +\infty,$$

即 $Y(\omega) \equiv 1 \in \mathscr{L}_r$，$(r > 0)$，因此根据定理 4.8 系 3 有 $X_n \xrightarrow{r} X \Longleftrightarrow X_n \xrightarrow{\text{P}} X$.

例 13　设 $\Omega = [0, 1]$，$\mathscr{A} = \mathscr{B}$（波莱尔集类），$P$ 是 L 测度. 对每个 $n \geqslant 1$，$r > 0$，令

$$X_n(x) = \begin{cases} n, & x \in \left[0, \dfrac{1}{n^r}\right], \\ 0, & x \in \left(\dfrac{1}{n^r}, 1\right]. \end{cases}$$

显然 $\lim\limits_{n\to\infty} X_n(x)=0$，对 $x\in(0,1]$ 成立，故 $X_n \xrightarrow{\text{a.e.}} 0$．但对每个 $n\geqslant 1$ 及 $r>0$ 有

$$\int_\Omega |X_n|^r dP = n^r P\left(\left[0,\frac{1}{n^r}\right]\right) = n^r\cdot\frac{1}{n^r}=1,$$

故 $X_n\xrightarrow{r}0$ 不成立．根据定理 4.8 的系 2 还知 $X_n\xrightarrow{\text{P}}0$ 也不成立．

最后再谈谈，在 r 级平均收敛意义下"极限"号与积分号交换的条件．

定理 4.9 设 $(\Omega,\mathscr{A},P)$ 是有穷测度空间且 $\{X_n:n\geqslant 1\}\subset\mathscr{L}_r(r\geqslant 1)$，若 $X_n\xrightarrow{r}X$，则

$$\lim_{n\to\infty}\int_\Omega X_n dP=\int_\Omega X dP. \tag{4.51}$$

证 根据定理 4.7 及 $X_n\xrightarrow{r}X$ 知 $X\in\mathscr{L}_r$，再由 $\mathscr{L}_1\subset\mathscr{L}_r$ $(r\geqslant 1)$，故 $\{X,X_1,X_2,\cdots\}\subset\mathscr{L}_1$，又根据定理 4.8 系 1 及 $X_n\xrightarrow{r}X$，还有 $X_n\xrightarrow{r=1}X$，因而

$$\left|\int_\Omega X_n dP-\int_\Omega X dP\right|\leqslant\int_\Omega|X_n-X|\,dP\longrightarrow 0,\quad(n\to\infty)$$

故 (4.51) 成立．证完．

在 $0<r<1$ 时 $X_n\xrightarrow{r}X$ 的条件下，一般不能直接导得 (4.51)，但我们可用定理 4.8 导得 $X_n\xrightarrow{\text{P}}X$，然后再用控制收敛定理或单调收敛定理来解决．

例 14 设 $\{X_n:n\geqslant 1\}$ 是有穷测度空间 $(\Omega,\mathscr{A},P)$ 上可测函数列，$\{X_n:n\geqslant 1\}\subset\mathscr{L}_r(0<r<1)$ 且 $X_n\xrightarrow{r}X$，则

$$\lim_{n\to\infty}\int_\Omega \cos X_n dP=\int_\Omega \cos X dP.$$

事实上，因 $X_n\xrightarrow{r}X$，则 $X_n\xrightarrow{\text{P}}X$，于是对任意子列 $\{X_{n_K}:K\geqslant 1\}$ 都存在一个子列 $\{X_{n_{K_\nu}}:\nu\geqslant 1\}$ 使得

$$X_{n_{K_\nu}} \xrightarrow{\text{a.e.}} X, \quad (\nu \to \infty),$$

故

$$\cos X_{n_{K_\nu}} \xrightarrow{\text{a.e.}} \cos X, \quad (\nu \to \infty).$$

由有界收敛定理有

$$\lim_{\nu \to \infty} \int_\Omega \cos X_{n_{K_\nu}} dP = \int_\Omega \cos X dP.$$

所以

$$\lim_{n \to \infty} \int_\Omega \cos X_n dP = \int_\Omega \cos X dP.$$

习　题

1. 设 X 是测度空间 $(\Omega, \mathscr{A}, P)$ 上的非负可测函数，试证：

$$\varphi_X(A) = \int_A X dP \qquad (A \in \mathscr{A})$$

是 $(\Omega, \mathscr{A})$ 上测度.

2. (积分中值定理) 设 Y 可积 X 可测，且 $-\infty < a \leqslant X \leqslant b < +\infty$, a. e., 则存在一个常数 $c \in [a, b]$ 使得

$$\int_\Omega X|Y| dP = c\int_\Omega |Y| dP.$$

特别：若 $P(\Omega) < +\infty$，有 $\int_\Omega X dP = cP(\Omega)$.

3. 设 $\{X_n: n \geqslant 1\}$ 是可测函数列且 $\sum_{n=1}^{\infty} \int_\Omega |X_n| dP < +\infty$，试证 $\sum_{n=1}^{\infty} X_n$ 可积且 $\int_\Omega \sum_{n=1}^{\infty} X_n dP = \sum_{n=1}^{\infty} \int_\Omega X_n dP$.

4. 设 $\Omega = R$, $\mathscr{A} = \mathscr{B}$, $P = \mu$ 是 L 测度；

$$X_n(x) = n\chi_{\left(0, \frac{1}{n}\right)}(x) \quad (n = 1, 2, 3, \cdots).$$

试问 $\int_R \lim_{n \to \infty} X_n d\mu = \lim_{n \to \infty} \int_R X_n d\mu$ 吗？控制收敛定理是否满足？

5. 设 X, Y 是 $(\Omega, \mathscr{A})$ 上可测函数，若对任何 $(\Omega, \mathscr{A})$ 上使得 X, Y 对 $(\Omega, \mathscr{A}, P)$ 可积的概率测度 P，都有

$$\int_{\Omega} XdP = \int_{\Omega} YdP,$$

则对一切 $\omega \in \Omega$ 有 $X(\omega) = Y(\omega)$ 成立.

6. 设 $X(\omega)$ 是 Ω 到 Ω' 的映射，$\mathscr{A}$ 和 $\mathscr{A}'$ 分别是空间 Ω 和 Ω' 上的 σ 域，如果 X 的逆像 $X^{-1}(\mathscr{A}') \subset \mathscr{A}$，则称 X 是可测空间 $(\Omega, \mathscr{A})$ 到 $(\Omega', \mathscr{A}')$ 的可测映射，或可测变换(这是可测函数的推广).

设 X 是 $(\Omega, \mathscr{A})$ 到 $(\Omega', \mathscr{A}')$ 的可测映射，P 是 $(\Omega, \mathscr{A})$ 上测度. 令

$$P_X(A') = P(\{\omega: X(\omega) \in A'\}) = P(X^{-1}(A')), \quad A' \in \mathscr{A}'.$$

试证：(i) P_X 是 $(\Omega', \mathscr{A}')$ 上测度，若 P 在 $(\Omega, \mathscr{A})$ 上有穷，则 P_X 在 $(\Omega', \mathscr{A}')$ 上也是有穷的(P_X 称为由 X 所产生或导出的测度).

(ii) 若 P 有穷，则对任意 $\mathscr{A}'$ 可测函数 $g(\omega')$ 有

$$\int_{\Omega} g(X(\omega))dP = \int_{\Omega'} g(\omega')dP_X$$

(这是积分转化定理的推广，其证明法类似之).

7. 设 $\{X, X_1, X_2, X_3, \cdots\}$ 是可积函数列且 $X_n \longrightarrow X$ 对 $\omega \in \Omega$ 一致收敛，试问

$$\lim_{n\to\infty} \int_{\Omega} X_n dP = \int_{\Omega} \lim_{n\to\infty} X_n dP$$

成立否？考虑如下例子.

设 $\Omega = \{1, 2, 3, \cdots\}$，$\mathscr{A} = S(\Omega)$，$P(A) = A$ 中点的个数

$$X_n(\omega) = \begin{cases} \dfrac{1}{n}, & \omega \in \{1, 2, 3, \cdots, n\}, \\ 0, & \omega > n. \end{cases}$$

它说明什么问题？

8. 设 X 及 $X_n (n \geqslant 1)$ 对 $(\Omega, \mathscr{A}, P)$ 可积，试证：对一切 $A \in \mathscr{A}$ 一致地有

$$\lim_{n\to\infty} \int_A X_n dP = \int_A XdP$$

的充要条件是

$$\lim_{n\to\infty}\int_\Omega |X_n - X| dP = 0$$

9. 设 X 及 X_n 在 $(\Omega, \mathscr{A}, P)$ 上非负可积 $(n \geqslant 1)$，且 $X_n \xrightarrow{P} X$，$\lim\limits_{n\to\infty}\int_\Omega X_n dP = \int_\Omega X dP$. 试证，对 $A \in \mathscr{A}$ 一致地有

$$\lim_{n\to\infty}\int_A X_n dP = \int_A X dP.$$

10. 设

$$F(x) = \begin{cases} 0, & x < 0, \\ \sigma^2, & 0 \leqslant x < 1, \\ \sigma^2 + \lambda^2 + \int_1^x e^{-u} du, & x \geqslant 1. \end{cases}$$

试计算 (L-S) $\int_{-\infty}^{+\infty} x^n dF(x)$.

11. 设 $(\Omega, \mathscr{A}, P)$ 是概率空间，$\{X, X_1, X_2, \cdots\}$ 是 a. e. 有限可测函数列(简称随机变数)且 $X_n \xrightarrow{P} X$，$g(x)$ 是数集 R 上有界连续函数，试证：

$$\lim_{n\to\infty}\int_R g(x) dF_{X_n}(x) = \int_R g(x) dF_X(x).$$

12. 试证：若 $F_n \xrightarrow{c} F$ 且 F 有界，则对任意 $U > 0$，当 $u \in [-U, U]$ 一致地有

$$\lim_{n\to\infty}\int_R \cos ux dF_n(x) = \int_R \cos ux dF(x)$$

$$\lim_{n\to\infty}\int_R \sin ux dF_n(x) = \int_R \sin ux dF(x)$$

亦即 $$\lim_{n\to\infty}\int_R e^{iux} dF_n(x) = \int_R e^{iux} dF(x).$$

提示：仿引理 4.4 及定理 4.5 的证明进行.

13. 试证，设分布函数列 $\{F, F_1, F_2, \cdots\}$ 有界，$\{a, b\} \subset C(F)$，$g(x)$ 在 $(-\infty, a]$ 或 $[b, +\infty)$ 上有界连续且 $F_n \xrightarrow{c} F$.

则

$$\lim_{n\to\infty}\int_{(-\infty,a)} g(x)dF_n(x)=\int_{(-\infty,a)} g(x)dF(x)$$
$$=\int_{(-\infty,a]} g(x)dF(x).$$

对应地

$$\lim_{n\to\infty}\int_{(b,+\infty)} g(x)dF_n(x)=\int_{[b,+\infty)} g(x)dF(x).$$

14. 设分布函数列 $\{F, F_1, F_2, \cdots\}$ 有界，且 $F_n \xrightarrow{w} F$，而

$$F(x)=\begin{cases}0, & x<0\\ \int_0^x e^{-u}du, & x\geqslant 0,\end{cases}$$

试求

$$\lim_{n\to\infty}\int_R e^{-|x|}dF_n(x)=?$$

15. 设 $g(x)$ 是数集 R 上的连续函数，且 $\{Y, X, X_1, X_2, \cdots\}$ 是有穷测度空间 $(\Omega, \mathscr{A}, P)$ 上 a.e. 有限可测函数列．试证，若 $X_n \xrightarrow{P} X$ 且对任意 $n\geqslant 1$ 有 $|g(X_n(\omega))|\leqslant Y(\omega)$，而 $Y(\omega)$ 可积，则

$$\lim_{n\to\infty}\int_\Omega g(X_n)dP=\int_\Omega g(X)dP.$$

16. 设 $\{X_n: n\geqslant 1\}$ 是有穷测度空间上不减的 a.e. 有限可测函数列，$g(x)$ 是 R 上非负不减连续函数．试证：若 $X_n \xrightarrow{P} X$，则

$$\lim_{n\to\infty}\int_R g(x)dF_{X_n}(x)=\int_R g(x)dF_X(x).$$

17. 设 $X(\omega)$ 是 $(\Omega, \mathscr{A}, P)$ 上可积函数，

$$\varphi(A)=\int_A XdP,\quad A\in\mathscr{A},$$

试证：(i) 对任给 $\varepsilon>0$，存在一个 $\delta>0$，使得 $|\varphi(A)|<\varepsilon$，当 $P(A)<\delta$ 时．

(ii) $\varphi(A)$ 的绝对连续性与 (i) 等价．

18. 试证：如果对某个 $r>0$，

$$\sum_{n=1}^{\infty}\int_{\Omega}|X_n - X|^r dP < +\infty,$$

则 $X_n \longrightarrow X$, a. e.

19. 设 $(\Omega, \mathscr{A}, P)$ 是有穷测度空间，$r > 0$. 试证：

(i) 若 $\sum_{n=1}^{\infty}\int_{\Omega}|X_n|^r dP < +\infty$，则 $\sum_{n=1}^{\infty}|X_n|^r < +\infty$, a. e.;

(ii) 若 $\sum_{n=1}^{\infty}\left(\int_{\Omega}|X_n|^r dP\right)^s < +\infty$，则 $\sum_{n=1}^{\infty}|X_n| < +\infty$, a. e.,

其中

$$s = \begin{cases} 1, & r < 1, \\ \dfrac{1}{r}, & r \geqslant 1. \end{cases}$$

20. 试证：在 $(\Omega, \mathscr{A}, P)$ 有穷条件下，$X_n \xrightarrow{P} X$ 的充要条件是

$$\int_{\Omega}\frac{|X_n - X|^r}{1 + |X_n - X|^r}dP \longrightarrow 0 \quad (n \to \infty) \quad r > 0.$$

提示．在引理 4.6 中考虑 $g(x) = \dfrac{|x|^r}{1 + |x|^r}\ (r > 0)$.

第五章　乘积测度空间

§5.1　有限维乘积可测空间

（一）矩形的基本性质

定义 5.1　设 Ω_1, Ω_2 是任意给定的二个空间(不一定是同一空间的子集)，对任意 $A_1 \subset \Omega_1$ 和 $A_2 \subset \Omega_2$，令

$$A_1 \times A_2 = \{(\omega_1, \omega_2) : \omega_1 \in A_1, \omega_2 \in A_2\}. \tag{5.1}$$

称 $A_1 \times A_2$ 为 A_1 和 A_2 的积集. 特别称 $\Omega_1 \times \Omega_2$ 为 Ω_1 和 Ω_2 的乘积空间.

乘积空间的最为熟知的例子是欧几里得平面，它是二个欧几里得直线(坐标轴)的乘积空间. 在以下的讨论中，许多地方要用到由这个例子所启示的术语和概念. 我们把积集 $A_1 \times A_2$ 也称为以 A_1 和 A_2 为边的矩形(注意，此地矩形的概念即使在欧氏平面情形，也不是普通的矩形，因为 A_1 或 A_2 不一定是一个区间).

为简便计，今后我们若不另加申明，都以 ω_i 或 ω_i' 等表空间 Ω_i 中的点，而以 A_i 或 B_i 等表空间 Ω_i 中的子集 $(i = 1, 2, 3, \cdots)$.

例 1　设 $\Omega_1 = \{1, 2, 3, \cdots\}$，$\Omega_2 = [0, 1]$. 则 $\Omega_1 \times \Omega_2 = \sum_{n=1}^{\infty} \{n\} \times [0, 1]$ 中子集

$$E = \left\{\left(2K, \frac{1}{n}\right) : K = 1, 2, 3, \cdots; n = 1, 2, 3, \cdots\right\}$$

$$= \{2, 4, 6, \cdots, 2K, \cdots\} \times \left\{1, \frac{1}{2}, \frac{1}{3}, \cdots, \frac{1}{n}, \cdots\right\}$$

是矩形，

$$E' = \left\{\left(K, \frac{1}{K}\right) : K = 1, 2, 3, \cdots\right\} \text{ 不是矩形.}$$

例 2 设 $\Omega_1=\{0,1\}$, $\Omega_2=\{3,4\}$. 则

$$\Omega_1\times\Omega_2=\{(0,3),(0,4),(1,3),(1,4)\}$$

$$E_1=\{(0,3),(0,4)\}=\{0\}\times\Omega_2 \quad \text{是矩形,}$$

$$E_2=\{(0,3),(1,3)\}=\Omega_1\times\{3\} \quad \text{是矩形,}$$

$$E_3=\{(0,3),(1,4)\} \quad \text{不是矩形.}$$

矩形有如下基本性质:

性质 1 $A_1\times A_2=\phi$ 的充要条件是 $A_1=\phi$ 或 $A_2=\phi$.

证 先证必要性. 假若不然, 则 $A_1\neq\phi$ 同时 $A_2\neq\phi$. 因此存在一个 $\omega_i\in A_i\ (i=1,2)$, 于是点 $(\omega_1,\omega_2)\in A_1\times A_2$, 即 $A_1\times A_2\neq\phi$, 这与 $A_1\times A_2=\phi$ 的前题矛盾, 故 $A_1=\phi$ 或 $A_2=\phi$ 成立.

次证充分性. 假若不然, 则 $A_1\times A_2\neq\phi$, 因此存在点 $(\omega_1,\omega_2)\in A_1\times A_2$, 故 $\omega_i\in A_i\ (i=1,2)$, 从而 $A_i\neq\phi\ (i=1,2)$ 成立, 这与 $A_1=\phi$ 或 $A_2=\phi$ 矛盾, 所以 $A_1\times A_2=\phi$ 成立. 证完.

以下述及的矩形, 都假定是非空的.

性质 2 $A_1\times A_2\subset B_1\times B_2$ 等价于 $A_1\subset B_1$, 同时 $A_2\subset B_2$.

证 对任意 $\omega_i\in A_i\ (i=1,2)$, 有 $(\omega_1,\omega_2)\in A_1\times A_2\subset B_1\times B_2$, 这等价于当 $\omega_i\in A_i$ 时必有 $\omega_i\in B_i\ (i=1,2)$ 亦即 $A_i\subset B_i\ (i=1,2)$.

性质 3 $A_1\times A_2=B_1\times B_2$ 等价于 $A_1=B_1$ 同时 $A_2=B_2$.

证. 由性质 2 显然.

性质 4 $(A_1\times A_2)\cap(B_1\times B_2)=(A_1\cap B_1)\times(A_2\cap B_2)$

性质 5
$$(A_1\times A_2)-(B_1\times B_2)=(A_1\cap B_1)\times(A_2-B_2)+(A_1-B_2)\times(A_2\cap B_2)+(A_1-B_1)\times(A_2-B_2).$$

性质 4 与 5 如图 1 所示, 它们的证明是容易的, 请读者自证之.

（二）截口集和截口函数的基本性质

定义 5.2 设 $E\subset\Omega_1\times\Omega_2$, 对每个固定的 $\omega_1\in\Omega_1$, 我们称 Ω_2 的子集

$$E(\omega_1)=\{\omega_2:(\omega_1,\omega_2)\in E\}$$

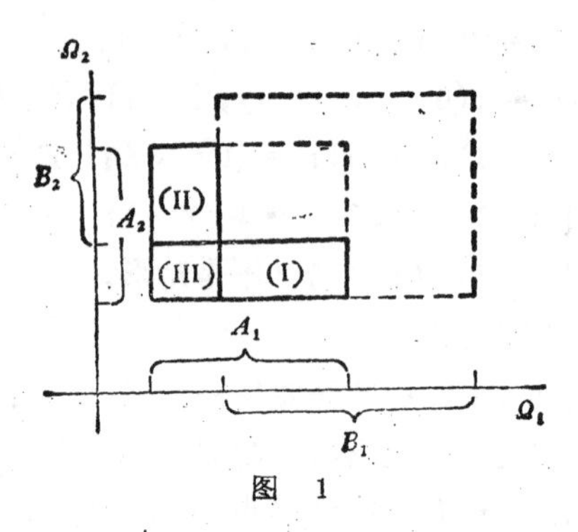

图 1

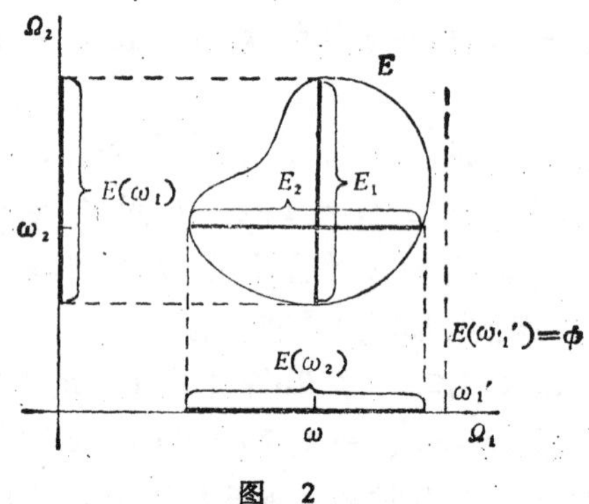

图 2

为集 E 在点 ω_1 的截口集. 对每个固定的 $\omega_2 \in \Omega_2$, 称 Ω_1 中子集

$$E(\omega_2) = \{\omega_1: (\omega_1, \omega_2) \in E\}$$

为集 E 在点 ω_2 的截口集.

乘积空间 $\Omega_1 \times \Omega_2$ 上集 E 的截口集 $E(\omega_1)$ (或 $E(\omega_2)$) 直观地说,它是集 E 在分支空间 Ω_1 上点 ω_1 的竖截集 E_1 (对应地, Ω_2 上点 ω_2 的横截集 E_2) 在 Ω_2 (对应地, 在 Ω_1) 上的投影, 它是 Ω_2 (对应地, Ω_1) 的子集,而不是 $\Omega_1 \times \Omega_2$ 上的子集 E_1 (对应地, E_2). 如图 2 所示.

截口集有如下基本性质:

性质 6 设 $E, F, E_n\ (n \geqslant 1)$ 都是 $\Omega_1 \times \Omega_2$ 的子集.

$$\left(\bigcup_{n=1}^{\infty} E_n\right)(\omega_i) = \bigcup_{n=1}^{\infty} E_n(\omega_i), \quad (i = 1,2),$$

$$\left(\sum_{n=1}^{\infty} E_n\right)(\omega_i) = \sum_{n=1}^{\infty} E_n(\omega_i),\ (i=1,\ 2), \tag{5.2}$$

$$\left(\bigcap_{n=1}^{\infty} E_n\right)(\omega_i) = \bigcap_{n=1}^{\infty} E_n(\omega_i),\ (i=1,\ 2), \tag{5.3}$$

$$(E-F)(\omega_i) = E(\omega_i) - F(\omega_i),\ (i=1,\ 2). \tag{5.4}$$

证 只证 $\left(\sum_{n=1}^{\infty} E_n\right)(\omega_1) = \sum_{n=1}^{\infty} E_n(\omega_1)$，其余类似．设 $\{E_n: n \geqslant 1\}$ 是 $\Omega_1 \times \Omega_2$ 中两两不相交集列，即 $E_n \cap E_m = \phi\ (n \neq m)$，则

$$\begin{aligned} E_n(\omega_1) \cap E_m(\omega_1) &= \{\omega_2: (\omega_1, \omega_2) \in E_n\} \cap \{\omega_2: (\omega_1, \omega_2) \in E_m\} \\ &= \{\omega_2: (\omega_1, \omega_2) \in E_n \cap E_m\} \\ &= \{\omega_2: (\omega_1, \omega_2) \in \phi\} = \phi, \quad (n \neq m), \end{aligned}$$

即 $\{E_n(\omega_1): n \geqslant 1\}$ 两两不相交．而

$$\begin{aligned} \left(\sum_{n=1}^{\infty} E_n\right)(\omega_1) &= \left\{\omega_2: (\omega_1, \omega_2) \in \sum_{n=1}^{\infty} E_n\right\} \\ &= \sum_{n=1}^{\infty} \{\omega_2: (\omega_1, \omega_2) \in E_n\} = \sum_{n=1}^{\infty} E_n(\omega_1). \end{aligned}$$

证完．

定义 5.3 设 $X(\omega_1, \omega_2)$ 是 $\Omega_1 \times \Omega_2$ 上的函数，对每个固定的 $\omega_1 \in \Omega_1$，我们称定义在 Ω_2 上的函数

$$X_{\omega_1}(\omega_2) = X(\omega_1, \omega_2) \tag{5.5}$$

为 $X(\omega_1, \omega_2)$ 在 ω_1 点的截口函数．同样定义 $X_{\omega_2}(\omega_1) = X(\omega_1, \omega_2)$ 为在点 ω_2 的截口函数．

截口函数有如下基本性质:

性质 7 设 X, Y 是 $\Omega_1 \times \Omega_2$ 上的函数，则 $X \leqslant Y$ 的充要条件是

$$X_{\omega_1}(\omega_2) \leqslant Y_{\omega_1}(\omega_2) \text{ 和 } X_{\omega_2}(\omega_1) \leqslant Y_{\omega_2}(\omega_1).$$

性质 8 设 $E \subset \Omega_1 \times \Omega_2$，则

$$\left.\begin{aligned}[\chi_E]_{\omega_1}(\omega_2) = \chi_{E(\omega_1)}(\omega_2),\\ [\chi_E]_{\omega_2}(\omega_1) = \chi_{E(\omega_2)}(\omega_1).\end{aligned}\right\} \tag{5.6}$$

证　对每个固定的 $\omega_1 \in \Omega$ 和任意 $\omega_2' \in \Omega_2$ 只有两种情况:

(i) $(\omega_1, \omega_2') \in E$，则

$$[\chi_E]_{\omega_1}(\omega_2') = \chi_E(\omega_1, \omega_2') = 1.$$

另一方面,由 $(\omega_1, \omega_2') \in E$，则

$$\omega_2' \in \{\omega_2: (\omega_1, \omega_2) \in E\} = E(\omega_1).$$

因此 $\chi_{E(\omega_1)}(\omega_2') = 1$，所以

$$[\chi_E]_{\omega_1}(\omega_2') = 1 = \chi_{E(\omega_1)}(\omega_2').$$

(ii) $(\omega_1, \omega_2') \bar{\in} E$，则

$$[\chi_E]_{\omega_1}(\omega_2') = \chi_E(\omega_1, \omega_2') = 0.$$

另一方面,由 $(\omega_1, \omega_2') \bar{\in} E$，则 $(\omega_1, \omega_2') \in E^c$，即

$$\begin{aligned}\omega_2' \in \{\omega_2: (\omega_1, \omega_2) \bar{\in} E\} &= \{\omega_2: (\omega_1, \omega_2) \in E^c\}\\ &= E^c(\omega_1).\end{aligned}$$

因此 $\chi_{E^c(\omega_1)}(\omega_2') = 1 - \chi_{E(\omega_1)}(\omega_2') = 1$，即 $\chi_{E(\omega_1)}(\omega_2') = 0$. 这就得到

$$[\chi_E]_{\omega_1}(\omega_2') = 0 = \chi_{E(\omega_1)}(\omega_2').$$

因此得到

$$[\chi_E]_{\omega_1}(\omega_2') = \chi_{E(\omega_1)}(\omega_2').$$

同理可证

$$[\chi_E]_{\omega_2}(\omega_1) = \chi_{E(\omega_2)}(\omega_1).$$

证完.

性质 9　设 α, β 是常数，X 和 Y 是 $\Omega_1 \times \Omega_2$ 上函数,则

$$[\alpha X + \beta Y]_{\omega_i}(\cdot) = \alpha X_{\omega_i}(\cdot) + \beta Y_{\omega_i}(\cdot), \quad i = 1,2. \tag{5.7}$$

证　按截口函数的定义

$$\begin{aligned}[\alpha X + \beta Y]_{\omega_1}(\omega_2) &= \alpha X(\omega_1, \omega_2) + \beta Y(\omega_1, \omega_2)\\ &= \alpha X_{\omega_1}(\omega_2) + \beta Y_{\omega_1}(\omega_2),\\ [\alpha X + \beta Y]_{\omega_2}(\omega_1) &= \alpha X(\omega_1, \omega_2) + \beta Y(\omega_1, \omega_2)\\ &= \alpha X_{\omega_2}(\omega_1) + \beta Y_{\omega_2}(\omega_1).\end{aligned}$$

所以 (5.7) 成立.

例 3　设 $E = \{(x, y): x^2 + y^2 \leqslant 1\}$ 是平面 $R \times R$ 上以原点为中心,长度 1 为半径的圆集. 则

$$E(x) = \begin{cases} \phi, & \text{当 } |x| > 1 \text{ 时}, \\ \{0\}, & \text{当 } |x| = 1 \text{ 时}, \\ [-\sqrt{1-x^2}, \sqrt{1-x^2}], & \text{当 } |x| < 1 \text{ 时}. \end{cases}$$

特别当 $x = 0$ 时 $E(0) = \{y: -1 \leqslant y \leqslant 1\}$ 是空间 R 上 $[0, 1]$ 区间集. $x = \frac{4}{5}$ 时 $E\left(\frac{4}{5}\right) = \left\{y: -\frac{3}{5} \leqslant y \leqslant \frac{3}{5}\right\}$ 是空间 R 上 $\left[-\frac{3}{5}, \frac{3}{5}\right]$ 区间集. 注意区别 $\{0\} \times E(0) = \{(0, y): -1 \leqslant y \leqslant 1\}$ 与 $E(0) = \{y: -1 \leqslant y \leqslant 1\}$, 前者是 $R \times R$ 中子集,而后者是 R 中子集,虽然它们画在坐标图上都是同一区间.

例 4　设 $\Omega_i = \{0, 1, 2, \cdots, n\}$ $(i = 1, 2)$, E 是 $\Omega_1 \times \Omega_2$ 中对角线上点所成之集,即

$$E = \{(K, K): K = 1, 2, \cdots, n\}$$
$$+ \{(K, n-K): K = 0, 1, 2, \cdots, n\}.$$

则 $E(K) = \{K, n-K\}$, $K = 0, 1, 2, \cdots, n$, 特别 $K = 0$ 时 $E(0) = \{0, n\}$ 是 Ω_i 中由二个点所构成的集,注意区别 $E_0 = \{0\} \times E(0) = \{(0, 0), (0, n)\}$ 是 $\Omega_1 \times \Omega_2$ 中集.

对于截口函数我们再举一个例子.

例 5　设 $f(x, y)$ 是平面 $R \times R$ 上函数, 若 $f(x, y) = x^2 + (y-1)^2$, 则对任意 $y_0, x_0 \in R$, 截口函数

$$f_{x_0}(y) = x_0^2 + (y-1)^2, \quad f_{y_0}(x) = x^2 + (y_0 - 1)^2.$$

特别

$$f_0(y) = (y-1)^2, \qquad f_0(x) = x^2 + 1,$$
$$f_1(y) = 1 + (y-1)^2, \quad f_1(x) = x^2.$$

(三) 乘积可测空间

定义 5.4　设 $(\Omega_1, \mathscr{A}_1)$, $(\Omega_2, \mathscr{A}_2)$ 是二个可测空间,令

$$\mathscr{C} = \{A_1 \times A_2: A_1 \in \mathscr{A}_1, A_2 \in \mathscr{A}_2\}. \tag{5.8}$$

我们称由 $\mathscr{C}$ 对空间 $\Omega_1 \times \Omega_2$ 产生的 σ 域 $\sigma(\mathscr{C})$ 为 $\mathscr{A}_1$ 与 $\mathscr{A}_2$ 的

乘积σ域，以$\mathscr{A}_1 \times \mathscr{A}_2$表之．而称$(\Omega_1 \times \Omega_2, \mathscr{A}_1 \times \mathscr{A}_2)$为$(\Omega_1, \mathscr{A}_1)$与$(\Omega_2, \mathscr{A}_2)$的乘积可测空间．$\mathscr{C}$中元素称为可测矩形，$\sigma(\mathscr{C}) = \mathscr{A}_1 \times \mathscr{A}_2$中元素称为乘积空间的可测集．

值得注意的是一些初学者，常把$\mathscr{A}_1 \times \mathscr{A}_2$混淆为

$$\mathscr{A}_1 \times \mathscr{A}_2 = \{A_1 \times A_2: A_1 \in \mathscr{A}_1, A_2 \in \mathscr{A}_2\}.$$

实际上，$\{A_1 \times A_2: A_1 \in \mathscr{A}_1, A_2 \in \mathscr{A}_2\} = \mathscr{C}$ 而 $\mathscr{A}_1 \times \mathscr{A}_2 = \sigma(\mathscr{C})$．一般说来，集类$\mathscr{C}$不是$\sigma$域，从性质5可见$\mathscr{C}$甚至对“余”运算一般说来都不封闭，因此，$\mathscr{C} \neq \sigma(\mathscr{C})$．

例6　设$\Omega_1 = \{0, 1\}$，$\mathscr{A}_1 = \{\phi, \{0\}, \{1\}, \{0, 1\}\}$，$\Omega_2 = \{2, 3\}$，$\mathscr{A}_2 = \{\phi, \{2\}, \{3\}, \{2, 3\}\}$．则

$$\begin{aligned}\mathscr{C} &= \{A_1 \times A_2: A_1 \in \mathscr{A}_1, A_2 \in \mathscr{A}_2\} \\ &= \{\phi, \{(0, 2)\}, \{(0, 3)\}, \{(1, 2)\}, \{(1, 3)\}, \\ &\quad \{(0, 2), (0, 3)\}, \{(1, 2), (1, 3)\}, \{(0, 2), \\ &\quad (0, 3), (1, 2), (1, 3)\}, \{(0, 2), (1, 2)\}, \{(0, 3), \\ &\quad (1,3)\}\}.\end{aligned}$$

$\mathscr{A}_1 \times \mathscr{A}_2 = \sigma(\mathscr{C})$除了包括可测矩形全体$\mathscr{C}$以外，还包括集

$$E_1 = \{(0, 2), (1, 3)\} = \{0\} \times \{2\} + \{1\} \times \{3\},$$

$$E_2 = \{(0, 3), (1, 2)\} = \{0\} \times \{3\} + \{1\} \times \{2\}.$$

E_1和E_2都不是矩形，但它们都可写成二个可测矩形的和．这个例子因$\mathscr{A}_1, \mathscr{A}_2$的结构都很简单，所以$\mathscr{A}_1 \times \mathscr{A}_2$比可测矩形全体$\mathscr{C}$只多了六个集，对于结构较复杂的$\mathscr{A}_1, \mathscr{A}_2$，就可能多得多．

定理 5.1　(i) 若$X(\omega_1, \omega_2)$是$\mathscr{A}_1 \times \mathscr{A}_2$可测函数，则对每个固定的$\omega_1 \in \Omega_1$（或$\omega_2 \in \Omega_2$）截口函数$X_{\omega_1}(\omega_2)$是$\mathscr{A}_2$可测函数（对应地，$X_{\omega_2}(\omega_1)$是$\mathscr{A}_1$可测函数）．

(ii) 若E是$\mathscr{A}_1 \times \mathscr{A}_2$可测集，则对每个固定的$\omega_1 \in \Omega_1$（或$\omega_2 \in \Omega_2$），截口集$E(\omega_1)$是$\mathscr{A}_2$可测集（对应地，$E(\omega_2)$是$\mathscr{A}_1$可测集）．

证　利用$\mathscr{L}$-$\mathscr{H}$系方法证明 (i)．令

$$\mathscr{H} = \{X(\omega_1, \omega_2): \text{使本定理 (i) 结论成立的 } \Omega_1 \times \Omega_2 \text{ 上的函数 } X(\omega_1, \omega_2)\},$$

$$\mathscr{H}=\{一切\ \sigma(\mathscr{C})=\mathscr{A}_1\times\mathscr{A}_2\ 可测的函数全体\},$$

$\mathscr{C}$ 为 (5.8) 所定义.

$\mathscr{L}=\{一切\ \Omega_1\times\Omega_2$ 上的函数全体$\}$,显然是"加减系". 下面分步验证 $\mathscr{L}$-$\mathscr{H}$ 系方法中的条件.

(a) $\mathscr{C}$ 是 π 类. 由性质 4 得到.

(b) $\mathscr{H}\supset I_{\mathscr{C}}$. 设 $X\in I_{\mathscr{C}}$, 则 $X=\chi_{A_1\times A_2}$, $A_i\in\mathscr{A}_i$ $(i=1,2)$. 易证,这时有

$$X_{\omega_1}(\omega_2)=\begin{cases}\chi_{A_2}(\omega_2), & \omega_1\in A_1,\\ 0, & \omega_1\bar{\in} A_1,\end{cases}$$

$$X_{\omega_2}(\omega_1)=\begin{cases}\chi_{A_1}(\omega_1), & \omega_2\in A_2,\\ 0, & \omega_2\bar{\in} A_2\end{cases}\tag{5.9}$$

成立, 故对每个固定的 $\omega_1\in\Omega_1$ (或 $\omega_2\in\Omega_2$) 有 $X_{\omega_1}(\omega_2)$ 是 $\mathscr{A}_2$ 可测的(对应地, $X_{\omega_2}(\omega_1)$ 是 $\mathscr{A}_1$ 可测的). 因而 $X\in\mathscr{H}$. 所以 $I_{\mathscr{C}}\subset\mathscr{H}$.

(c) $\mathscr{H}$ 是 $\mathscr{L}$ 系.

($\mathscr{L}_1$) $1\in\mathscr{H}$ 是显然的.

($\mathscr{L}_2$) 线性封闭性,可由性质 9

$$\begin{aligned}[\alpha X+\beta Y]_{\omega_1}(\omega_2)&=\alpha X(\omega_1,\omega_2)+\beta Y(\omega_1,\omega_2)\\&=\alpha X_{\omega_1}(\omega_2)+\beta Y_{\omega_1}(\omega_2),\\ [\alpha X+\beta Y]_{\omega_2}(\omega_2)&=\alpha X(\omega_1,\omega_2)+\beta Y(\omega_1,\omega_2)\\&=\alpha X_{\omega_2}(\omega_1)+\beta Y_{\omega_2}(\omega_1)\end{aligned}$$

及可测函数的线性性而得.

($\mathscr{L}_3$) 单调极限封闭性 设 $\{X_n:n\geqslant 1\}\subset\mathscr{H}$, $0\leqslant X\uparrow X(n\to\infty)$(自然 $X\in\mathscr{L}$, 若假定 X 有界更有下面结论), 则 $[X_n]_{\omega_1}(\omega_2)$ 对 $\mathscr{A}_2$ 可测 $(n=1,2,3\cdots)$. 由性质 7 知 $0\leqslant[X_n]_{\omega_1}(\omega_2)\uparrow X_{\omega_1}(\omega_2)$ $(n\to\infty)$, 由可测函数的性质知 $X_{\omega_1}(\omega_2)$ 是 $\mathscr{A}_2$ 可测的, 同理可证 $X_{\omega_2}(\omega_1)$ 是 $\mathscr{A}_1$ 可测的,所以 $X\in\mathscr{H}$.

由 (a)(b)(c) 及第三章定理 3.5 知 $\mathscr{H}\supset\mathscr{L}\cap\mathscr{H}=\mathscr{H}$, 所以 (i) 成立.

(ii) 因 $E\in\mathscr{A}_1\times\mathscr{A}_2$ 等价于 $\chi_E(\omega_1,\omega_2)$ 是 $\mathscr{A}_1\times\mathscr{A}_2$ 可

测函数. 由 (i) 及 (5.6) 式知 $\chi_{E(\omega_1)}(\omega_2) = [\chi_E]_{\omega_1}(\omega_2)$ 是 $\mathscr{A}_2$ 可测的, $\chi_{E(\omega_2)}(\omega_1) = [\chi_E]_{\omega_2}(\omega_1)$ 是 $\mathscr{A}_1$ 可测的, 所以 $E(\omega_1) \in \mathscr{A}_2$, $E(\omega_2) \in \mathscr{A}_1$. 证完.

读者也可以用 λ-π 类方法先证明 (ii), 尔后再用可测函数的构造定理证明(i).

§5.2 有限维独立乘积测度的构造及傅比尼定理

我们进而研究乘积空间的测度, 考虑乘积空间的每个分支空间 $(\Omega_1, \mathscr{A}_1)$, $(\Omega_2, \mathscr{A}_2)$ 不仅是可测空间, 而且还是测度空间 $(\Omega, \mathscr{A}_1, P_1)$, $(\Omega_2, \mathscr{A}_2, P_2)$ 的情形. 乘积可测空间 $(\Omega_1 \times \Omega_2, \mathscr{A}_1 \times \mathscr{A}_2)$ 的构造已如前述, 本节就是要进一步由 P_1, P_2 来构造 $(\Omega_1 \times \Omega_2, \mathscr{A}_1 \times \mathscr{A}_2)$ 上的测度, 因为 $\mathscr{A}_1 \times \mathscr{A}_2 = \sigma(\mathscr{C})$, 一般说来, 结构比较复杂, 要直接在它上面构造是不容易的. 因此, 我们先在较简单的类 $\mathscr{C}$ 上构造, 而后把它拓展到 $\sigma(\mathscr{C}) = \mathscr{A}_1 \times \mathscr{A}$ 上去. 正如大家所熟知的平面上矩形的面积是等于二个边的长度的乘积, 自然, 我们对 $\mathscr{C}$ 中集的测度 P 定义为

$$P(A_1 \times A_2) = P_1(A_1) \cdot P_2(A_2), \quad A_i \in \mathscr{A}_i, \quad (i = 1, 2). \tag{5.10}$$

一个直接的办法是先将 P 由 $\mathscr{C}$ 拓展到它的最小域上去, 而后再利用拓展定理将它拓展到 $\sigma(\mathscr{C})$ 上去. 这个办法虽然很直接, 但证明起来非常麻烦. 因此, 我们采取下面比较简捷的办法, 直接证明由 (5.10) 定义的 $\mathscr{C}$ 上的集函数 P, 在 P_1 和 P_2 都是 σ 有穷的条件下, 拓展到 $\sigma(\mathscr{C})$ 上的拓展测度是存在且唯一的. 这个测度, 我们就称为 P_1 和 P_2 的独立乘积测度或直积测度, 以 $P_1 \times P_2$ 表之. 而 $(\Omega_1 \times \Omega_2, \mathscr{A}_1 \times \mathscr{A}_2, P_1 \times P_2)$ 称为分支测度空间 $(\Omega_i, \mathscr{A}_i, P_i)$ $(i = 1, 2)$ 的独立乘积或直积测度空间. "独立"是概率论的术语, 本文使用这一术语是因为它与 (如本章 § 4) 我们将要研究的独立随机变数的理论有紧密的联系.

引理 5.1 设 $(\Omega_i, \mathscr{A}_i, P_i)$ $(i = 1, 2)$ 是 σ 有穷测度空间, 则

对任意 $E \in \mathscr{A}_1 \times \mathscr{A}_2$, $\omega_i \in \Omega_i\ (i=1,2)$, 都有

(i) $P_2(E(\omega_1))$ 是非负 $\mathscr{A}_1$ 可测函数, $P_1(E(\omega_2))$ 是非负 $\mathscr{A}_2$ 可测函数.

(ii) $$\int_{\Omega_1} P_2(E(\omega_1))dP_1 = \int_{\Omega_2} P_1(E(\omega_2))dP_2. \tag{5.11}$$

证 先设 P_1, P_2 有穷. 用 λ-π 类方法证明. 令

$$\mathscr{F} = \{E: E \subset \Omega_1 \times \Omega_2, \text{使 (i) 和 (ii) 成立}\}.$$

读者不难验证 $\mathscr{F}$ 是 λ 类. 下证 $\mathscr{F} \supset \mathscr{C}$. 事实上, 设 $E = A_1 \times A_2$, $A_i \in \mathscr{A}_i\ (i=1,2)$, 由于

$$E(\omega_1) = \begin{cases} A_2, & \omega_1 \in A_1, \\ \phi, & \omega_1 \bar{\in} A_1, \end{cases}$$

$$E(\omega_2) = \begin{cases} A_1, & \omega_2 \in A_2, \\ \phi, & \omega_2 \bar{\in} A_2 \end{cases}$$

成立, 故

$$P_2(E(\omega_1)) = \begin{cases} P_2(A_2), & \omega_1 \in A_1, \\ 0, & \omega_1 \bar{\in} A_1, \end{cases}$$

$$P_1(E(\omega_2)) = \begin{cases} P_1(A_1), & \omega_2 \in A_2, \\ 0, & \omega_2 \bar{\in} A_2 \end{cases}$$

成立, 亦即

$$P_2(E(\omega_1)) = P_2(A_2)\chi_{A_1}(\omega_1),$$
$$P_1(E(\omega_2)) = P_1(A_1)\chi_{A_2}(\omega_2)$$

成立, 所以 (i) 成立且

$$\int_{\Omega_1} P_2(E(\omega_1))dP_1 = P_2(A_2)P_1(A_1) = \int_{\Omega_2} P_1(E(\omega_2))dP_2, \tag{5.12}$$

即 (ii) 成立. 所以 $E = A_1 \times A_2 \in \mathscr{F}$, 故 $\mathscr{C} \subset \mathscr{F}$. 由第一章定理 1.5 知 $\mathscr{F} \supset \sigma(\mathscr{C}) = \mathscr{A}_1 \times \mathscr{A}_2$, 故引理对 P_1 和 P_2 有穷时得证.

次证 P_1, P_2 σ 有穷的情形. 这时存在 $\{A_i^{(n)}: n \geqslant 1\} \subset \Omega_i$, 使得对每个 $i=1,2$; $n \geqslant 1$ 有

$$P_i(A_i^{(n)}) < +\infty \text{ 和 } \sum_{n=1}^{\infty} A_i^{(n)} = \Omega_i. \tag{5.13}$$

将 $A_2^{(n)}$ 视为前一情形中的 Ω_2，而将 $A_1^{(m)}$ 视为前一情形中的 Ω_1，于是由前证可知：对每个 $m, n \geqslant 1$ 有

(i) $P_2(E(\omega_1)A_2^{(n)})$ 是非负 $\mathscr{A}_1$ 可测的且 $P_1(E(\omega_2)\cap A_1^{(m)})$ 是非负 $\mathscr{A}_2$ 可测的.

(ii) $\int_{A_1^{(m)}} P_2(E(\omega_1)\cap A_2^{(n)})dP_1 = \int_{A_2^{(n)}} P(E(\omega_2)\cap A_1^{(m)})dP_2.$

再由测度的 σ 加性及单调收敛定理之系可得

$$P_2(E(\omega_1)) = \sum_{n=1}^{\infty} P_2(E(\omega_1)A_2^{(n)})$$

$$P_1(E(\omega_2)) = \sum_{m=1}^{\infty} P_1(E(\omega_2)\cap A_1^{(m)}),$$

$$\begin{aligned}
\int_{\Omega_1} P_2(E(\omega_1))dP_1 &= \sum_{m=1}^{\infty} \int_{A_1^{(m)}} P_2(E(\omega_1))dP_1 \\
&= \sum_{m=1}^{\infty} \sum_{n=1}^{\infty} \int_{A_1^{(m)}} P_2(E(\omega_1)\cap A_2^{(n)})dP_1 \\
&= \sum_{m=1}^{\infty} \sum_{n=1}^{\infty} \int_{A_2^{(n)}} P_1(E(\omega_2)\cap A_1^{(m)})dP_2 \\
&= \sum_{n=1}^{\infty} \sum_{m=1}^{\infty} \int_{A_2^{(n)}} P_1(E(\omega_2)\cap A_1^{(m)})dP_2 \\
&= \sum_{n=1}^{\infty} \int_{A_2^{(n)}} P_1(E(\omega_2))dP_2 \\
&= \int_{\Omega_2} P_1(E(\omega_2))dP_2.
\end{aligned}$$

从而得证引理. 证完.

根据引理 5.1，自然，我们定义 $\mathscr{A}_1 \times \mathscr{A}_2$ 上集函数 P 为:

$$P(E) = \int_{\Omega_1} P_2(E(\omega_1))dP_1, \quad \left(\text{或} \int_{\Omega_2} P_2(E(\omega_2))\, dP_2\right)$$

$$E \in \mathscr{A}_1 \times \mathscr{A}_2. \tag{5.14}$$

由 (5.12) 知 (5.10) 成立，若果能证明这样定义的 P 是 $\mathscr{A}_1\times\mathscr{A}_2$ 上测度的话，于是我们就证明了独立乘积测度的存在性．如果再能证明在 $\mathscr{A}_1\times\mathscr{A}_2$ 上任何满足 (5.10) 的测度 P' 都有 $P=P'$ 的话，则此测度是唯一的．

引理 5.2 若 $(\Omega_i,\mathscr{A}_i,P_i)\ (i=1,2)$ 都是 σ 有穷测度空间，则由 (5.14) 定义的 $\mathscr{A}_1\times\mathscr{A}_2$ 上的集函数 P 是 σ 有穷测度且 (5.10) 成立．任何满足 (5.10) 的 $\mathscr{A}_1\times\mathscr{A}_2$ 上测度 P' 都有 $P\equiv P'$．

证　只验证 σ 加性成立，测度的其余条件显然满足．由单调收敛定理的系及 (5.2) 知：对任意 $\{E_n:n\geqslant 1\}\subset\mathscr{A}_1\times\mathscr{A}_2$ 且 $E_n\cap E_m=\phi\ (n\neq m)$ 有

$$
\begin{aligned}
P\left(\sum_{n=1}^{\infty}E_n\right)&=\int_{\Omega_1}P_2\left(\left[\sum_{n=1}^{\infty}E_n\right](\omega_1)\right)dP_1\\
&=\int_{\Omega_1}P_2\left(\sum_{n=1}^{\infty}E_n(\omega_1)\right)dP_1\\
&=\int_{\Omega_1}\sum_{n=1}^{\infty}P_2(E_n(\omega_1))dP_1\\
&=\sum_{n=1}^{\infty}\int_{\Omega_1}P_2(E_n(\omega_1))dP_1=\sum_{n=1}^{\infty}P(E_n),
\end{aligned}
$$

所以 σ 加性成立．由 (5.13)，令

$$E_{mn}=A_1^{(m)}\times A_2^{(n)}\in\mathscr{C},$$

且

$$P(E_{mn})=P_1(A_1^{(m)})\cdot P_2(A_2^{(n)})<+\infty$$
$$(m,n=1,2,3,\cdots),$$
$$\Omega_1\times\Omega_2=\sum_{m=1}^{\infty}\sum_{n=1}^{\infty}E_{mn}.$$

所以 P 是 σ 有穷的．由 (5.12) 知 P 满足 (5.10)．用 λ-π 类方法证在 $\mathscr{A}_1\times\mathscr{A}_2$ 上 $P=P'$．对 m，$n\geqslant 1$，令

$$\mathscr{C}=\{A_1\times A_2:A_1\in\mathscr{A}_1,\ A_2\in\mathscr{A}_2\},$$

$$\mathscr{F}_{mn} = \{E: E \cap E_{mn} \in \mathscr{A}_1 \times \mathscr{A}_2$$
$$\text{且} P(E \cap E_{mn}) = P'(E \cap E_{mn})\}.$$

显然, $\mathscr{C}$ 是 π 类且对任意 $A_1 \times A_2 (A_1 \in \mathscr{A}_1, A_2 \in \mathscr{A}_2)$ 有

$$\begin{aligned} P((A_1 \times A_2) \cap E_{mn}) &= P((A_1 \times A_2) \cap (A_1^{(m)} \times A_2^{(n)})) \\ &= P(A_1 \cap A_1^{(m)} \times A_2 \cap A_2^{(n)}) \\ &= P'(A_1 \cap A_1^{(m)} \times A_2 \cap A_2^{(n)}) \\ &= P'((A_1 \times A_2) \cap E_{mn}) < +\infty, \end{aligned}$$

故 $\mathscr{C} \subset \mathscr{F}_{mn}$. 容易验证 $\mathscr{F}_{mn}$ 是 λ 类,因此

$$\mathscr{A}_1 \times \mathscr{A}_2 = \sigma(\mathscr{C}) \subset \mathscr{F}_{mn} \quad (m, n = 1, 2, 3, \cdots),$$

亦即对任意 $E \in \mathscr{A}_1 \times \mathscr{A}_2$ 和 $m, n \geqslant 1$ 都有

$$P(E \cap E_{mn}) = P'(E \cap E_{mn}).$$

对 m, n 求和得

$$\begin{aligned} P(E) &= \sum_{n=1}^{\infty} \sum_{m=1}^{\infty} P(E \cap E_{mn}) = \sum_{n=1}^{\infty} \sum_{m=1}^{\infty} P'(E \cap E_{mn}) \\ &= P'(E). \end{aligned}$$

所以在 $\mathscr{A}_1 \times \mathscr{A}_2$ 上 $P \equiv P'$. 证完.

引理 5.2 证明了独立(即满足 (5.10)) 乘积测度 P 在 $(\Omega_1 \times \Omega_2, \mathscr{A}_1 \times \mathscr{A}_2)$ 上的存在性和唯一性. 因此我们可引进下述定义.

定义 5.5 设 $(\Omega_1, \mathscr{A}_1, P_1)$ 和 $(\Omega_2, \mathscr{A}_2, P_2)$ 都是 σ 有穷测度空间, P 是 $(\Omega_1 \times \Omega_2, \mathscr{A}_1 \times \mathscr{A}_2)$ 上满足

$$P(A_1 \times A_2) = P_1(A_1) \cdot P_2(A_2),$$
$$A_1 \in \mathscr{A}_1, \ A_2 \in \mathscr{A}_2$$

的测度. 则称 P 为 P_1 和 P_2 的独立乘积或直积测度,并以 $P_1 \times P_2$ 记此测度 P. 称 $(\Omega_1 \times \Omega_2, \mathscr{A}_1 \times \mathscr{A}_2, P_1 \times P_2)$ 为分支测度空间 $(\Omega_1, \mathscr{A}_1, P_1)$ 和 $(\Omega_2, \mathscr{A}_2, P_2)$ 的独立乘积或直积测度空间.

下面我们要讲述一个关于独立乘积测度空间 $(\Omega_1 \times \Omega_2, \mathscr{A}_1 \times \mathscr{A}_2, P_1 \times P_2)$ 上的积分 (称重积分) 与每个分支测度空间上的积分(累次积分)的关系. 这在今后有重要用途,希读者熟记之.

定理 5.2 (傅比尼定理) 设 $(\Omega_i, \mathscr{A}_i, P_i)$ $(i = 1, 2)$ 是 σ 有穷测度空间, $(\Omega_1 \times \Omega_2, \mathscr{A}_1 \times \mathscr{A}_2, P_1 \times P_2)$ 是它们的独立乘积

测度空间．若条件

(F_1) $X(\omega_1, \omega_2)$ 是 $(\Omega_1 \times \Omega_2, \mathscr{A}_1 \times \mathscr{A}_2)$ 上非负可测函数；

(F_2) $X(\omega_1, \omega_2)$ 是 $(\Omega_1 \times \Omega_2, \mathscr{A}_1 \times \mathscr{A}_2, P_1 \times P_2)$ 上可积函数．两者之一满足，则

(i) $\int_{\Omega_2} X(\omega_1, \omega_2) dP_2$ 是 $(\Omega_1, \mathscr{A}_1)$ 可测函数，

$\int_{\Omega_1} X(\omega_1, \omega_2) dP_1$ 是 $(\Omega_2, \mathscr{A}_2)$ 可测函数．

并且在 (F_2) 条件下，它们还是 a. e. 有限的．

(ii)
$$\int_{\Omega_1 \times \Omega_2} X(\omega_1, \omega_2) dP_1 \times P_2 = \int_{\Omega_1} \left\{ \int_{\Omega_2} X(\omega_1, \omega_2) dP_2 \right\} dP_1$$
$$= \int_{\Omega_2} \left\{ \int_{\Omega_1} X(\omega_1, \omega_2) dP_1 \right\} dP_2. \tag{5.15}$$

证　先证条件 (F_1) 满足的情形．根据可测函数的构造性定理（定理 3.4）知，存在一个非负的不减简单函数列：

$$X_n(\omega_1, \omega_2) = \sum_{i=1}^{K_n} a_{ni} \chi_{E_{ni}}(\omega_1, \omega_2),\ (\omega_1, \omega_2) \in \Omega_1 \times \Omega_2,$$
$$n \geqslant 1,$$

其中 a_{ni} 是常数，$E_{ni} \in \mathscr{A}_1 \times \mathscr{A}_2$ $(i = 1, 2, \cdots, K_n, n \geqslant 1)$，使得当 $n \to \infty$ 时，对一切 $(\omega_1, \omega_2) \in \Omega_1 \times \Omega_2$ 有

$$0 \leqslant X_n(\omega_1, \omega_2) \uparrow X(\omega_1, \omega_2).$$

利用引理 5.1 及 (5.14) 可得，对每个 $i = 1, 2, \cdots, K_n, n \geqslant 1$ 有

$$\int_{\Omega_2} \chi_{E_{ni}}(\omega_1, \omega_2) dP_2 = \int_{\Omega_2} \chi_{E_{ni}(\omega_1)}(\omega_2) dP_2$$
$$= P_2(E_{ni}(\omega_1)) \text{ 是 } (\Omega_1, \mathscr{A}_1) \text{ 可测；}$$
$$\int_{\Omega_1} \chi_{E_{ni}}(\omega_1, \omega_2) dP_1 = \int_{\Omega_1} \chi_{E_{ni}(\omega_2)}(\omega_1) dP_1$$
$$= P_1(E_{ni}(\omega_2)) \text{ 是 } (\Omega_2, \mathscr{A}_2) \text{ 可测．}$$

由可测函数及积分的线性性可得，对每个 $n \geqslant 1$ 有

$$\int_{\Omega_2} X_n(\omega_1, \omega_2) dP_2 = \sum_{i=1}^{K_n} a_{ni} \int_{\Omega_2} \chi_{E_{ni}}(\omega_1, \omega_2) dP_2$$

$$= \sum_{i=1}^{K_n} a_{ni} P_2(E_{ni}(\omega_1))$$

是 $(\Omega_1, \mathscr{A}_1)$ 可测函数，

$$\int_{\Omega_1} X_n(\omega_1, \omega_2) dP_1 = \sum_{i=1}^{K_n} a_{ni} \int_{\Omega_1} \chi_{E_{ni}}(\omega_1, \omega_2) dP_1$$

$$= \sum_{i=1}^{K_n} a_{ni} P_1(E_{ni}(\omega_2))$$

是 $(\Omega_2, \mathscr{A}_2)$ 可测函数．再由可测函数的极限函数仍可测及单调收敛定理可得，当 $n \to \infty$ 时

$$\int_{\Omega_2} X_n(\omega_1, \omega_2) dP_2 \uparrow \int_{\Omega_2} X(\omega_1, \omega_2) dP_2 \text{ 是 } (\Omega_1, \mathscr{A}_1) \text{ 可测；}$$

$$\int_{\Omega_1} X_n(\omega_1, \omega_2) dP_1 \uparrow \int_{\Omega_1} X(\omega_1, \omega_2) dP_1 \text{ 是 } (\Omega_2, \mathscr{A}_2) \text{ 可测，}$$

即 (i) 成立．并且由引理 5.1 的 (5.11)，对 $n \geqslant 1$ 还有

$$\int_{\Omega_1 \times \Omega_2} X_n(\omega_1, \omega_2) dP_1 \times P_2 = \sum_{i=1}^{K_n} a_{ni} P_1 \times P_2(E_{ni})$$

$$= \sum_{i=1}^{K_n} a_{ni} \int_{\Omega_1} P_2(E_{ni}(\omega_1)) dP_1 = \int_{\Omega_1} \left\{ \int_{\Omega_2} X_n(\omega_1, \omega_2) dP_2 \right\} dP_1$$

$$= \sum_{i=1}^{K_n} a_{ni} \int_{\Omega_2} P_1(E_{ni}(\omega_2)) dP_2 = \int_{\Omega_2} \left\{ \int_{\Omega_1} X_n(\omega_1, \omega_2) dP_1 \right\} dP_2 .$$

令 $n \to \infty$，利用单调收敛定理可得 (5.14)，亦即 (ii) 成立．

次证条件 (F_2) 满足的情形．因 $X(\omega_1, \omega_2)$ 对 $(\Omega_1 \times \Omega_2, \mathscr{A}_1 \times \mathscr{A}_2, P_1 \times P_2)$ 可积等价于 $\int_\Omega X^{\pm}(\omega_1, \omega_2) dP_1 \times P_2 < +\infty$，而 $X^{\pm}(\omega_1, \omega_2)$ 是 $(\Omega_1 \times \Omega_2, \mathscr{A}_1 \times \mathscr{A}_2)$ 上非负可测函数，由前证知

$$\int_{\Omega_2} X^{\pm}(\omega_1, \omega_2) dP_2 \text{ 是 } (\Omega_1, \mathscr{A}_1) \text{ 可测函数，}$$

$$\int_{\Omega_1} X^{\pm}(\omega_1, \omega_2) dP_1 \text{ 是 } (\Omega_2, \mathscr{A}_2) \text{ 可测函数，}$$

$$0 \leqslant \int_{\Omega_1 \times \Omega_2} X^{\pm}(\omega_1, \omega_2) dP_1 \times P_2 = \int_{\Omega_1} \left\{ \int_{\Omega_2} X^{\pm}(\omega_1, \omega_2) dP_2 \right\} dP_1$$

$$= \int_{\Omega_2} \left\{ \int_{\Omega_1} X^{\pm}(\omega_1, \omega_2) dP_1 \right\} dP_2 < +\infty.$$

因此

$$\int_{\Omega_2} X^{\pm}(\omega_1, \omega_2) dP_2 \text{ 还是 a.e. } [P_1] \text{ 有限的},$$

$$\int_{\Omega_1} X^{\pm}(\omega_1, \omega_2) dP_1 \text{ 还是 a.e. } [P_2] \text{ 有限的}.$$

从而,由 $X = X^+ - X^-$ 及积分的线性性有

$$\int_{\Omega_2} X(\omega_1, \omega_2) dP_2 = \int_{\Omega_2} X^+(\omega_1, \omega_2) dP_2 - \int_{\Omega_2} X^-(\omega_1, \omega_2) dP_2$$

是 a.e. $[P_1]$ 有限的.

$$\int_{\Omega_1} X(\omega_1, \omega_2) dP_1 = \int_{\Omega_1} X^+(\omega_1, \omega_2) dP_1 - \int_{\Omega_1} X^-(\omega_1, \omega_2) dP_1$$

是 a.e. $[P_2]$ 有限的,并且

$$\begin{aligned}
&\int_{\Omega_1 \times \Omega_2} X(\omega_1, \omega_2) dP_1 \times P_2 = \int_{\Omega_1 \times \Omega_2} X^+(\omega_1, \omega_2) dP_1 \times P_2 \\
&\quad - \int_{\Omega_1 \times \Omega_2} X^-(\omega_1, \omega_2) dP_1 \times P_2 = \int_{\Omega_1} \left\{ \int_{\Omega_2} X^+(\omega_1, \omega_2) dP_2 \right\} dP_1 \\
&\quad - \int_{\Omega_1} \left\{ \int_{\Omega_2} X^-(\omega_1, \omega_2) dP_2 \right\} dP_1 = \int_{\Omega_1} \left\{ \int_{\Omega_2} X^+(\omega_1, \omega_2) dP_2 \right. \\
&\quad \left. - \int_{\Omega_2} X^-(\omega_1, \omega_2) dP_2 \right\} dP_1 = \int_{\Omega_1} \left\{ \int_{\Omega_2} [X^+(\omega_1, \omega_2) \right. \\
&\quad \left. - X^-(\omega_1, \omega_2)] dP_2 \right\} dP_1 = \int_{\Omega_1} \left\{ \int_{\Omega_2} X(\omega_1, \omega_2) dP_2 \right\} dP_1.
\end{aligned}$$

同理

$$\int_{\Omega_1 \times \Omega_2} X(\omega_1, \omega_2) dP_1 \times P_2 = \int_{\Omega_2} \left\{ \int_{\Omega_1} X(\omega_1, \omega_2) dP_1 \right\} dP_2.$$

因此结论 (i) 和 (ii) 成立.

本定理利用 $\mathscr{L}$-$\mathscr{H}$ 系方法证明更为简便,先对条件 (F_2) 证之. 令

$$\mathscr{L}=\{X(\omega_1,\omega_2):X(\omega_1,\omega_2)\text{ 是 }(\Omega_1\times\Omega_2,\mathscr{A}_1\times\mathscr{A}_2,$$
$$P_1\times P_2)\text{ 上可积函数}\},$$

$$\mathscr{K}=\{X(\omega_1,\omega_2):X(\omega_1,\omega_2)\text{ 是 }\mathscr{A}_1\times\mathscr{A}_2=\sigma(\mathscr{C})$$
$$\text{可测函数}\},$$

$$\mathscr{H}=\{X(\omega_1,\omega_2):X(\omega_1,\omega_2)\text{ 使结论 (i) 和 (ii) 成立}\},$$

其中 $\mathscr{C}=\{A_1\times A_2:A_1\in\mathscr{A}_1,A_2\in\mathscr{A}_2\}$ 由性质 4 知它是 π 类. 又因 X 可积等价于 $X^{\pm}$ 可积, 故知 $\mathscr{L}$ 是加减系. 若能证明 $I_{\mathscr{C}}\subset\mathscr{H}$ 且 $\mathscr{H}$ 是 $\mathscr{L}$ 系, 则 $\mathscr{K}\cap\mathscr{L}\subset\mathscr{H}$, 即条件 (F_2) 下定理的结论 (i) 和 (ii) 成立. 首先验证 $I_{\mathscr{C}}\subset\mathscr{H}$.

设 $A_1\in\mathscr{A}_1,A_2\in\mathscr{A}_2$, $E=A_1\times A_2$, 则

$$E(\omega_1)=\begin{cases}A_2, & \omega_1\in A_1,\\ \phi, & \omega_1\bar{\in}A_1,\end{cases}$$

$$E(\omega_2)=\begin{cases}A_1, & \omega_2\in A_2,\\ \phi, & \omega_2\bar{\in}A_2.\end{cases}$$

根据性质 8

$$\begin{aligned}\int_{\Omega_2}\chi_E(\omega_1,\omega_2)dP_2&=\int_{\Omega_2}\chi_{E(\omega_1)}(\omega_2)dP_2\\&=\int_{\Omega_2}\chi_{A_1}(\omega_1)\chi_{A_2}(\omega_2)dP_2\\&=\chi_{A_1}(\omega_1)P_2(A_2)\end{aligned}$$

是 $(\Omega_1,\mathscr{A}_1)$ 可测函数且 a. e. $[P_1]$ 有限,

$$\begin{aligned}\int_{\Omega_1}\chi_E(\omega_1,\omega_2)dP_1&=\int_{\Omega_1}\chi_{A_1}(\omega_1)\chi_{A_2}(\omega_2)dP_1\\&=P_1(A_1)\chi_{A_2}(\omega_2)\end{aligned}$$

是 $(\Omega_2,\mathscr{A}_2)$ 可测函数且 a. e. $[P_2]$ 有限.

$$\begin{aligned}\int_{\Omega_1\times\Omega_2}\chi_E(\omega_1,\omega_2)dP_1\times P_2&=P_1\times P_2(E)\\&=P_1\times P_2(A_1\times A_2)=P_1(A_1)\cdot P_2(A_2),\end{aligned}$$

$$\begin{aligned}\int_{\Omega_1}\left\{\int_{\Omega_2}\chi_E(\omega_1,\omega_2)dP_2\right\}dP_1&=\int_{\Omega_1}\chi_{A_1}(\omega_1)P_2(A_2)dP_1\\&=P_1(A_1)\cdot P_2(A_2),\end{aligned}$$

$$\int_{\Omega_2}\left\{\int_{\Omega_1}\chi_E(\omega_1,\omega_2)dP_1\right\}dP_2=\int_{\Omega_2}P_1(A_1)\chi_{A_2}(\omega_2)dP_2$$
$$=P_1(A_1)\cdot P_2(A_2).$$

因此结论 (i) 和 (ii) 对 $\chi_{A_1\times A_2}(A_1\in\mathscr{A}_1,A_2\in\mathscr{A}_2)$ 成立，所以 $I_{\mathscr{C}}\subset\mathscr{H}$. 下面验证 $\mathscr{H}$ 是 $\mathscr{L}$ 系:

($\mathscr{L}_1$) $X(\omega_1,\omega_2)\equiv 1$, 即 $X(\omega_1,\omega_2)=\chi_{\Omega_1\times\Omega_2}(\omega_1,\omega_2)$ 由上证知 $\chi_{\Omega_1\times\Omega_2}(\omega_1,\omega_2)\in\mathscr{H}$.

($\mathscr{L}_2$) 线性封闭性　设 $X_1,X_2\in\mathscr{H}$, c_1,c_2 是常数,则 $X_1(\omega_1,\omega_2)$ 和 $X_2(\omega_1,\omega_2)$ 使得结论 (i) 和 (ii) 成立. 根据可测函数及积分的线性性可得

$$c_1X_1(\omega_1,\omega_2)+c_2X_2(\omega_1,\omega_2)$$

满足结论 (i) 和 (ii), 即 $c_1X_1+c_2X_2\in\mathscr{H}$.

($\mathscr{L}_3$) 单调极限封闭性　设 $\{X_n:n\geqslant 1\}\subset\mathscr{H}$, $0\leqslant X_n\uparrow X$ 且 $X\in\mathscr{L}$ 或 X 有界. 则对任意 $n\geqslant 1$ 有

(i) $\int_{\Omega_2}X_n(\omega_1,\omega_2)dP_2$ 是 a. e. $[P_1]$ 有限 $\mathscr{A}_1$ 可测函数且是不减列. $\int_{\Omega_1}X_n(\omega_1,\omega_2)dP_1$ 是 a. e. $[P_2]$ 有限 $\mathscr{A}_2$ 可测函数且是不减列.

(ii) $$\int_{\Omega_1\times\Omega_2}X_n(\omega_1,\omega_2)dP_1\times P_2=\int_{\Omega_1}\left\{\int_{\Omega_2}X_n(\omega_1,\omega_2)dP_2\right\}dP_1$$
$$=\int_{\Omega_2}\left\{\int_{\Omega_1}X_n(\omega_1,\omega_2)dP_1\right\}dP_2.$$

令 $n\to\infty$, 利用单调收敛定理和可测函数的极限函数仍可测得知

(i) $\int_{\Omega_2}X(\omega_1,\omega_2)dP_2$ 是 $\mathscr{A}_1$ 可测函数,

$\int_{\Omega_1}X(\omega_1,\omega_2)dP_1$ 是 $\mathscr{A}_2$ 可测函数.

(ii) $$\int_{\Omega_1\times\Omega_2}X(\omega_1,\omega_2)dP_1\times dP_2=\int_{\Omega_2}\left\{\int_{\Omega_1}X(\omega_1,\omega_2)dP_1\right\}dP_2$$
$$=\int_{\Omega_1}\left\{\int_{\Omega_2}X(\omega_1,\omega_2)dP_2\right\}dP_1.$$

当 $X\in\mathscr{L}$ 时,则 $\int_{\Omega_1\times\Omega_2}|X(\omega_1,\omega_2)|dP_1\times P_2<+\infty$. 由 (ii) 可导

得 (i) a. e. 有限成立；当 X 有界时，利用 $(\Omega_1 \times \Omega_2, \mathscr{A}_1 \times \mathscr{A}_2, P_1 \times P_2)$ 的 σ 有穷性，亦可由 (ii) 导得 (i) 的 a. e. 有限性．故 $X \in \mathscr{H}$.

对条件 (F_1) 的情形，令

$$\mathscr{L}' = \{X(\omega_1, \omega_2): X(\omega_1, \omega_2) \text{ 在 } \Omega_1 \times \Omega_2 \text{ 上非负}\}.$$

显然 $\mathscr{L}'$ 是加减系，这时定理 5.2 等价于证明 $\mathscr{L}' \cap \mathscr{K} \subset \mathscr{H}$，而这只须证 $I_{\mathscr{C}} \subset \mathscr{H}$ 且 $\mathscr{H}$ 是 $\mathscr{L}'$ 系即可．前者已证，后者可类似 (F_2) 的情形证之．证完．

例 7　计算 $(\mathrm{R})\int_0^1\int_0^1 \cos(x+y)dxdy$ 的值．

因 $(\mathrm{R})\int_0^1\int_0^1 \cos(x+y)dxdy = \int_{[0,1]\times[0,1]} \cos(x+y)d\mu \times \mu$，其中 μ 表 L 测度．考虑 $(\Omega_i, \mathscr{A}_i, P_i) = ([0, 1], \mathscr{B}[0, 1], \mu)$ $(i = 1, 2)$，$\mathscr{B}[0, 1]$ 表 $[0, 1]$ 上的波莱尔集类．由于 $\cos(x+y)$ 是二元连续函数，易证，它必是 $\mathscr{B}[0, 1] \times \mathscr{B}[0, 1]$ 可测的．因 $|\cos(x+y)| \leqslant 1$，所以 $\cos(x+y)$ 对 $([0, 1] \times [0, 1], \mathscr{B}[0, 1] \times \mathscr{B}[0, 1], \mu \times \mu)$ 可积，由傅比尼定理知

$$\begin{aligned}
\int_{[0,1]\times[0,1]} \cos(x+y)d\mu \times \mu &= \int_{[0,1]} \left\{\int_{[0,1]} \cos(x+y)d\mu\right\} d\mu \\
&= (\mathrm{R})\int_0^1 \left\{(\mathrm{R})\int_0^1 \cos(x+y)dy\right\} dx \\
&= (\mathrm{R})\int_0^1 (\sin(x+1) - \sin x)dx \\
&= -\cos 2 + \cos 1 + \cos 1 - 1 \\
&= 2\cos 1 - \cos 2 - 1.
\end{aligned}$$

所以 $(\mathrm{R})\int_0^1\int_0^1 \cos(x+y)dxdy = 2\cos 1 - \cos 2 - 1.$

例 8　设 $\{X_n(\omega): n \geqslant 1\}$ 是非负 $\mathscr{A}$ 可测函数列，$(\Omega, \mathscr{A}, P)$ 是 σ 有穷测度空间，则

$$\sum_{n=1}^{\infty} \int_{\Omega} X_n(\omega)dP = \int_{\Omega} \sum_{n=1}^{\infty} X_n dP.$$

证　取 $(\Omega_1, \mathscr{A}_1, P_1)=(\Omega, \mathscr{A}, P)$，$(\Omega_2, \mathscr{A}_2, P_2)$ 为：$\Omega_2=$

$\{1, 2, 3, \cdots\}$, $\mathscr{A}_2 = S(\Omega_2)$, $P_2(A) = A$ 中点的个数. 易证: $X_n(\omega) = X(\omega, n)$ 是非负 $\mathscr{A}_1 \times \mathscr{A}_2$ 可测的. 由傅比尼定理的 (5.14) 得

$$\sum_{n=1}^{\infty} \int_{\Omega} X_n(\omega) dP = \int_{\Omega_2} \left\{ \int_{\Omega_1} X(\omega_1, \omega_2) dP_1 \right\} dP_2$$
$$= \int_{\Omega_1} \left\{ \int_{\Omega_2} X(\omega_1, \omega_2) dP_2 \right\} dP_1$$
$$= \int_{\Omega} \sum_{n=1}^{\infty} X_n(\omega) dP.$$

前面我们建立了两个因子的乘积空间的理论, 现在我们来研究怎样将这个理论扩充到有限个因子的场合. 设 n 是任意给定的正整数. 令

$$A_1 \times A_2 \times \cdots \times A_n = \{(\omega_1, \omega_2, \cdots, \omega_n): \omega_i \in A_i, i = 1, 2, \cdots, n\}.$$

称它为以 A_i $(i = 1, 2, \cdots, n)$ 为边的 n 维矩形. 其他关于乘积 σ 域及独立乘积或直积测度的构造方法, 也完全可类似于两个因子的情形,只不过相应地多增加一些因子罢了. 自然会想到,是否可以利用归纳法, 逐步由低维构造高维呢? 为此, 我们要探讨一下,对于"乘积", 正如同对于一种代数运算一样, 它是否满足结合律的问题,例如 A_1, A_2, A_3 是三个集,不改变它的顺序我们可作出三个集, $(A_1 \times A_2) \times A_3$, $A_1 \times (A_2 \times A_3)$ 和 $A_1 \times A_2 \times A_3$, 在怎样的意义下我们可以将这三个积集看作相等的呢? 显然, 它们并不是由相同元素组成的,将 $((\omega_1, \omega_2), \omega_3)$ 和 $(\omega_1, \omega_2, \omega_3)$ 混淆起来是不对的,然而在上述三个积集的两个之间,存在一个很自然的一一对应关系,这就是使点

$$((\omega_1, \omega_2), \omega_3), (\omega_1, (\omega_2, \omega_2)) \text{ 和 } (\omega_1, \omega_2, \omega_3)$$

相对应的关系, 对于乘积空间中的那些使我们感兴趣的结构性的性质(如乘积测度的构造, 傅比尼定理等)来说,这个对应关系,能使他们保持不变,因而我们可把它们视为恒等的. 从而,可用归纳法把二维扩充到 n 维上去.

§ 5.3 无穷维独立乘积测度空间的构造

设 T 是任意给定的无限个元素的参数集，常用的是 $T=\{1, 2, 3, \cdots\}$, $T=[a, b]$ 或 $T=(a, b)$ 等. $(\Omega_t, \mathscr{A}_t, P_t)$ 对每个 $t\in T$ 是概率空间. 自然我们定义 $\Omega_t(t\in T)$ 的乘积空间为

$$\prod_{t\in T}\Omega_t=\{(\omega(t), t\in T): \omega(t)\in\Omega_t, t\in T\}.$$

但在 $\prod\limits_{t\in T}\Omega_t$ 中构造乘积 σ 域和独立乘积或直积测度，就不是很明显的了. 我们将看到 $P_t(\Omega_t)=1$, $t\in T$ (概率空间)在独立乘积测度的构造中占有特别重要的地位，不是一个普通的条件.

在构造无穷维乘积 σ 域时，自然要借助于有限维的结果. 如下的"可测柱集"起着有限维情形中的可测矩形的作用，以它作为基本集.

定义 5.6 设 $(\Omega_t, \mathscr{A}_t)$ 对每个 $t\in T$ 都是可测空间，T 是参数集，T_N 是 T 的有限子集，$\left(\prod\limits_{t\in T_N}\Omega_t, \prod\limits_{t\in T_N}\mathscr{A}_t\right)$ 是有限维乘积可测空间，$B^{T_N}\in\prod\limits_{t\in T_N}\mathscr{A}_t$，我们把 $\prod\limits_{t\in T}\Omega_t$ 中的集

$$B^{T_N}\times\prod_{t\in T\setminus T_N}\Omega_t=\{(\omega(t), t\in T): (\omega(t), t\in T_N)\in B^{T_N},$$
$$\omega(t)\in\Omega_t, t\in T-T_N\} \tag{5.16}$$

称为一个可测柱集，B^{T_N} 称为该柱集的可测底. 令

$$\begin{aligned}\mathscr{C}^T&=\{\text{一切可测柱集全体}\}\\&=\{B^{T_N}\times\prod_{t\in T\setminus T_N}\Omega_t:\ \text{对任意有限集},\\&\qquad T_N=\{t_1, \cdots, t_N\}\subset T\ \text{和任意}\ B^{T_N}\in\mathscr{A}_{t_1}\\&\qquad\times\cdots\times\mathscr{A}_{t_N}\},\end{aligned} \tag{5.17}$$

其中 $\mathscr{A}_{t_1}\times\mathscr{A}_{t_2}\times\cdots\times\mathscr{A}_{t_N}$ 是 $\mathscr{A}_{t_1}, \mathscr{A}_{t_2}, \cdots, \mathscr{A}_{t_N}$ 的乘积 σ 域(参看前一节). 我们把 $\sigma(\mathscr{C}^T)$ 称为 $\{\mathscr{A}_t: t\in T\}$ 的乘积

σ 域,以 $\prod_{t\in T}\mathscr{A}_t$ 表之.

读者不难证明 $\mathscr{C}^T$ 是一个域. 在 $\mathscr{C}^T$ 上定义集函数 P^T 为

$$P^T\left(B^{T_N}\times\prod_{t\in T\setminus T_N}\Omega_t\right)=P_{t_1}\times P_{t_2}\times\cdots\times P_{t_N}(B_N^T),\quad(5.18)$$

其中 $P_{t_1}\times P_{t_2}\times\cdots\times P_{t_N}$ 是前节中定义的 $(\Omega_{t_i},\mathscr{A}_{t_i},P_{t_i})$, $i=1,2,\cdots,N$ 的独立乘积或直积测度. 特别地,若

$$B^{T_N}=A_{t_1}\times A_{t_2}\times\cdots\times A_{t_N},A_{t_i}\in\mathscr{A}_{t_i}$$
$$(i=1,2,\cdots,N),$$

则

$$P^T(A_{t_1}\times\cdots\times A_{t_N}\times\prod_{t\in T\setminus T_N}\Omega_t)$$
$$=P_{t_1}(A_{t_1})\cdot P_{t_2}(A_{t_2})\cdots P_{t_N}(A_{t_N}).\quad(5.19)$$

由于同一柱集的表现形式不是唯一的,例如

$$B^{T_N}\times\prod_{t\in T\setminus T_N}\Omega_t=(B^{T_N}\times\Omega_{t_{N+1}})\times\prod_{t\in T\setminus T_{N+1}}\Omega_t$$
$$=(B^{T_N}\times\Omega_{t_{N+1}}\times\cdots\times\Omega_{t_{N+m}})\times\prod_{t\in T\setminus T_{N+m}}\Omega_t$$
$$(m=1,2,3,\cdots),$$

同时,还可能与排列的顺序有关,因而一般说来由 (5.18) 定义的 P^T 与柱集的表现形式有关. 但由于我们假定了 $P_t(\Omega_t)=1$ $(t\in T)$, 再利用有限维独立乘积测度定义及 (5.18), 我们有: 对任意 $T_N=\{t_1,t_2,\cdots,t_N\}\subset T$,

$$P^T\left((B^{T_N}\times\Omega_{t_{N+1}}\times\cdots\times\Omega_{t_{N+m}})\times\prod_{t\in T\setminus T_{N+m}}\Omega_t\right)$$
$$=P_{t_1}\times P_{t_2}\times\cdots\times P_{t_N}\times\cdots\times P_{t_{N+m}}(B^{T_N}$$
$$\times\Omega_{t_{N+1}}\times\cdots\times\Omega_{t_{N+m}})=P_{t_1}\times P_{t_2}\times\cdots$$
$$\times P_{t_N}(B^{T_N})P_{t_{N+1}}(\Omega_{t_{N+1}})\cdots P_{t_{N+m}}(\Omega_{t_{N+m}})$$
$$=P_{t_1}\times P_{t_2}\times\cdots\times P_{t_N}(B^{T_N})$$
$$=P^T\left(B^{T_N}\times\prod_{t\in T\setminus T_N}\Omega_t\right).$$

显然，它与排列顺序无关．故(5.18)定义的 P^T 与柱集的表现形式和 T 中点排列的顺序无关，因而它是一个单值集函数．下证这个集函数是域 $\mathscr{C}^T$ 上测度．

引理 5.3 设 $\mathscr{C}^T$ 是由(5.17)定义的域，P^T 是由(5.18)定义的集函数，则 P^T 是 $\mathscr{C}^T$ 上概率测度．

证 显然 P^T 在 $\mathscr{C}^T$ 上非负，且

$$P^T(\phi)=0,\ P^T\left(\prod_{t\in T}\Omega_T\right)=P_t(\Omega_t)=1.$$

余下的只须证 σ 加性成立即可．先证有限加性成立，设 $A_1^T,\ A_2^T\in\mathscr{C}^T$ 且 $A_1^T\cap A_2^T=\phi$，则对 $i=1,2$ 必有

$$A_i^T=B^{T_{N_i}^{(i)}}\times\prod_{t\in T-T_{N_i}^{(i)}}\Omega_t,$$

$$T_{N_i}^{(i)}=\{t_1^{(i)},t_2^{(i)},\cdots,t_{N_i}^{(i)}\}\subset T\text{ 且}$$

$$B^{T_{N_i}^{(i)}}\in\prod_{t\in T_{N_i}^{(i)}}\mathscr{A}_t.$$

令 $T_N=T_{N_1}^{(1)}\cup T_{N_2}^{(2)}$ 仍是有限集且 $T_N\subset T$，对 $i=1,2$ 还有

$$A_i^T=B_i^{T_N}\times\prod_{t\in T-T_N}\Omega_t,$$

其中
$$B_i^{T_N}=B^{T_{N_i}^{(i)}}\times\prod_{t\in T_N-T_{N_i}^{(i)}}\Omega_t\in\prod_{t\in T_N}\mathscr{A}_t.$$

由于 $A_1^T\cap A_2^T=\phi$ 所以 $B_1^{T_N}\cap B_2^{T_N}=\phi$．由(5.18)知

$$\begin{aligned}P^T(A_1^T+A_2^T)&=\prod_{t\in T_N}P_t(B_1^{T_N}+B_2^{T_N})\\&=\prod_{t\in T_N}P_t(B_1^{T_N})+\prod_{t\in T_N}P_t(B_2^{T_N})\\&=P^T(A_1^T)+P^T(A_2^T),\end{aligned}$$

即 P^T 在 $\mathscr{C}^T$ 上有限加性成立．由测度的连续性公理与 σ 加性的等价定理，我们只需证：对任意 $\{A_n^T: n\geqslant 1\}\subset\mathscr{C}^T$ 且 $A_n^T\downarrow\phi$，有 $P^T(A_n^T)\downarrow 0$ 即可．

我们用反证法. 假若不然,则存在一个 $\varepsilon>0$ 使得

$$P^T(A_n^T)\geqslant\varepsilon>0\quad(n=1,2,3,\cdots)$$

成立,因 $\{A_n^T:n\geqslant 1\}\subset\mathscr{C}^T$, 故 A_n^T 可写为

$$A_n^T=B_n^{T_n}\times\prod_{t\in T-T_n}\Omega_t\text{ 且 }B_n^{T_n}\in\prod_{t\in T_n}\mathscr{A}_t\quad(n\geqslant 1).$$

不失一般性,不妨设 $T_n=\{t_1,t_2,\cdots,t_n\}$, 而

$$T_{n+1}=\{t_1,t_2,\cdots,t_n,t_{n+1}\}\quad(n\geqslant 1),$$

令

$$F_n^{(1)}=\left\{\omega_{t_1}:\prod_{t\in T_n-\{t_1\}}P_t(B_n^{T_n}(\omega_{t_1}))\geqslant\frac{\varepsilon}{2}\right\}\quad(n=2,3,\cdots),$$

其中 $B_n^T(\omega_{t_1})$ 是 n 维集 B_n^T 在 ω_{t_1} 点的截口集, 由有穷维乘积测度的构造 (5.11) 及 (5.18) 可得

$$\begin{aligned}P^T(A_n^T)&=\prod_{t\in T_n}P_t(B_n^{T_n})\\&=\int_{\Omega_{t_1}}\prod_{t\in T_n-\{t_1\}}P_t(B_n^{T_n}(\omega_{t_1}))dP_{t_1}\\&=\int_{F_n^{(1)}}\prod_{t\in T_n-\{t_1\}}P_t(B_n^{T_n}(\omega_{t_1}))dP_{t_1}\\&\qquad+\int_{[\Omega_{t_1}-F_n^{(1)}]}\prod_{t\in T_n-\{t_1\}}P_t(B_n^{T_n}(\omega_{t_1}))dP_{t_1}\\&\leqslant P_{t_1}(F_n^{(1)})+\frac{\varepsilon}{2}\quad(n=2,3,\cdots).\end{aligned}$$

故 $P_{t_1}(F_n^{(1)})\geqslant\varepsilon-\dfrac{\varepsilon}{2}=\dfrac{\varepsilon}{2}\,(n=2,3,\cdots)$. 另一方面, 由 $\{A_n^T:n\geqslant 1\}$ 不增易证 $\{F_n^{(1)}:n\geqslant 1\}$ 也不增, 根据 P_{t_1} 是 $(\Omega_{t_1},\mathscr{A}_{t_1})$ 上概率测度,可得

$$P_{t_1}\left(\bigcap_{n=2}^{\infty}F_n^{(1)}\right)=\lim_{n\to\infty}P_{t_1}(F_n^{(1)})\geqslant\frac{\varepsilon}{2}.$$

故 $\bigcap\limits_{n=1}^{\infty}F_n^{(1)}\neq\phi$, 所以存在一个点 $\bar{\omega}_{t_1}\in F_n^{(1)}\,(n=2,3,\cdots)$, 亦即

$$\{\varpi_{t_1}\}\times B_n^T(\varpi_{t_1})\times\prod_{t\in T-T_n}\Omega_t\subset A_n^T,$$

$$\prod_{t\in T_n-\{t_1\}}P_t(B_n^{T_n}(\varpi_{t_1}))\geqslant\frac{\varepsilon}{2},\quad(n=2,3,\cdots)$$

成立．再由$\{A_n^T:n\geqslant 1\}$不增可得它们在点ϖ_{t_1}的截口集$\{A_n^T(\varpi_{t_1}):n\geqslant 1\}$也是不增的．并且

$$A_n^T(\varpi_{t_1})=B_n^T(\varpi_{t_1})\times\prod_{t\in T-T_n}\Omega_t,$$

$$P^{T-\{t_1\}}(A_n^T(\varpi_{t_1}))=\prod_{t\in T_n-\{t_1\}}P_t(B_n^{T_n}(\varpi_{t_1}))\geqslant\frac{\varepsilon}{2}\quad(n\geqslant 2).$$

同上法以$A_n^T(\varpi_{t_1})$代A_n^T，以$P^{T-\{t_1\}}$代P^T，以$\dfrac{\varepsilon}{2}$代ε后得知，存在$\varpi_{t_2}\in\Omega_{t_2}$，使得

$$\{(\varpi_{t_1},\varpi_{t_2})\}\times B_n^{T_n}(\varpi_{t_1},\varpi_{t_2})\times\prod_{t\in T-T_n}\Omega_t\subset A_n^T,$$

$$\prod_{t\in T_n-\{t_1,t_2\}}P_t(B_n^{T_n}(\varpi_{t_1},\varpi_{t_2}))\geqslant\frac{\varepsilon}{4}\quad(n=3,4,5\cdots).$$

以此类推一般情形：对每个$N\geqslant 1$，当$n\geqslant N+1$时，都存在有

$$\{(\varpi_{t_1},\varpi_{t_2},\cdots,\varpi_{t_N})\}\times B_n^{T_n}(\varpi_{t_1},\varpi_{t_2},\cdots\varpi_{t_N})$$

$$\times\prod_{t\in T-T_n}\Omega_t\subset A_n^T,$$

$$\prod_{t\in T_n-T_N}P_t(B_n^{T_n}(\varpi_{t_1},\cdots,\varpi_{t_N}))\geqslant\frac{\varepsilon}{2^N},$$

其中$B_n^{T_n}(\varpi_{t_1},\varpi_{t_2},\cdots,\varpi_{t_N})$是$n$维集$B_n^{T_n}$在$N$维点$(\varpi_{t_1},\varpi_{t_2},\cdots,\varpi_{t_N})$的截口集．令$\overline{T}=\{t_1,t_2,\cdots,t_N,\cdots\}$．这就证明了存在一个集

$$\{\varpi_{t_1},\cdots,\varpi_{t_N},\cdots\}\times\prod_{t\in T-\overline{T}}\Omega_t\subset\bigcap_{n=1}^{\infty}A_n^T,$$

即$\bigcap\limits_{n=1}^{\infty}A_n^T\neq\phi$，这与$A_n^T\downarrow\phi$矛盾．故假设错误，因此$P^T(A_n^T)\downarrow 0$，这就证明了连续性公理成立，从而引理得证．

定理 5.3（存在唯一性定理） 设 $(\Omega_t, \mathscr{A}_t, P_t)$ $t \in T$ 是概率空间，则在乘积可测空间 $\left(\prod_{t\in T}\Omega_t, \prod_{t\in T}\mathscr{A}_t\right)$ 上存在唯一的概率测度 P^T 使得对任意可测柱集 (5.16) 有

$$P^T\left(B^{T_N} \times \prod_{t\in T-T_N}\Omega_t\right) = P_{t_1}\times P_{t_2}\times\cdots\times P_{t_N}(B^{T_N})$$

$$= \prod_{t\in T_N} P_t(B^{T_N}),$$

其中

$$T_N = \{t_1, t_2, \cdots, t_N\} \subset T.$$

$P_{t_1}\times P_{t_2}\times\cdots\times P_{t_N}$ 是

$$\{(\Omega_t, \mathscr{A}_t, P_t): t \in T_N\}$$

的独立乘积测度.

由引理 5.3 及测度的拓展定理即可证得此定理.

定义 5.7 设 $(\Omega_t, \mathscr{A}_t, P_t)$，$t \in T$ 都是概率空间，P^T 是满足 (5.18) 的 $\prod_{t\in T}\mathscr{A}_t$ 上的测度. 我们把 P^T 称为 $\{P_t: t\in T\}$ 的独立乘积或直积测度，以 $\prod_{t\in T}P_t$ 表之. $\left(\prod_{t\in T}\Omega_t, \prod_{t\in T}\mathscr{A}_t, \prod_{t\in T}P_t\right)$ 称为 $\{(\Omega_t, \mathscr{A}_t, P_t): t\in T\}$ 的独立乘积或直积测度空间.

独立乘积测度空间在概率论中研究独立随机变数列(或族)的存在性理论方面起重要作用. 但在研究一般随机过程（非独立的随机变数族)的存在性理论时，必须涉及到无穷维乘积可测空间上，非独立乘积测度拓展的存在性和唯一性问题，有兴趣的读者可参看 [12] 中 *8.3. 下面一节也将涉及这一问题.

§ 5.4 高维分布函数与 L-S 测度

本节的目的就是要把第二章 §2.4 中关于一维分布函数和 L-S 测度的概念及其对应关系推广到高维情形.

设 $(\Omega_i, \mathscr{A}_i) = (R, \mathscr{B})$ $(i = 1, 2, 3, \cdots, n)$，其中 $R =$

$(-\infty, +\infty)$，$\mathscr{B}$ 是一维波莱尔集类．令

$$R^n = \prod_{i=1}^{n} \Omega_i, \quad \mathscr{B}^n = \prod_{i=1}^{n} \mathscr{A}_i.$$

我们把 $(R^n, \mathscr{B}^n)$ 称为 n 维波莱尔可测空间．易证，

$$\mathscr{B}^n = \sigma(\mathscr{C}_1) = \sigma(\mathscr{C}_2) = \sigma(\mathscr{C}_3) = \sigma(\mathscr{C}_4), \qquad (5.20)$$

其中 $\mathscr{C}_1 = \left\{\text{全体形如} \prod_{i=1}^{n} (a_i, b_i] \text{的矩形之有限不相交和}\right\}$；

$\mathscr{C}_2 = \left\{\text{全体 } n \text{ 维半无穷区间} \prod_{i=1}^{n} (-\infty, b_i]\right\}$；

$\mathscr{C}_3 = \{$全体 n 维开(或闭)区间$\}$；

$\mathscr{C}_4 = \{$全体 n 维开(或闭)集$\}$．

定义 5.8 若 n 元实函数 $F(x_1, x_2, \cdots, x_n)$，$x_i \in R$ $(i = 1, 2, 3, \cdots, n)$，具有性质：

(D_1) 对每个 x_i 是不减且右连续的 $(i = 1, 2, \cdots, n)$，

(D_2) $\lim\limits_{x_i \to -\infty} F(x_1, x_2, \cdots, x_n) = 0$ $(i = 1, 2, \cdots, n)$，(5.21)

$$\lim_{x_1, \cdots, x_n \to +\infty} F(x_1, x_2, \cdots, x_n) = F(+\infty, +\infty, \cdots, +\infty) = 1, \qquad (5.22)$$

(D_3) 若 $-\infty < a_i \leqslant b_i < +\infty$ $(i = 1, 2, \cdots, n)$，则

$$\begin{aligned} & F((a_1, b_1], (a_2, b_2], \cdots, (a_n, b_n]) \\ & = F(b_1, b_2, \cdots, b_n) - \sum_{j=1}^{n} F(b_1, \cdots, b_{j-1}, a_j, b_{j+1}, \\ & \quad \cdots, b_n) + \sum_{\substack{j,K=1 \\ j<K}}^{n} F(b_1, \cdots, b_{j-1}, a_j, b_{j+1}, \cdots, \\ & \quad b_{K-1}, a_K, b_{K+1}, \cdots, b_n) - \cdots \\ & \quad + (-1)^n F(a_1, a_2, \cdots, a_n) \geqslant 0. \end{aligned} \qquad (5.23)$$

则称 $F(x_1, \cdots, x_n)$ 为 n 维概率分布函数．

条件 (D_3) 在二维情形化为

$$F(b_1, b_2) - F(b_1, a_2) - F(a_1, b_2) + F(a_1, a_2) \geqslant 0.$$

直观地说，这表示在矩形 $(a_1, b_1] \times (a_2, b_2]$ 上的“分布”是非负的（如图）。

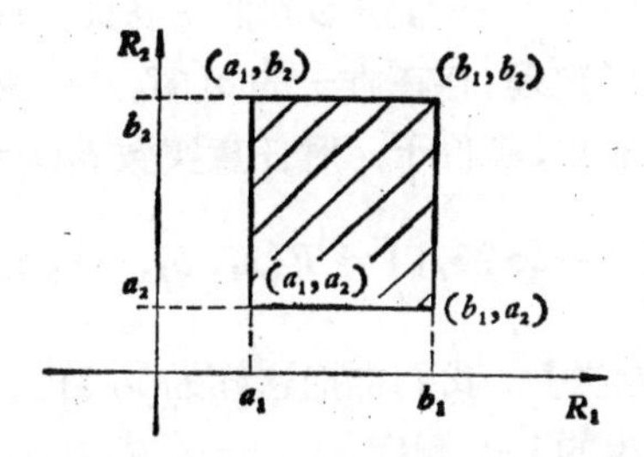

条件 (D_1) 和 (D_2) 满足的函数，一般未必满足条件 (D_3)，这一点可由下面例子看出.

例 9 设

$$F(x, y) = \begin{cases} 0, & \text{在 } x < 0, \text{ 或 } x + y < 1, \text{ 或 } y < 0 \text{ 时}, \\ 1, & \text{在平面上其余部分}. \end{cases}$$

这函数满足 (D_1) 和 (D_2)，但

$$F(1, 1) - F(1, 1/2) - F(0, 1) + F\left(0, \frac{1}{2}\right) = -1.$$

所以 (D_3) 不满足.

例 10 设 $p(x_1, x_2, \cdots, x_n)$ 是 n 元非负连续函数，则

$$F(x_1, x_2, \cdots, x_n) = \int_{-\infty}^{x_1}\int_{-\infty}^{x_2}\cdots\int_{-\infty}^{x_n} p(x_1, x_2, \cdots, x_n) \times dx_1 dx_2 \cdots dx_n$$

是 n 维概率分布函数.

例 11 设 $F_1(x_1), \cdots, F_n(x_n)$ 都是一维概率分布函数，则

$$F(x_1, x_2, \cdots, x_n) = F_1(x_1) \cdot F_2(x_2) \cdots F_n(x_n) \quad (5.24)$$

是 n 维概率分布函数.

对于任意给定的 n 维分布函数 $F(x_1, x_2, \cdots, x_n)$，在 $\mathscr{C}_1$ 上用 (5.23) 定义测度：对任意 $-\infty < a_i \leqslant b_i < +\infty$ $(i = 1, 2, 3, \cdots n)$

$$\mu_F\left(\prod_{i=1}^{n} (a_i, b_i]\right) = F((a_1, b_1], (a_2, b_2], \cdots, (a_n, b_n]), \quad (5.25)$$

而形如 $\prod_{i=1}^{n}(a_i, b_i]$ 的不相交有限和的测度，定义为各个测度的和．仿第二章 §2.4 关于一维情形的证明易证，μ_F 是半域 $\mathscr{C}_1$ 上的概率测度．由扩张定理，存在唯一的 $\sigma(\mathscr{C}_1) = \mathscr{B}^n$ 上的概率测度 μ_F，使得 (5.25) 成立，等价于：对任意实数 $b_i(i = 1, 2, \cdots, n)$，

$$\mu_F\left(\prod_{i=1}^{n}(-\infty, b_i]\right) = F(b_1, b_2, \cdots, b_n) + c \tag{5.26}$$

成立（其中 c 是常数）．我们常把这样的 μ_F 称为 $(R^n, \mathscr{B}^n)$ 上的由分布函数 F 产生的 L-S 测度．

反之，对任意 $(R^n, \mathscr{B}^n)$ 上的概率测度 μ，令

$$F(x_1, x_2, \cdots, x_n) = \mu\left(\prod_{i=1}^{n}(-\infty, x_n]\right),$$

则 $F(x_1, \cdots, x_n)$ 是 n 维概率分布函数．于是我们可得如下对应定理．

定理 5.4 关系式 (5.26) 建立了 n 维概率分布函数 F（相差一个常数时，视为"同一"的）与 $(R^n, \mathscr{B}^n)$ 上概率测度 μ_F 之间的一一对应．

设 $X_1(\omega), X_2(\omega), \cdots, X_n(\omega)$ 是概率空间 $(\Omega, \mathscr{A}, P)$ 上的随机变数(即几乎处处有限并可测)．则

$$\begin{aligned} F_{\boldsymbol{X}}(x_1, x_2, \cdots, x_n) &= P(\{\omega: X_1(\omega) \leqslant x_1, X_2(\omega) \\ &\qquad \leqslant x_2, \cdots, X_n(\omega) \leqslant x_n\}) \\ &= P\left(\boldsymbol{X}^{-1}\left(\prod_{i=1}^{n}(-\infty, x_i]\right)\right) \end{aligned} \tag{5.27}$$

是 n 维概率分布函数，其中 $\boldsymbol{X}(\omega) = (X_1(\omega), X_2(\omega), \cdots, X_n(\omega))$．

特别地，若 $X_1, \cdots, X_n$ 相互独立，即

$$F_{\boldsymbol{X}}(x_1, x_2, \cdots, x_n) = F_{X_1}(x_1) \cdot F_{X_2}(x_2) \cdots F_{X_n}(x_n) \tag{5.27'}$$

成立，对应地 L-S 测度 $\mu_{F_{\boldsymbol{X}}}$ 有

$$\mu_{F_{\boldsymbol{X}}}\left(\prod_{i=1}^{n}(a_i, b_i]\right) = \prod_{i=1}^{n}\mu F_{X_i}((a_i, b_i]) \tag{5.25'}$$

成立. 这时 μ_{F_X} 是一维测度 $\mu_{F_{X_i}}(i=1,2,\cdots,n)$ 的"独立"乘积或直积测度.

反之，对于给定的一个 n 维概率分布函数 $F(x_1,x_2,\cdots,x_n)$，是否存在一个概率空间 $(\Omega,\mathscr{A},P)$ 和其上的随机向量 $\boldsymbol{X}(\omega)=(X_1(\omega_1),\cdots,X_n(\omega))$，使得由 (5.27) 确定的 $F_{\boldsymbol{X}}(x_1,x_2,\cdots,x_n)=F(x_1,x_2,\cdots,x_n)$ 呢？答案是肯定的. 事实上，我们取

$$\Omega=R^n,\ \mathscr{A}=\mathscr{B}^n,\ P=\mu_F,$$
$$\boldsymbol{X}((x_1,x_2,\cdots,x_n))=(x_1,x_2,\cdots,x_n),$$

即

$$X_i((x_1,x_2,\cdots,x_n))=x_i\quad(i=1,2,\cdots,n).$$

显然，对每个 $i=1,2,\cdots,n$，$X_i(\omega)(\omega=(x_1,x_2,\cdots,x_n)\in R^n)$ 都是 $\mathscr{B}^n$ 可测且有限的(即是随机变数)，并有

$$\begin{aligned}F(b_1,b_2,\cdots,b_n)&=\mu_F\left(\prod_{i=1}^n(-\infty,b_i]\right)\\&=\mu_F(\{(x_1,x_2,\cdots,x_n):x_1\leqslant b_1,\cdots,x_n\leqslant b_n\})\\&=P(\{\omega:X_1(\omega)\leqslant b_1,\cdots,X_n(\omega)\leqslant b_n\})\\&=F_{\boldsymbol{X}}(b_1,b_2,\cdots,b_n)\end{aligned}$$

成立. 特别若 $F(x_1,\cdots,x_n)$ 满足 (5.24) 则 $X_1,X_2,\cdots,X_n$ 还是相互独立的.

以上我们研究了 n 维分布函数、L-S 测度和随机向量三者之间的对应关系，对于无限维，自然会想到与此相应的问题，然而，这时情况要复杂得多.

设 T 是参数集，$T_n=\{t_1,t_2,\cdots,t_n\}$ 是 T 中子集，且 $R^T=\prod_{t\in T}R_t$，$\mathscr{B}^T=\prod_{t\in T}\mathscr{B}_t$，$P$ 是 $(R^T,\mathscr{B}^T)$ 上概率测度，其中 $R_t=R(t\in T)$ 都是一维实数空间，$\mathscr{B}_t(t\in T)$ 都是一维 Borel 集类. 令

$$\begin{aligned}F_{(t_1,\cdots,t_n)}(x_1,x_2,\cdots,x_n)=P(\{(x(t),t\in T):x(t_1)\\\leqslant x_1,x(t_2)\leqslant x_2,\cdots,x(t_n)\leqslant x_n\}).\end{aligned}\tag{5.28}$$

容易验证 $F_{(t_1,\cdots,t_n)}(x_1,x_2,\cdots,x_n)$ 是 n 维概率分布函数. 当 n 在整数集而 t_i 在 $T(1\leqslant i\leqslant n)$ 中变动时，由 P 通过 (5.28) 便得到

一族有穷维概率分布函数

$$\mathscr{F}=\{F_{(t_1,t_2,\cdots,t_n)}(x_1,x_2,\cdots,x_n):\text{任意有限集 } T_n\subset T\}. \quad (5.29)$$

显然分布函数族 $\mathscr{F}$ 满足下列二条件 (C_1) 及 (C_2)，常称它们为相容性条件：

(C_1) 对 $(1,2,\cdots,n)$ 的任一排列 $(\alpha_1,\alpha_2,\cdots,\alpha_n)$ 都有

$$F_{(t_1,\cdots,t_n)}(x_1,x_2,\cdots,x_n)=F_{(t_{\alpha_1},t_{\alpha_2},\cdots,t_{\alpha_n})}(x_{\alpha_1},x_{\alpha_2},\cdots,x_{\alpha_n}), \quad (5.30)$$

(C_2) 如果 $m<n$，则

$$F_{(t_1,t_2,\cdots,t_m)}(x_1,x_2,\cdots,x_m)=\lim_{x_{m+1},\cdots,x_n\to\infty}F_{(t_1,t_2,\cdots,t_n)}(x_1,x_2,\cdots,x_n). \quad (5.31)$$

实际上，由 (5.28) 可知，(5.30) 式的左方值等于

$$\begin{aligned}&P(\{x(t),t\in T):x(t_1)\leqslant x_1,\cdots,x(t_n)\leqslant x_n\})\\&=P(\{(x(t),t\in T):x(t_{\alpha_1})\leqslant x_{\alpha_1},\cdots,x(t_{\alpha_n})\leqslant x_{\alpha_n}\}\\&=F_{(t_{\alpha_1},\cdots,t_{\alpha_n})}(x_{\alpha_1},x_{\alpha_2},\cdots,x_{\alpha_n}).\end{aligned}$$

由此得证 (C_1)；而 (5.31) 则因为

$$\begin{aligned}&\lim_{x_{m+1},\cdots,x_n\to\infty}P(\{(x(t),t\in T):x(t_1)\leqslant x_1,\cdots,x(t_n)\leqslant x_n\})\\&=P(\{(x(t),t\in T):x(t_1)\leqslant x_1,\cdots,x(t_m)\leqslant x_m\}).\end{aligned}$$

这样，我们从 $(R^T,\mathscr{B}^T)$ 上已给的概率 P 出发，得到了满足相容性条件的有穷维分布函数族 $\mathscr{F}$.

反之，设已给一族满足相容性条件的有穷维概率分布函数族 $\mathscr{F}$

$$\mathscr{F}=\{F_{(t_1,\cdots,t_n)}(x_1,x_2,\cdots,x_n):t_i\in T,\ i=1,2,\cdots,n,n\geqslant 1\}. \quad (5.32)$$

那末在 $(R^T,\mathscr{B}^T)$ 上是否存在概率测度 P_F^T，使得对一切正整数 n，$t_i\in T\ (i=1,2,\cdots,n)$，都有

$$\begin{aligned}&F_{(t_1,t_2,\cdots,t_n)}(x_1,x_2,\cdots,x_n)\\&=P_F^T(\{(x(t),t\in T):x(t_1)\leqslant x_1,\cdots,x(t_n)\leqslant x_n\}),\end{aligned} \quad (5.33)$$

如果 P_F^T 存在，它又是否唯一？下述定理断定，答案是肯定的，因而得到了与 n 维情形完全类似的结果，只是 P_F^T 此时不是由有限个分布函数而是由一族相容的有穷维分布函数所产生.

定理 5.5 （柯尔莫哥罗夫定理）设已给一族满足相容性条件的有穷维概率分布函数族 $\mathscr{F}$，则在 $(R^T, \mathscr{B}^T)$ 上必存在唯一的概率测度 P_F^T，使得 (5.33) 成立.

证明可仿 § 5.3 中独立乘积测度构造的思想和方法逐步证明之，不过要将那里的 (5.18) 式中的独立乘积测度 $P_{t_1} \times P_{t_2} \times \cdots \times P_{t_n}$，相应地，以 $\mu_{F_{(t_1,t_2,\cdots,t_n)}}$ 代替之，而 $\mu_{F_{(t_1,\cdots,t_n)}}$ 是由 $F_{(t_1,\cdots,t_n)}(x_1, x_2, \cdots, x_n)$ 及 (5.26) 所对应的 L-S 测度. 相容性条件是为了保证 P_F^T 在可测柱集上的单值性. 严格地证明在此不详述了. 读者可参看书 [20].

由定理 5.5 立即导得下述结论：

对于任意给定的一族满足相容性条件的有穷维概率分布函数 $\mathscr{F}$，都存在一个概率空间和其上的随机变数族（或称随机过程）$\{X(t, \omega): t \in T\}$ 使得它的任意有限维联合分布函数

$$F_{(X_{t_1},\cdots,X_{t_n})}(x_1, x_2, \cdots, x_n) = F_{(t_1,t_2,\cdots,t_n)}(x_1, x_2, \cdots, x_n),$$
$$\{t_1, \cdots, t_n\} \subset T.$$

实际上，我们只须取

$$\Omega = R^T, (\omega = (x(t), t \in T)), \mathscr{A} = \mathscr{B}^T, P = P_F^T,$$
$$X_t(\omega) = X(t, \omega) = x(t), \ t \in T.$$

则
$$\begin{aligned} & F_{(X_{t_1},X_{t_2},\cdots,X_{t_n})}(x_1, x_2, \cdots, x_n) \\ &= P(\{\omega: X_{t_1}(\omega) \leqslant x_1, \cdots, X_{t_n}(\omega) \leqslant x_n\}) \\ &= P_F^T(\{(x(t), t \in T): x(t_1) \leqslant x_1, \cdots, x(t_n) \leqslant x_n\}) \\ &= P_F^T\Big(\prod_{t \in \{t_1,\cdots,t_n\}} (-\infty, x_t] \times \prod_{t \in T - \{t_1,\cdots,t_n\}} R_t\Big) \\ &= \mu_{F_{\{t_1,\cdots,t_n\}}}\Big(\prod_{t \in \{t_1,t_2,\cdots,t_n\}} (-\infty, x_t]\Big) \\ &= F_{(t_1,\cdots,t_n)}(x_1, x_2, \cdots, x_n). \end{aligned}$$

反问题是明显的，在此不再赘述了.

习　　题

1. 设 $\mathscr{A}_i=(\Omega_i, A_i, A_i^c, \phi)$, $(i=1,2)$ 试写出 $\mathscr{A}_1\times\mathscr{A}_2$.

2. 设 $(R, \mathscr{B})$ 是波莱尔可测空间，试证

$$\{(x, y): x=y, x, y\in R\}\in\mathscr{B}\times\mathscr{B}$$

3. 设 $(\Omega_i, \mathscr{A}_i, P_i)$ $(i=1,2)$ 是 σ 有穷测度空间. 试证：若 $E\in\mathscr{A}_1\times\mathscr{A}_2$，则 $P_1\times P_2(E)=0\Longleftrightarrow P_1(E(\omega_2))=0$, a. e. $[P_2]$ 或 $P_2(E(\omega_1))=0$, a. e. $[P_1]$.

4. 试问 $\overline{\mathscr{A}}_1\times\overline{\mathscr{A}}_2=\overline{\mathscr{A}_1\times\mathscr{A}_2}$ 吗？其中 $\overline{\mathscr{A}}_i$ 表 $\mathscr{A}_i$ 对 P_i 的完全化 $(i=1,2)$，$\overline{\mathscr{A}_1\times\mathscr{A}_2}$ 表 $\mathscr{A}_1\times\mathscr{A}_2$ 对 $P_1\times P_2$ 的完全化.

5. 试问，以 $\overline{\mathscr{A}_1\times\mathscr{A}_2}$ 代替傅比尼定理中的 $\mathscr{A}_1\times\mathscr{A}_2$，傅比尼定理是否还成立？（提示，利用第三章习题 (7)）.

6. 设 $\Omega_i=[0,1]$, $\mathscr{A}_i=\mathscr{B}[0,1]$, $P_i=\mu$ (L 测度) $(i=1,2)$，已知至少存在一个集 $E\subset[0,1]\times[0,1]$，使得对任意 x, $y\in[0,1]$ 有 $E(x)$ 及 $[0,1]-E(y)$ 都是可列集. 试证：$E\bar{\in}\mathscr{B}[0,1]\times\mathscr{B}[0,1]$ 但对每个 $x\in[0,1]$, $y\in[0,1]$, $E(x)$ 及 $E(y)$ 都是 $\mathscr{B}[0,1]$ 可测的. 其中 $E(x)$ 及 $E(y)$ 是截口集.（提示，利用反证法及傅比尼定理）.

7. 设 $X_n(\omega)$ 是 $(\Omega, \mathscr{A})$ 到 $(\Omega'_n, \mathscr{A}'_n)$ $(n=1,2,3,\cdots)$ 的可测映射，试证：$\boldsymbol{X}(\omega)=(X_1(\omega), X_2(\omega), \cdots, X_n(\omega), \cdots)$ 是 $(\Omega, \mathscr{A})$ 到 $\left(\prod_{i=1}^{\infty}\Omega'_i, \prod_{i=1}^{\infty}\mathscr{A}'_i\right)$ 的可测映射（参看第四章习题 (6)）.（提示，用 λ-π 类方法，并证明 $\sigma(\mathscr{C}^T)=\sigma(\mathscr{F}^T)$，$\mathscr{C}^T$ 如 (5.17) 所定义，而

$$\mathscr{F}^T=\Big\{A_{t_1}\times A_{t_2}\times\cdots\times A_{t_N}\times\prod_{t\in T\setminus T_N}\Omega_t：\text{对任意的 } T_N=\{t_1,\cdots,t_N\}\subset T,\ A_{t_i}\in\mathscr{A}_{t_i},\ i=1,2,\cdots,N\Big\}$$

特别当取 $(\Omega'_i, \mathscr{A}'_i) = (R, \mathscr{B})$ $(i = 1, 2, \cdots,)$ 时 $X(\omega) = (X_1(\omega), \cdots, X_n(\omega), \cdots)$ 称为一个可测向量.

8. 设 $X_i(\omega_i)$ 是 σ 有穷测度空间 $(\Omega_i, \mathscr{A}_i, P_i)$ $(i = 1, 2)$ 上的可积函数，试证:

(i) $Y_i(\omega_1, \omega_2) = X_i(\omega_i)$ $(i = 1, 2)$ 是 $\mathscr{A}_1 \times \mathscr{A}_2$ 可测的;

(ii) $Y(\omega_1, \omega_2) = X_1(\omega_1)X_2(\omega_2)$ 是 $\mathscr{A}_1 \times \mathscr{A}_2$ 可测的;

(iii) $\int_{\Omega} Y(\omega_1, \omega_2) dP_1 \times P_2 = \left(\int_{\Omega_1} X_1(\omega_1) dP_1\right)\left(\int_{\Omega} X_2(\omega_2) dP_2\right)$.

9. 设 $X(t, \omega)$ 满足: (i) 对每个固定的 $t \in R$, $X(t, \omega)$ 是 $(\Omega, \mathscr{A})$ 可测函数; (ii) 对每个固定的 $\omega \in \Omega$, $X(t, \omega)$ 是 t 的右连续函数. 试证: $X(t, \omega)$ 是 $\mathscr{B} \times \mathscr{A}$ 可测函数. $\Big($提示，令 $X_n(t, \omega) = \sum_{K=-\infty}^{\infty} X\left(\frac{K+1}{n}, \omega\right) \chi_{\left[\frac{K}{n}, \frac{K+1}{n}\right)}(t)$. 证明 $X_n(t, \omega)$ 是 $\mathscr{B} \times \mathscr{A}$ 可测且 $X_n \to X$ 当 $n \to \infty$. $\Big)$

10. 设 $X(t, \omega)$ 满足题 9 的假设，$(\Omega, \mathscr{A}, P)$ 是概率空间，若对每个 $t \in R$, $X(t, \omega)$, a. e. $[P]$ 有限。试证

$$\mu(\{t: X(t, \omega) = \infty\}) = 0 \quad \text{a. e. } [P],$$

其中 μ 表 L 测度. (提示，应用傅比尼定理).

11. 设 $F_1(x)$, $F_2(x)$ 是二个概率分布函数，试证: 存在一个概率空间 $(\Omega, \mathscr{A}, P)$ 和其上的随机变数 X_1, X_2, 使得 X_1 与 X_2 独立且 $F_{X_i} = F_i$ $(i = 1, 2)$.

第六章　广义测度

§6.1　广义测度的定义及其基本性质

本章我们将研究一种在理论上很有用的广义测度；它和我们在第二章中引进的测度之间的主要区别，在于前者不限定是非负的．精确定义如下:

定义 6.1　设 ν 是可测空间 $(\Omega, \mathscr{A})$ 上集函数（可取 $\pm\infty$ 值）．如果它满足下列三条件，

(α) 对一切 $A \in \mathscr{A}$, $\nu(A) > -\infty$,　　(6.1)

(β) 存在一个 $A \in \mathscr{A}$, 使得 $|\nu(A)| < +\infty$,　　(6.2)

(γ) σ 加性：对任意 $\{A_n; n \geqslant 1\} \subset \mathscr{A}$ 且 $A_i \cap A_j = \phi$ $(i \neq j)$ 有

$$\nu\left(\sum_{n=1}^{\infty} A_n\right) = \sum_{n=1}^{\infty} \nu(A_n), \tag{6.3}$$

则称 ν 是 $(\Omega, \mathscr{A})$ 上的一个广义测度．

上述定义中，σ 加性是本质的，条件 (β) 只是为了避免讨论那种 $\nu(A) \equiv \infty$ $(A \in \mathscr{A})$ 的无聊情形．条件 (α) 是为了保证 (γ) σ 加性中，不会出现 $\pm\infty \mp \infty$ 那种无意义的情况而规定的．当然，也可规定 $\nu(A) < +\infty$, 对一切 $A \in \mathscr{A}$ 成立．另一方面，在条件 (γ) 有意义下，ν 不可能既取到"$+\infty$"值，又取到"$-\infty$"值，最多只能取到"$+\infty$"或"$-\infty$"中的一个．事实上，假若不然，则存在二个集 $A_1, A_2 \in \mathscr{A}$，使得 $\nu(A_1) = +\infty$ 且 $\nu(A_2) = -\infty$，由 (6.3) 式要有意义，只可能 $\nu(A_1^c) \neq -\infty$, $\nu(A_2^c) \neq +\infty$,

$$\nu(\Omega) = \nu(A_1) + \nu(A_1^c) = +\infty,$$

$$\nu(\Omega) = \nu(A_2) + \nu(A_2^c) = -\infty.$$

故 $\nu(\Omega) = +\infty$ 同时 $\nu(\Omega) = -\infty$，这与我们把"$+\infty$"和"$-\infty$"视为不同矛盾．

广义测度的有穷与σ有穷的定义，完全类似于测度的有穷及σ有穷之定义．但因$\mathscr{A}$是σ域,所以可简化为:

定义 6.2 设ν是广义测度,

(i) 若$|\nu(\Omega)| < +\infty$,则称ν是有穷的.

(ii) 若存在$\{A_n: n \geqslant 1\} \subset \mathscr{A}$且$A_i \cap A_j = \phi (i \neq j)$使得

$$\sum_{n=1}^{\infty} A_n = \Omega \text{ 且 } |\nu(A_n)| < +\infty \quad (n = 1, 2, 3, \cdots),$$

则称ν是σ有穷的.

例 1 设P_1, P_2是$(\Omega, \mathscr{A})$上测度且P_2有穷,则

$$\nu(A) = P_1(A) - P_2(A), \quad A \in \mathscr{A}$$

是$(\Omega, \mathscr{A})$上广义测度．若进而P_1是σ有穷(或有穷)的，则ν还是σ有穷(对应地,有穷)的.

例 2 设X是测度空间$(\Omega, \mathscr{A}, P)$上可积函数,则

$$\nu(A) = \int_A X dp, \ A \in \mathscr{A}$$

是有穷广义测度.

例 1 与例 2 的证明，读者利用测度的定义及积分的性质是不难得到的.

广义测度的基本性质 读者不难验证，第二章中测度的基本性质,除单调性及半σ加性外，其余的对广义测度也成立，因为它们并未用到测度的非负性．虽然单调性对广义测度是不一定成立的,但有下面较弱的性质．设ν是$(\Omega, \mathscr{A})$上广义测度.

性质 1 (i) $\nu(\phi) = 0$等价于定义 6.1 中条件(β)成立,即存在一个$A \in \mathscr{A}$,使得$|\nu(A)| < +\infty$.

(ii) 若$E, F \in \mathscr{A}$, $E \subset F$且$|\nu(F)| < +\infty$,则$|\nu(E)| < +\infty$.

证 (i) 由条件(β)及(6.3)知,存在一个$A \in \mathscr{A}$满足$-\infty < \nu(A) < +\infty$,并且$A \cap \phi = \phi$,

$$\nu(A) = \nu(A + \phi) = \nu(A) + \nu(\phi),$$

所以$\nu(\phi) = 0$,反之取$A = \phi$则条件(β)成立,故(i)成立.

(ii) 由 (6.3) 知

$$\nu(F)=\nu(E)+\nu(F-E).$$

再因 $|\nu(F)|<+\infty$，故只能 $|\nu(E)|<+\infty$. 证完.

细心的读者，一定会想到，由于 ν 可正可负，所以 (6.3) 右端的级数不一定是绝对收敛的，因而，“级数和”可能与 $\{A_n:n\geqslant 1\}$ 的排列顺序有关. 但下面的性质 2 保证了它的绝对收敛性.因而，它与 $\{A_n:n\geqslant 1\}$ 的排列顺序无关.

性质 2 若 $\{A_n:n\geqslant 1\}\subset\mathscr{A}$ 且 $A_m\cap A_n=\phi\ (n\neq m)$，而 $\sum\limits_{n=1}^{\infty}\nu(A_n)$ 收敛，则 $\sum\limits_{n=1}^{\infty}|\nu(A_n)|<+\infty$.

证 令

$$A_n^+=\begin{cases}A_n, & \nu(A_n)\geqslant 0,\\ \phi, & \nu(A_n)<0,\end{cases}$$

$$A_n^-=\begin{cases}\phi, & \nu(A_n)\geqslant 0,\\ A_n, & \nu(A_n)<0.\end{cases}\tag{6.4}$$

由 $A_n\cap A_m=\phi(m\neq n)$，易证对任意 $n,m\geqslant 1$ 有

$$A_n^+\cap A_m^-=\phi,\quad A_n^{\pm}\cap A_m^{\pm}=\phi(n\neq m),$$

$$\sum_{n=1}^{\infty}A_n=\sum_{n=1}^{\infty}A_n^++\sum_{n=1}^{\infty}A_n^-.$$

再由性质 1 的 (ii) 及 ν 的 σ 加性和 $\sum\limits_{n=1}^{\infty}\nu(A_n)$ 的收敛性有

$$\left|\nu\left(\sum_{n=1}^{\infty}A_n\right)\right|=\left|\sum_{n=1}^{\infty}\nu(A_n)\right|<+\infty,$$

$$\left|\nu\left(\sum_{n=1}^{\infty}A_n^+\right)\right|<+\infty,\quad \left|\nu\left(\sum_{n=1}^{\infty}A_n^-\right)\right|<+\infty.$$

根据 (6.3) 及 (6.4) 进而可得

$$0\leqslant\sum_{n=1}^{\infty}\nu(A_n^+)=\nu\left(\sum_{n=1}^{\infty}A_n^+\right)=\left|\nu\left(\sum_{n=1}^{\infty}A_n^+\right)\right|<+\infty,$$

$$0\leqslant\sum_{n=1}^{\infty}(-\nu(A_n^-))=-\sum_{n=1}^{\infty}\nu(A_n^-)=-\nu\left(\sum_{n=1}^{\infty}A_n^-\right)$$

$$= \left|\nu\left(\sum_{n=1}^{\infty} A_n^-\right)\right| < +\infty,$$

$$\nu(A_n) = \nu(A_n^+) + \nu(A_n^-),\ \nu(A_n^+) \geqslant 0,\ \nu(A_n^-) \leqslant 0,$$

对每个 $n \geqslant 1$ 都成立. 故

$$\sum_{n=1}^{\infty} |\nu(A_n)| = \sum_{n=1}^{\infty} \nu(A_n^+) + \sum_{n=1}^{\infty} (-\nu(A_n^-)) < +\infty.$$

证完.

系　若 $\sum_{n=1}^{\infty} \nu(A_n) = \infty$, 则对 $\{A_n: n \geqslant 1\}$ 的任意排列 $\{A_{n'}: n' \geqslant 1\}$ 都有 $\sum_{n=1}^{\infty} \nu(A_{n'}) = \infty$.

证　假若不然, 则存在一种排列 $\{A_{n'}: n' \geqslant 1\}$ 使得 $\sum_{n'=1}^{\infty} \nu(A_{n'})$ 收敛, 则由定理 $\sum_{n'=1}^{\infty} \nu(A_{n'})$ 绝对收敛. 因而, $\sum_{n'=1}^{\infty} \nu(A_{n'})$ 的收敛性与排列顺序无关, 故 $\sum_{n=1}^{\infty} \nu(A_n)$ 收敛, 与题设矛盾, 故系成立.

§6.2 若当-哈恩分解定理

在例 1 中已见, 任意二个测度之差, 当后一测度是有穷时, 它必是广义测度. 本节的目的, 就是要证明反命题亦成立. 即任何一个广义测度 ν, 都可分解为二个测度 P_1 和 P_2, 使得 P_2 有穷并且 $\nu = P_1 - P_2$. 下面的分解办法为若当和哈恩二人所提供, 我们就称它为若当-哈恩分解.

定义 6.3　设 ν 是 $(\Omega, \mathscr{A})$ 上广义测度, 若集 $E \in \mathscr{A}$ 具有性质: 对任意的 $A \in \mathscr{A}$, 都有 $\nu(A \cap E) \geqslant 0$ (或 $\nu(A \cap E) \leqslant 0$) 则称 E 是正定集(对应的, 称负定集).

显然, ϕ 集既是正定集又是负定集. 但 $\phi^c = \Omega$ 可能既不是正定集, 也不是负定集. 为了证明存在一个负定集 E, 使得 E^c 是正定集，我们先引进二个引理.

引理 6.1 若 $\{E_n: n \geqslant 1\} \subset \mathscr{A}$ 且是负定集列，则 $\bigcup_{n=1}^{\infty} E_n$ 也是负定集.

证 将 $\{E_n: n \geqslant 1\}$ 不相交化，令

$$B_1 = E_1,\ B_2 = E_1^c E_2,\ \cdots,\ B_n = E_1^c E_2^c \cdots E_{n-1}^c E_n,\ \cdots$$

由 (1.6) 有

$$\bigcup_{n=1}^{\infty} E_n = \sum_{n=1}^{\infty} B_n \text{ 且 } B_n \subset E_n (n = 1, 2, 3, \cdots).$$

再由 E_n 是负定集，所以对任意 $A \in \mathscr{A}$ 有

$$\nu(AB_n) = \nu(AB_nE_n) \leqslant 0 \quad (n = 1, 2, 3, \cdots).$$

故对任意 $A \in \mathscr{A}$ 有

$$\nu\left(A\left[\bigcup_{n=1}^{\infty} E_n\right]\right) = \nu\left(A \sum_{n=1}^{\infty} B_n\right) = \sum_{n=1}^{\infty} \nu(AB_n) \leqslant 0.$$

所以 $\bigcup_{n=1}^{\infty} E_n$ 是负定集.

引理 6.2 若 $B \in \mathscr{A}$ 满足下述条件 (*)，则 B 是正定集. 条件 (*)：对任意满足 $A \in \mathscr{A}$，$A \subset B$ 且 $\nu(A) < 0$ 的集 A 都有 A 不是负定的.

证 用反证法. 假若 B 不是正定的，则存在一个 $A_0 \in \mathscr{A}$ 且 $A_0 \subset B$，使得 $\nu(A_0) < 0$，由条件 (*) 知 A_0 不是负定的，因而存在一个 $B_0 \in \mathscr{A}$ 且 $B_0 \subset A_0$，使得 $\nu(B_0) > 0$；再由 $A_0 = B_0 + (A_0 - B_0)$ 及 (6.3) 可得

$$0 > \nu(A_0) = \nu(B_0) + \nu(A_0 - B_0)$$

故 $\nu(A_0 - B_0) < 0$，令 $A_1 = A_0 - B_0$ 则由条件 (*) 知 A_1 不是负定的，因而存在一个 $B_1 \in \mathscr{A}$ 且 $B_1 \subset A_1$，使得 $\nu(B_1) > 0$，同上理由知

$$0 > \nu(A_1) = \nu(B_1) + \nu(A_1 - B_1)$$

所以 $\nu(A_1 - B_1) < 0$，再令 $A_2 = A_1 - B_1$ 同上法继续作下去，我们就

可以找到一个不相交列 $\{B_n: n \geqslant 1\} \subset \mathscr{A}$，$B_n \subset A_0 \subset B$ 且 $\nu(B_n) > 0$ $(n=1, 2, 3, \cdots)$，而再没有其他的 B 具有此性质了．令

$$E = A_0 - \sum_{n=0}^{\infty} B_n,$$

则 $E \subset A_0 \subset B$ 且 E 必是负定集(否则，又存在一个 $B' \in \mathscr{A}$ 且 $B' \subset E$，使得 $\nu(B') > 0$，故 $B' \bar{\in} \{B_n: n \geqslant 1\}$，但 $B' \cap \sum_{n=1}^{\infty} B_n = \phi$，这与前述 $\{B_n: n \geqslant 1\}$ 的性质矛盾)，另一方面，由

$$0 > \nu(A_0) = \nu(E) + \nu(A_0 - E) = \nu(E) + \sum_{n=0}^{\infty} \nu(B_n)$$

及 $\nu(B_n) > 0$ $(n = 0, 1, 2, \cdots)$，所以 $\sum_{n=0}^{\infty} \nu(B_n) > 0$，故得 $\nu(E) < 0$．以上证明了存在一个 E 满足 $E \in \mathscr{A}$，$E \subset B$ 且 $\nu(E) < 0$，但 E 是负定的，这与条件 (*) 矛盾．所以假设错误，因而 B 是正定的．证完．

注　$\{B_n: n \geqslant 1\}$ 是按上述办法继续作下去而得到的．问题是这样作下去所有 B 的个数是否是可数的呢？假若不可数，则存在一个 $\varepsilon_0 > 0$ 和无限多个(至少是可数的) $\{B'_n: n \geqslant 1\} \subset \mathscr{A}$，$B'_n \subset A_0$，$B'_n \cap B'_m = \phi$ $(m \neq n)$，$\nu(B'_n) \geqslant \varepsilon_0 > 0$ $(n = 1, 2, 3, \cdots)$，于是 $\sum_{n=1}^{\infty} B'_n \subset A_0$ 且

$$\nu\left(\sum_{n=1}^{\infty} B'_n\right) = \sum_{n=1}^{\infty} \nu(B'_n) = +\infty.$$

但由 $\nu(A_0) < 0$ 所以 $|\nu(A_0)| < +\infty$，从而根据性质 1 有

$$\left|\nu\left(\sum_{n=1}^{\infty} B'_n\right)\right| < +\infty.$$

因而导致矛盾．所以所有 B 的个数至多可数．

定理 6.1 (哈恩分解定理)　对任意广义测度 ν，都存在一个集 B，使得 B 是 ν 的负定集，而 B^c 是 ν 的正定集．

证　令

$$\beta = \inf\{\nu(B): B \text{ 是 } \nu \text{ 的负定集}\}. \tag{6.5}$$

因 ϕ 集是 ν 的负定集，所以右端参加取下确界的元素不是空的，因而下确界有意义.

我们首先证明，存在一个负定集 B 使得 $\nu(B) = \beta$ (即负定集可达到最小). 由 (6.5) 知存在一个负定集列 $\{B_n: n \geqslant 1\}$，使得

$$\beta = \lim_{n \to \infty} \nu(B_n). \tag{6.6}$$

令 $B = \bigcup_{n=1}^{\infty} B_n$，由引理 6.1 知 B 也是负定的. 再由 (6.5) 知 $\beta \leqslant \nu(B)$；另一方面，因 B 是负定集，故 $\nu(B - B_n) = \nu(BB_n^c) \leqslant 0$，所以

$$\nu(B) = \nu(B_n) + \nu(B - B_n) \leqslant \nu(B_n) \quad (n = 1, 2, 3, \cdots).$$

令 $n \to \infty$，由 (6.6) 知 $\nu(B) \leqslant \beta$；从而，$\nu(B) = \beta$.

下证 B^c 是正定的. 由引理 6.2，只须证 B^c 满足条件 (*). 用反证法证之. 假若不然，则存在一个 $A \in \mathscr{A}$，$\nu(A) < 0$ 且 $A \subset B^c$，使得 A 是负定的，再由 B 是负定集及引理 6.1 知 $A + B$ 也是负定集且

$$\nu(B + A) = \nu(B) + \nu(A) < \beta.$$

这与 (6.5) 矛盾. 故 B^c 满足条件 (*)，所以 B^c 是正定集.

定理 6.2 (若当分解) 对任意广义测度 ν，都可分解为 $\nu = \nu^+ - \nu^-$. 其中 $\nu^\pm$ 是测度且 ν^- 还是有穷的. 进而，若 ν 有穷(或 σ 有穷)，则 ν^+ 也有穷(对应地，σ 有穷).

证 取定理 6.1 中的负定集 B，令

$$\nu^+(A) = \nu(A \cap B^c), \ \nu^-(A) = -\nu(A \cap B), \ A \in \mathscr{A}. \tag{6.7}$$

易证 $\nu^\pm$ 即为所求. 证完.

§ 6.3 广 义 导 数

在例 2 中我们已见到，对于测度空间 $(\Omega, \mathscr{A}, P)$ 上任意的可积函数 $X(\omega)$，有

$$\nu(A) = \int_A X(\omega) dp, \quad A \in \mathscr{A}$$

是广义测度．如象数学分析中

$$F(x)=\int_a^x f(x)dx+c \quad (x\in R)$$

那样，把 F 称为 f 的不定积分，而 f 称为 F 的导数 $f=\frac{dF}{dx}$．类似地，我们自然把 $\nu(A)(A\in\mathscr{A})$ 称为 $X(\omega)$ 关于测度空间 $(\Omega,\mathscr{A},P)$ 的不定积分，而 $X(\omega)$ 称为 ν 对 P 的导数，以 $\frac{d\nu}{dP}$ 记之．自然我们要问，是否 $(\Omega,\mathscr{A})$ 上任意的广义测度 ν 都是某一个 $\mathscr{A}$ 可测函数 $X(\omega)$ 关于 P 的不定积分呢？若不然，那末又在什么条件下才是呢？本节的中心问题就是要找出它的充要条件来．在实变函数论[2]中已知，$F(x)$ 是 $f(x)$ 的不定积分的充要条件是 $F(x)$ 是绝对连续的．本节的概念和结论是实变函数论的有关概念及结论的推广．

定义 6.4 设 ν 和 μ 都是 $(\Omega,\mathscr{A})$ 上广义测度，若对任意 $A\in\mathscr{A}$ 且 $|\mu|(A)=0$，都有 $\nu(A)=0$，则称 ν 对 μ 是绝对连续的．以 $\nu\ll\mu$ 记之．其中

$$|\mu|(A)=\mu^+(A)+\mu^-(A),\ A\in\mathscr{A}.$$

$\mu^\pm$ 是定理 6.2 所述 μ 的若当分解．

例 3 设 X 是 $(\Omega,\mathscr{A},P)$ 上积分存在的可测函数．令

$$\nu(A)=\int_A X(\omega)dP,\ A\in\mathscr{A}.$$

则 ν 是广义测度，并且 ν 对测度（更是广义测度）：P 有 $\nu\ll P$ 成立．此结论可由第四章积分性质 1 得到．

例 4 设 $\Omega=\{1,2,3,\cdots\}$，$\mathscr{A}=S(\Omega)$，$\nu(A)=A$ 中点的个数 $(A\in\mathscr{A})$，$\mu_2(A)=\sum_{k\in A}(-1)^k\frac{1}{2^k}(A\in\mathscr{A})$；$\mu_1$ 是 L 测度．显然，

$$|\mu_1|(A)=\sum_{k\in A}\frac{1}{2^k}=0\Longleftrightarrow A=\phi\Longleftrightarrow\nu(A)=0,$$

$$\mu_2(\{1\})=0\text{ 而 }\nu(\{1\})=1,\ \nu(A)=0\text{ 则}$$

$$\mu_2(A)=\mu_2(\phi)=0.$$

故 $\nu \ll \mu_1$ 且 $\mu_1 \ll \nu$, $\mu_2 \ll \nu$, 但 $\nu \ll \mu_2$ 不成立.

例 5　设 $\Omega = [0,1]$, $\mathscr{A}_1 = S(\Omega)$, $\mathscr{A}_2 = \{\Omega, \phi\}$, $\nu(A)=$ A 中点的个数. μ 是 L 测度. 类似例 4 所证知, 考虑 ν 和 μ 是 $(\Omega, \mathscr{A}_1)$上测度时, $\nu \ll \mu$ 不成立. 但若考虑 ν 和 μ 是 $(\Omega, \mathscr{A}_2)$ 上测度时,则有 $\nu \ll \mu$ 成立,因为这时 $\mu(A)=0$ $(A \in \mathscr{A}_2)$ 当且只当 $A = \phi$ 成立.

我们称二个函数是相同的,除了它们对应的值相同外,还必须要求它们的定义域也相同. 同样,我们说二个广义测度是相同的,当且只当它们的定义域及对应的值都是相同的. 否则就应视为不同的. 例 5 正好说明这一问题. 希读者注意之.

引理 6.3　设 μ 和 ν 是 $(\Omega, \mathscr{A})$ 上广义测度,则下述三条件

(a) $\nu \ll \mu$,

(b) $\nu^+ \ll \mu$ 且 $\nu^- \ll \mu$,

(c) $|\nu| \ll |\mu|$

是相互等价的.

证　若 (a) 成立, 则对任何 $A \in \mathscr{A}$, 当 $|\mu|(A) = 0$ 时有 $\nu(A) = 0$ 成立, 设 B 是定理 6.1 中关于 ν 的 Hahn 分解集, 于是有下式成立:

$$0 \leqslant |\mu|(B \cap A) \leqslant |\mu|(A) = 0,$$

$$0 \leqslant |\mu|(B^c \cap A) \leqslant |\mu|(A) = 0.$$

因而由 $\nu \ll \mu$ 可得

$$\nu^+(A) = \nu(B \cap A) = 0 \text{ 和 } \nu^-(A) = \nu(B^c \cap A) = 0.$$

这就证明了 (b) 成立.

由 (b) 利用 $|\nu|(A) = \nu^+(A) + \nu^-(A)$ 可导得 (c).

由 (c) 利用 $0 \leqslant |\nu(A)| \leqslant |\nu|(A)$ 可导得 (a).

从而 (a), (b), (c) 相互等价.

定理 6.3　如果 ν 是有穷的而 μ 是任意的二个广义测度, 则 $\nu \ll \mu$ 的充要条件是, 对于任意 $\varepsilon > 0$, 都存在一个 $\delta > 0$, 使得对每个可测集 A 当 $|\mu|(A) < \delta$ 时有 $|\nu|(A) < \varepsilon$ 成立.

证　用反证法. 先证必要性. 假若不然,则对某一个 $\varepsilon_0 > 0$,

对每个 $\delta = \frac{1}{2^n}$，都存在一个可测集 A_n，使得

$$|\mu|(A_n) < \frac{1}{2^n} \text{ 和 } |\nu|(A_n) \geqslant \varepsilon_0 \ (n = 1, 2, 3, \cdots).$$

令 $A = \varlimsup_{n\to\infty} A_n$，则

$$|\mu|(A) \leqslant \sum_{k=n}^{\infty} |\mu|(A_k) < \frac{1}{2^{n-1}} \quad (n = 1, 2, 3, \cdots).$$

故 $|\mu|(A) = 0$. 另一方面，由于 ν 是有穷的，故

$$\begin{aligned}|\nu|(A) &= \lim_{n\to\infty} |\nu|(A_n \cup A_{n+1} \cup \cdots) \\ &\geqslant \varlimsup_{n\to\infty} |\nu|(A_n) \geqslant \varepsilon_0 > 0.\end{aligned}$$

这与 $\nu \ll \mu$ 矛盾. 从而定理的必要性得证.

次证充分性. 假定 $\nu \ll \mu$ 不成立，由引理 3(c)，则存在一个可测集 A_0，使得当 $|\mu|(A_0) = 0$ 时

$$|\nu|(A_0) > 0.$$

取 $\varepsilon_0 = \frac{1}{2}|\nu|(A_0) > 0$，于是对任意 $\delta > 0$，当 $|\mu|(A_0) < \delta$ 时都有

$$|\nu|(A_0) > \varepsilon_0$$

成立，这与充分性条件矛盾. 故假设错误，从而 $\nu \ll \mu$ 成立. 证完.

定理 6.3 的充分性条件是我们在数学分析，进而在实变函数论中关于绝对连续性定义的推广. 由定理 6.3 可见前述绝对连续性的定义是很自然的.

引理 6.4 若 μ 和 ν 都是 $(\Omega, \mathscr{A})$ 上有穷测度，$\nu \ll \mu$ 且 $\nu(\Omega) > 0$，则存在一个 $\varepsilon > 0$ 和集 $A \in \mathscr{A}$，使得 $\mu(A) > 0$ 且 A 是广义测度 $\nu - \varepsilon\mu$ 的正定集.

证 对每个 $n \geqslant 1$，令 $\nu_n = \nu - \frac{1}{n}\mu$，显然，$\nu_n$ 是有穷的广义测度，由定理 6.1，对 ν_n 存在负定集 B_n，使得 B_n^c 是正定集. 令

$B=\bigcap_{n=1}^{\infty}B_n$，则 $B\subset B_n(n=1,2,3,\cdots)$，由于 B_n 是 ν_n 的负定集，故

$$0\geqslant \nu_n(B)=\nu(B)-\frac{1}{n}\mu(B),$$

$$0\leqslant \nu(B)\leqslant\frac{1}{n}\mu(B),\quad (n=1,2,3,\cdots).$$

令 $n\to\infty$，得 $\nu(B)=0$，因而由 $\nu(\Omega)>0$ 知

$$0<\nu(\Omega)=\nu(B^c)+\nu(B)=\nu(B^c).$$

再根据 $\nu\ll\mu$ 及测度的半 σ 可加性知

$$0<\mu(B^c)=\mu\left(\bigcup_{n=1}^{\infty}B_n^c\right)\leqslant\sum_{n=1}^{\infty}\mu(B_n^c).$$

所以，必存在一个 $B_{n_0}^c$，使得 $\mu(B_{n_0}^c)>0$，取 $A=B_{n_0}^c$，$\varepsilon=\frac{1}{n_0}$，则 A，ε 即为所求.

引理 6.5 设 ν 和 μ 是 $(\Omega,\mathscr{A})$ 上测度，令

$$\mathscr{K}=\left\{X(\omega):X\text{非负 }\mathscr{A}\text{ 可测且}\int_A Xd\mu\leqslant\nu(A)(A\in\mathscr{A})\right\}. \tag{6.8}$$

则 (i) $\mathscr{K}$ 非空；(ii) 对任意 $\{X_n:n\geqslant1\}\subset\mathscr{K}$ 都有 $\sup\limits_{n\geqslant1}X_n\in\mathscr{K}$；(iii) 存在一个 $X\in\mathscr{K}$，使得 $\int_\Omega Xd\mu=\alpha$，其中

$$\alpha=\sup\left\{\int_\Omega Xd\mu:X\in\mathscr{K}\right\}. \tag{6.9}$$

证 (i) 取 $X(\omega)=0$，显然 $X\in\mathscr{K}$.

(ii) 要证 $\sup\limits_{n\geqslant1}X_n\in\mathscr{K}$，由 (6.8) 只须证

$$\int_A\sup_{n\geqslant1}X_nd\mu\leqslant\nu(A),\quad A\in\mathscr{A}.$$

令 $Y_n=\sup\limits_{1\leqslant k\leqslant n}X_k$. 显然，$0\leqslant Y_n\uparrow\sup\limits_{n\geqslant1}X_n$，由单调收敛定理有

$$\lim_{n\to\infty}\int_A Y_nd\mu=\int_A\sup_{n\geqslant1}X_nd\mu,\quad A\in\mathscr{A}.$$

因而，我们只须证

$$\int_A Y_n d\mu \leqslant \nu(A),\ A\in\mathscr{A},\quad (n=1,2,3,\cdots) \tag{6.10}$$

即可．为此，令

$$E_{nk}=\{\omega: Y_n(\omega)=X_k(\omega)\},$$
$$k=1,2,\cdots,n;\quad n=1,2,3,\cdots.$$

显然，$\bigcup_{k=1}^{n} E_{nk}=\Omega$，我们将 $\{E_{n1},\cdots,E_{nn}\}$ 不相交化，令

$$B_{n1}=E_{n1},\ B_{n2}=[E_{n1}]^c E_{n2},\cdots,$$
$$B_{nk}=[E_{n1}]^c\cap[E_{n2}]^c\cap\cdots\cap[E_{n(k-1)}]^c\cap E_{nk},$$
$$k=2,3,\cdots,n.$$

则 $\sum_{k=1}^{n} B_{nk}=\Omega$ 且对任意 $A\in\mathscr{A}$ 和 $n\geqslant 1$ 都有

$$\int_A Y_n d\mu=\sum_{k=1}^{n}\int_{AB_{nk}} Y_n d\mu=\sum_{k=1}^{n}\int_{AB_{nk}} X_k d\mu$$
$$\leqslant\sum_{k=1}^{n}\nu(AB_{nk})=\nu(A),$$

即 (6.10) 成立．

(iii) 由 (6.9)，存在 $\{X_n: n\geqslant 1\}\subset\mathscr{K}$，使得

$$\alpha=\lim_{n\to\infty}\int_\Omega X_n d\mu.$$

令 $X=\sup_{n\geqslant 1} X_n$，则 $0\leqslant X_n\leqslant X$ 且 $\int_\Omega X_n d\mu\leqslant\int_\Omega X d\mu$ $(n=1,2,3,\cdots)$，所以 $\alpha\leqslant\int_\Omega X d\mu$．另一方面，由 (ii) 及 (6.9) 知 $X\in\mathscr{K}$ 且 $\alpha\geqslant\int_\Omega X d\mu$，所以 $\alpha=\int_\Omega X d\mu$．证完．

定理 6.4 (拉东-尼科迪姆定理)　设 ν 和 μ 分别是 $(\Omega,\mathscr{A})$ 上 σ 有穷的广义测度和测度．若 $\nu\ll\mu$，则存在一个 $(\Omega,\mathscr{A})$ 可测的 a. e. $[\mu]$ 有限函数 X，使得

$$\nu(A)=\int_A X d\mu,\ A\in\mathscr{A} \tag{6.11}$$

且X在μ等价的意义下是唯一的(即若X和$\widetilde{X}$都满足(6.11)，则$X=\widetilde{X}$, a. e. $[\mu]$).

证　显然，若$\nu(A)\equiv 0$, $A\in\mathscr{A}$，取$X(\omega)\equiv 0$即为所求，这是平凡情形．因此不妨设$\nu\not\equiv 0$，分三步进行．

(i) 设ν,μ都是有穷测度．由引理6.5知，存在一个非负$\mathscr{A}$可测函数$X\in\mathscr{K}$，使得

$$\int_\Omega X d\mu=\alpha=\sup\left\{\int_\Omega Y d\mu:\ Y\in\mathscr{K}\right\}.$$

由$\int_\Omega X d\mu\leqslant\nu(\Omega)<+\infty$知，$X$是a. e. $[\mu]$有限的．

下证X满足(6.11)，令

$$\tilde{\nu}(A)=\nu(A)-\int_A X d\mu,\ A\in\mathscr{A}. \tag{6.12}$$

由(6.8)知$\tilde{\nu}$是有穷测度．假若(6.11)不成立，则必有$\tilde{\nu}(\Omega)>0$．由于$\nu\ll\mu$，故对任意$A\in\mathscr{A}$且$\mu(A)=0$有$\nu(A)=0$，由(6.12)及(6.8)有$\tilde{\nu}(A)=0$，故$\tilde{\nu}\ll\mu$．根据引理6.4，存在一个$\varepsilon>0$和$A\in\mathscr{A}$，使得$\mu(A)>0$且A是$\tilde{\nu}-\varepsilon\mu$的正定集，所以

$$\tilde{\nu}(A\cap E)-\varepsilon\mu(A\cap E)\geqslant 0,\ E\in\mathscr{A}. \tag{6.13}$$

考虑$Y=X+\varepsilon\chi_A$，则由(6.13)及(6.8)，对任意$E\in\mathscr{A}$有

$$\begin{aligned}\int_E Y d\mu&=\int_E X d\mu+\varepsilon\int_E \chi_A d\mu=\int_E X d\mu+\varepsilon\mu(E\cap A)\\&\leqslant\int_E X d\mu+\tilde{\nu}(A\cap E)=\int_E X d\mu+\nu(E\cap A)\\&\quad-\int_{E\cap A} X d\mu=\int_{E\cap A^c} X d\mu+\nu(E\cap A)\\&\leqslant\nu(E\cap A^c)+\nu(E\cap A)=\nu(E),\end{aligned}$$

故$Y\in\mathscr{K}$，所以$\int_\Omega Y d\mu\leqslant\alpha$．这与事实

$$\int_\Omega Y d\mu=\int_\Omega X d\mu+\varepsilon\mu(A)=\alpha+\varepsilon\mu(A)>\alpha$$

矛盾．故假设错误，所以对X(6.11)成立．这就证明了存在性．

下证唯一性．设存在二个非负 a. e. [μ] 有限的 $\mathscr{A}$ 可测函数 X 和 $\tilde{X}$ 使得

$$+\infty > \nu(A) = \int_A X d\mu = \int_A \tilde{X} d\mu, \ A \in \mathscr{A}.$$

于是 $\int_A (X - \tilde{X}) d\mu = 0$, $A \in \mathscr{A}$；由第四章积分性质 6 知 $X - \tilde{X} = 0$ a. e. [μ]，即 $X = \tilde{X}$, a. e. [μ]．所以唯一性成立．

(ii) ν 是有穷广义测度，μ 是有穷测度．由定理 6.2 知 $\nu = \nu^+ - \nu^-$ 且 $\nu^\pm$ 都是有穷测度，根据引理 6.3 (b) 知，$\nu^\pm \ll \mu$，由 (i) 证可知，存在"唯一"的 a. e. [μ] 有限的 $\mathscr{A}$ 可测函数 $X^\pm$，使得

$$+\infty > \nu^\pm(A) = \int_A X^\pm d\mu, \ A \in \mathscr{A}$$

成立．令 $X = X^+ - X^-$，显然 X 是 a. e. [μ] 有限可积函数且

$$\begin{aligned} \nu(A) &= \nu^+(A) - \nu^-(A) = \int_A X^+ d\mu - \int_A X^- d\mu \\ &= \int_A X d\mu, \quad A \in \mathscr{A}. \end{aligned}$$

同 (i) 证唯一性的办法可证 X 的"唯一性"．

(iii) ν 和 μ 分别是 σ 有穷的广义测度和 σ 有穷测度．因此存在 $\{E_n : n \geqslant 1\} \subset \mathscr{A}$ 和 $\{\tilde{E}_m : m \geqslant 1\} \subset \mathscr{A}$，使得对任何 $n, m \geqslant 1$，都有

$$|\nu(E_n)| < +\infty \ \text{和} \ \mu(\tilde{E}_m) < +\infty,$$

$$\sum_{n=1}^\infty E_n = \sum_{m=1}^\infty \tilde{E}_m = \Omega.$$

对每个 $n, m \geqslant 1$，令

$$\begin{aligned} &E_{nm} = E_n \cap \tilde{E}_m, \\ &\nu_{nm}(A) = \nu(E_{nm} \cap A), \ \mu_{nm}(A) = \mu(E_{nm} \cap A), \\ &\qquad A \in \mathscr{A}. \end{aligned}$$

显然

$$\sum_{n=1}^\infty \sum_{m=1}^\infty E_{nm} = \Omega,$$

$$|\nu(E_{nm})| \leqslant |\nu|(E_{nm}) = |\nu|(E_n \cap \tilde{E}_m)$$
$$\leqslant |\nu|(E_n) < +\infty,$$
$$0 \leqslant \mu(E_{nm}) = \mu(E_n \cap \tilde{E}_m) \leqslant \mu(\tilde{E}_m) < +\infty,$$
并且 ν_{nm} 和 μ_{nm} 分别是 $(\Omega, \mathscr{A})$ 上有穷的广义测度和测度. 若 $\mu_{nm}(A) = 0$, 则
$$\mu(A \cap E_{nm}) = \mu_{nm}(A) = 0.$$
根据 $\nu \ll \mu$, 故
$$\nu_{nm}(A) = \nu(E_{nm} \cap A) = 0.$$
所以 $\nu_{nm} \ll \mu_{nm}$. 根据 (ii) 证可知, 存在"唯一"的 $(\Omega, \mathscr{A}, \mu_{nm})$ 上可积函数 X_{nm}, 使得
$$\nu_{nm}(A) = \int_A X_{nm} d\mu_{nm} = \int_{A \cap E_{nm}} X_{nm} d\mu, \quad A \in \mathscr{A}.$$
再令
$$X(\omega) = \sum_{n=1}^{\infty} \sum_{m=1}^{\infty} X_{nm}(\omega) \chi_{E_{nm}}(\omega).$$
由 $\left|\int_{E_{nm}} X_{nm} d\mu\right| < +\infty$ 知 $X_{nm}(\omega)\chi_{E_{nm}}(\omega)$ 是 a. e. $[\mu]$ 有限 $\mathscr{A}$ 可测的, 故 X 是 a. e. $[\mu]$ 有限 $\mathscr{A}$ 可测函数, 并且对任意 $A \in \mathscr{A}$ 有
$$\begin{aligned}
\nu(A) &= \sum_{n=1}^{\infty} \sum_{m=1}^{\infty} \nu(E_{nm} \cap A) = \sum_{n=1}^{\infty} \sum_{m=1}^{\infty} \nu_{nm}(A) \\
&= \sum_{n=1}^{\infty} \sum_{m=1}^{\infty} \int_{A \cap E_{nm}} X_{nm} d\mu \\
&= \sum_{n=1}^{\infty} \sum_{m=1}^{\infty} \int_A X_{nm} \chi_{E_{nm}} d\mu \\
&= \int_A \sum_{n=1}^{\infty} \sum_{m=1}^{\infty} X_{nm} \chi_{E_{nm}} d\mu = \int_A X d\mu.
\end{aligned}$$
由于对每个 $n, m \geqslant 1$, X_{nm} 是 a. e. $[\mu]$ 唯一的, 故
$$X(\omega) = \sum_{n=1}^{\infty} \sum_{m=1}^{\infty} X_{nm}(\omega) \chi_{E_{nm}}(\omega)$$

是 a. e. $[\mu]$ 唯一的. 证完.

定理中关于"ν 是 σ 有穷的"这一条件可以去掉, 但这时 X 就不一定是 a. e. $[\mu]$ 有限的了.

系 1 设 $X(\omega)$ 是概率空间 $(\Omega, \mathscr{A}, P)$ 上的随机变数(即 X 可测且 a. e. $[P]$ 有限)且数学期望 $E(X)$

$$E(X)=\int_{\Omega} X dP$$

有限, 则对任意子 σ 域 $\tilde{\mathscr{A}} \subset \mathscr{A}$, 都存在一个 $\tilde{\mathscr{A}}$ 可测函数 $Y(\omega)$ 且 $E(Y)$ 有限 (Y 与 $\tilde{\mathscr{A}}$ 及 X 有关), 使得

$$\int_A Y(\omega) dP=\int_A X dP, \ A \in \tilde{\mathscr{A}}. \tag{6.14}$$

证 只须令

$$\nu(A)=\int_A X dP, \ A \in \tilde{\mathscr{A}}.$$

由广义测度的性质 1 及 $E(X)=\int_{\Omega} X dP$ 有限可知, ν 是 $(\Omega, \mathscr{A})$ 上 σ 有穷的广义测度且 $\nu \ll P$, 利用定理即可得到系成立. 证完.

定义 6.5 设 $X(\omega)$ 是概率空间 $(\Omega, \mathscr{A}, P)$ 上随机变数且期望 $E(X)$ 有限, $\tilde{\mathscr{A}}$ 是 $\mathscr{A}$ 的子 σ 域, 我们把满足 (6.14) 的 $Y(\omega)$ 称为 $X(\omega)$ 关于子 σ 域 $\tilde{\mathscr{A}}$ 的条件数学期望. 并以 $E\{X(\omega) \mid \tilde{\mathscr{A}}\}$ 记此 $Y(\omega)$.

一般说来, 系中的 $Y(\omega)=X(\omega)$, a. e. $[P]$ 不一定成立. 当然, 若 $\tilde{\mathscr{A}}=\mathscr{A}$, 则 $Y(\omega)=X(\omega)$, a. e. $[P]$ 必成立.

例 6 设 $\Omega=[0,1]$, $\mathscr{A}=\mathscr{B}[0,1]$ 是 $[0,1]$ 上的 Borel 集类, P 是 L 测度

$$\tilde{\mathscr{A}}_1=\{[0,1], \phi\}, \ \tilde{\mathscr{A}}_2=\left\{[0,1],\left[0, \frac{1}{2}\right],\left(\frac{1}{2}, 1\right], \phi\right\},$$

$$X(x)=e^x, \quad x \in[0,1].$$

显然, $\tilde{\mathscr{A}}_1 \subset \tilde{\mathscr{A}}_2 \subset \mathscr{A}$, 且 $E(X)=\int_0^1 e^x dx=e-1$. 取

$$Y_1(\omega) \equiv e-1, \ \omega \in[0,1],$$

则对 $\tilde{\mathscr{A}}_1=\{\Omega, \phi\}$ 中的集有

$$\int_{\Omega} Y_1 dP = \int_0^1 (e-1)dx = e-1 = \int_0^1 e^x dx = \int_{\Omega} XdP,$$

$$\int_{\phi} Y_1 dP = 0 = \int_{\phi} XdP.$$

故
$$E\{X | \mathscr{F}_1\} = Y_1(\omega) \equiv e-1, \text{ a.e. } [P].$$

取

$$Y_2(\omega) = \begin{cases} 2(e^{1/2}-1), & \omega \in \left[0, \frac{1}{2}\right], \\ 2(e-e^{1/2}), & \omega \in \left(\frac{1}{2}, 1\right]. \end{cases}$$

则对 $\mathscr{F}_2 = \left\{[0,1], \left[0, \frac{1}{2}\right], \left(\frac{1}{2}, 1\right], \phi\right\}$ 中的集有

$$\int_{[0,\frac{1}{2}]} Y_2 dP = \int_0^{1/2} 2(e^{1/2}-1)dx = (e^{1/2}-1)$$

$$= \int_0^{1/2} e^x dx = \int_{[0,1/2]} XdP,$$

$$\int_{(\frac{1}{2},1]} Y_2 dP = \int_{1/2}^1 2(e-e^{1/2})dx = (e-e^{1/2})$$

$$= \int_{\frac{1}{2}}^1 e^x dx = \int_{(1/2,1]} XdP,$$

$$\int_{\Omega} Y_2 dP = \int_{[0,\frac{1}{2}]} Y_2 dP + \int_{(1/2,1]} Y_2 dP = e-1$$

$$= \int_0^1 e^x dx = \int_{\Omega} XdP$$

$$\int_{\phi} Y_2 dP = 0 = \int_{\phi} XdP.$$

故

$$E\{X | \mathscr{F}_2\} = Y_2(\omega)$$
$$= \begin{cases} 2(e^{1/2}-1), & \omega \in [0, 1/2], \\ 2(e-e^{1/2}), & \omega \in (1/2, 1], \end{cases} \quad \text{a.e. } [P].$$

显然 X, $E\{X|\mathscr{F}_1\}$, $E\{X|\mathscr{F}_2\}$ 三者都不 a.e. $[P]$ 相等.

例 7　设 μ 是 L 测度，$F(x)$ 是分布函数，μ_F 是 $F(x)$ 在 $(R,$

$\mathscr{B}_\mu$) 上对应的 L-S 测度，若 $\mu_F \ll \mu$，则"唯一"地存在一个 a.e. $[\mu]$ 有限的可测函数 $f(x)$，使得

$$\mu_F(A) = \int_A f(x)dx,$$

其中 A 是 L 可测集. 特别，取 $A = (-\infty, x]$ 得

$$F(x) = \int_{-\infty}^{x} f(x)dx + c.$$

在实变函数论中已证，$\dfrac{dF(x)}{dx}$，a.e. $[\mu]$ 存在且

$$\frac{dF(x)}{dx} = f(x), \quad \text{a.e. } [\mu],$$

亦可记为

$$\frac{d\mu_F}{d\mu} = f(x), \quad \text{a.e. } [\mu].$$

$f(x)$ 是 $F(x)$ 对 x 的导数 (a.e. $[\mu]$). 我们将此导数的概念推广，有如下定义:

定义 6.6 设 ν 和 μ 分别是 $(\Omega, \mathscr{A})$ 上 σ 有穷的广义测度及测度，且 $\nu \ll \mu$. 我们把定理 6.4 中"唯一"存在的满足 (6.11) 的 X，称为 ν 对 μ 的广义导数，并以 $\dfrac{d\nu}{d\mu}$ 记之.

由广义导数 $\dfrac{d\nu}{d\mu}$ 的定义有

$$\int_A d\nu = \nu(A) = \int_A \left(\frac{d\nu}{d\mu}\right) d\mu, \quad A \in \mathscr{A}. \tag{6.15}$$

根据定理 6.2，对任意广义测度 ν，都可分解为 $\nu = \nu^+ - \nu^-$，$\nu^\pm$ 是测度且 ν^- 有穷. 因此，对广义测度 ν 的积分可定义为: 对任意可测集 A，

$$\int_A Y d\nu = \int_A Y d\nu^+ - \int_A Y d\nu^-.$$

当右端有意义时称积分 $\int_A Y d\nu$ 存在.

广义导数类似于导数，有如下性质.

性质 1（线性性） 设 ν_1, ν_2 是 $(\Omega, \mathscr{A})$ 上 σ 有穷广义测度，μ 是 σ 有穷测度，α, β 是常数，若 $\nu_1 \ll \mu$ 和 $\nu_2 \ll \mu$，并且 $\alpha\nu_1 + \beta\nu_2$ 是广义测度，则

$$\alpha \frac{d\nu_1}{d\mu} + \beta \frac{d\nu_2}{d\mu} = \frac{d}{d\mu}(\alpha\nu_1 + \beta\nu_2), \quad \text{a.e.}[\mu].$$

证 由 ν_1, ν_2 是 σ 有穷广义测度，μ 是 σ 有穷测度且 $\nu_1 \ll \mu$, $\nu_2 \ll \mu$，则 $\alpha\nu_1 + \beta\nu_2 \ll \mu$ 且 $\alpha\nu_1 + \beta\nu_2$ 也是 σ 有穷的广义测度，再由广义导数的定义及积分性质可得：对任意 $A \in \mathscr{A}$ 有

$$\begin{aligned}\int_A \left(\frac{d}{d\mu}[\alpha\nu_1 + \beta\nu_2]\right) d\mu &= [\alpha\nu_1(A) + \beta\nu_2(A)] \\ &= \alpha \int_A \left(\frac{d\nu_1}{d\mu}\right) d\mu + \beta \int_A \left(\frac{d\nu_2}{d\mu}\right) d\mu \\ &= \int_A \left[\alpha \frac{d\nu_1}{d\mu} + \beta \frac{d\nu_2}{d\mu}\right] d\mu.\end{aligned}$$

故

$$\alpha \frac{d\nu_1}{d\mu} + \beta \frac{d\nu_2}{d\mu} = \frac{d}{d\mu}[\alpha\nu_1 + \beta\nu_2], \quad \text{a.e.}[\mu].$$

性质 2 设 ν 和 μ 都是 $(\Omega, \mathscr{A})$ 上 σ 有穷测度，若 $\nu \ll \mu$，则 $\frac{d\nu}{d\mu} \geqslant 0$, a.e.$[\mu]$.

证 由定义知，对任意 $A \in \mathscr{A}$ 有

$$0 \leqslant \nu(A) = \int_A \left(\frac{d\nu}{d\mu}\right) d\mu.$$

则必有

$$\frac{d\nu}{d\mu} \geqslant 0, \quad \text{a.e.}[\mu].$$

性质 3 设 ν 和 μ 是 $(\Omega, \mathscr{A})$ 上 σ 有穷测度，φ 是 $(\Omega, \mathscr{A})$ 上 σ 有穷广义测度，若 $\varphi \ll \nu$ 且 $\nu \ll \mu$，则 $\varphi \ll \mu$ 且

$$\frac{d\varphi}{d\mu} = \frac{d\varphi}{d\nu} \cdot \frac{d\nu}{d\mu}, \quad \text{a.e.}[\mu].$$

证 设对任意 $A \in \mathscr{A}$ 且 $\mu(A) = 0$，由 $\nu \ll \mu$ 知 $\nu(A) = 0$，再由 $\varphi \ll \nu$ 知，$\varphi(A) = 0$，因此 $\varphi \ll \mu$. 根据广义导数定义可

得：对任意 $A\in\mathscr{A}$ 有

$$\varphi(A)=\int_A\left(\frac{d\varphi}{d\nu}\right)d\nu,$$

$$\nu(A)=\int_A\left(\frac{d\nu}{d\mu}\right)d\mu,$$

$$\varphi(A)=\int_A\left(\frac{d\varphi}{d\mu}\right)d\mu.$$

若能证对任意 $A\in\mathscr{A}$ 有

$$\int_A\frac{d\varphi}{d\mu}d\mu=\int_A\left(\frac{d\varphi}{d\nu}\right)\cdot\left(\frac{d\nu}{d\mu}\right)d\mu,$$

则性质 3 成立. 为此，根据可测函数的构造性定理知，存在一列简单函数 $\{X_n^{\pm}(\omega):n\geqslant 1\}$，使得

$$0\leqslant X_n^{\pm}\uparrow\left(\frac{d\varphi}{d\nu}\right)^{\pm},\quad(n\to\infty).$$

对每个 $n\geqslant 1$，不妨设 $X_n^{\pm}=\sum_{k=1}^{m}a_k\chi_{A_k}$, $A_k\in\mathscr{A}(k=1,2,\cdots,m)$，则对任意 $A\in\mathscr{A}$ 有

$$\int_A X_n^{\pm}\frac{d\nu}{d\mu}d\mu=\sum_{k=1}^{m}a_k\int_A\chi_{A_k}\cdot\frac{d\nu}{d\mu}d\mu=\sum_{k=1}^{m}a_k\int_{AA_k}\frac{d\nu}{d\mu}d\mu$$

$$=\sum_{k=1}^{m}a_k\nu(AA_k)=\int_A X_n^{\pm}d\nu.$$

令 $n\to\infty$ 利用单调收敛定理可得

$$\int_A\left(\frac{d\varphi}{d\nu}\right)^{\pm}\frac{d\nu}{d\mu}d\mu=\int_A\left(\frac{d\varphi}{d\nu}\right)^{\pm}d\nu.$$

故对任意 $A\in\mathscr{A}$ 有

$$\int_A\frac{d\varphi}{d\nu}\cdot\frac{d\nu}{d\mu}d\mu=\int_A\frac{d\varphi}{d\nu}d\nu.$$

性质 4 设 ν 和 μ 都是 $(\Omega,\mathscr{A})$ 上 σ 有穷测度，若 $\nu\ll\mu$ 且 $\frac{d\nu}{d\mu}>0$, a.e. $[\mu]$，则 $\mu\ll\nu$ 且

$$\frac{d\mu}{d\nu}=\frac{1}{\frac{d\nu}{d\mu}}, \quad \text{a.e. } [\nu].$$

证 因 $\nu \ll \mu$, 故对任意 $A \in \mathscr{A}$ 有

$$\nu(A)=\int_A \frac{d\nu}{d\mu} d\mu$$

再由 $\frac{d\nu}{d\mu}>0$, a.e. $[\mu]$ 可导得,对任意 $A \in \mathscr{A}$, $\mu(A)=0$ 的充要条件是 $\nu(A)=0$, 故 $\mu \ll \nu$. 利用性质 3 及 $\frac{d\nu}{d\nu}=1$, a.e. $[\nu]$ 立即得到

$$\frac{d\nu}{d\mu} \cdot \frac{d\mu}{d\nu}=1, \quad \text{a.e. } [\nu].$$

故

$$\frac{d\mu}{d\nu}=\frac{1}{\frac{d\nu}{d\mu}}>0, \quad \text{a.e. } [\nu].$$

性质 5 设 ν 和 μ 都是 $(\Omega, \mathscr{A})$ 上 σ 有穷测度,若 $\nu \ll \mu$,则对任意可测函数 X 有

$$\int_A X d\nu=\int_A\left(X \frac{d\nu}{d\mu}\right) d\mu, \quad A \in \mathscr{A}. \tag{6.16}$$

等式一端存在,则另一端也存在且相等.

证 当 $X(\omega)=\chi_E(\omega)$, $E \in \mathscr{A}$ 时,由 (6.15) 有

$$\begin{aligned}
\int_A X d\nu &= \int_{A \cap E} d\nu=\int_{A \cap E}\left(\frac{d\nu}{d\mu}\right) d\mu=\int_A\left(\chi_E \frac{d\nu}{d\mu}\right) d\mu \\
&= \int_A\left(X \frac{d\nu}{d\mu}\right) d\mu, \quad A \in \mathscr{A}.
\end{aligned}$$

再由积分的线性性知(6.16)对简单函数成立. 从而根据可测函数及积分的构造及单调收敛定理知 (6.16) 对 $X^{\pm}$ 成立, 所以 (6.16) 对 $X=X^{+}-X^{-}$ 成立.

例 8 设 $\Psi(x)$ 是定分布函数,令

$$\Phi(x)=\int_{-\infty}^{x}\left(1-\frac{\sin y}{y}\right) \frac{1+y^2}{y^2} d\Psi(y), \quad x \in R.$$

μ_Ψ, μ_Φ 分别是 Ψ, Φ 对应的 L-S 测度. 则 $\mu_\Psi \ll \mu_\Phi$, 并且

$$\Psi(x) = \int_{-\infty}^{x} \frac{1}{\left(1 - \frac{\sin y}{y}\right)\frac{1+y^2}{y^2}} d\Phi(y), \quad x \in R. \qquad (6.17)$$

证　因 $\lim\limits_{y\to\infty}\left(1 - \frac{\sin y}{y}\right)\frac{1+y^2}{y^2} = 1$,

$$\lim_{y\to 0}\left(1 - \frac{\sin y}{y}\right)\frac{1+y^2}{y^2} = \lim_{y\to 0}\left(1 - \frac{\sin y}{y}\right)\frac{1}{y^2}$$

$$= \lim_{y\to 0}\frac{y - \sin y}{y^3} = \lim_{y\to 0}\frac{1-\cos y}{3y^2} = \lim_{y\to 0}\frac{\sin y}{6y}$$

$$= \lim_{y\to 0}\frac{\cos y}{6} = \frac{1}{6},$$

故存在二个常数 $c' > 0$, $c'' > 0$ 使得

$$0 < c' \leqslant \left(1 - \frac{\sin y}{y}\right)\frac{1+y^2}{y^2} \leqslant c'' < +\infty, \quad y \in R.$$

利用性质 4 即可得证 (6.17) 成立.

§6.4　广义测度的勒贝格分解

今后若不另加申明,我们都假定 ν 和 μ 是 $(\Omega, \mathscr{A})$ 上任意的广义测度,一般说来,$\nu \ll \mu$ 不一定成立,但是否可以将 ν 分解,使得其中一部分对 μ 绝对连续而另一部分又具有什么性质呢? 本节的目的就是要解决这一问题.

定义 6.7　对已给的 ν 和 μ, 若存在一个可测集 N (依赖于 ν 和 μ) 且 $|\mu|(N) = 0$, 使得对任何 $A \in \mathscr{A}$, 都有 $\nu(A \cap N^c) = 0$ 成立. 则称 ν 对 μ 是奇异的,以 $\nu \perp \mu$ 表之.

例 9　设 $\Omega = \{1, 2, 3, \cdots\}$, $\mathscr{A} = s(\Omega)$, μ 是 L 测度, $\mu'(A) = A$ 中点的个数. 则 $\nu \perp \mu$, 但 $\nu \perp \mu'$ 不成立.

事实上, 对测度 μ 只须取 $N = \Omega$, 显然 $N \in \mathscr{A}$, 并且 $\mu(N) = 0$, $N^c = \phi$, 因此对任意 $A \in \mathscr{A}$ 有

$$\nu(A \cap N^c) = \nu(\phi) = 0,$$

故 $\nu \perp \mu$. 对测度 μ' 而言 $\mu'(N)=0$ 当而且只当 $N=\phi$ 时成立，这时 $N^c=\Omega$，只要 $\nu(A)\neq 0$，$A\in\mathscr{A}$，则存在一个 $A_0\in\mathscr{A}$，$\nu(A_0)\neq 0$，则

$$\nu(A_0\cap N^c)=\nu(A_0\cap\Omega)=\nu(A_0)\neq 0.$$

因此 $\nu\perp\mu'$ 不成立.

定理 6.5（勒贝格分解定理） 若 ν 和 μ 都是 σ 有穷的，则 ν 对 μ 可分解为二个 σ 有穷的广义测度 ν_c 和 ν_s，使得

$$\nu=\nu_c+\nu_s,\quad \nu_c\ll\mu,\quad \nu_s\perp\mu.$$

并且这种分解(称为勒贝格分解)还是唯一的.

证 类似定理 6.4 的证明，只须证 ν 和 μ 都是有穷测度的情形.

(i) 先证唯一性. 设 ν 对 μ 有二组分解 ν_c, ν_s 和 $\tilde{\nu}_c$, $\tilde{\nu}_s$ 使得

$$\nu=\nu_c+\nu_s=\tilde{\nu}_c+\tilde{\nu}_s,$$

$$\nu_c\ll\mu,\ \tilde{\nu}_c\ll\mu\ \text{且}\ \nu_s\perp\mu,\ \tilde{\nu}_s\perp\mu.$$

令 $\nu^*=\tilde{\nu}_s-\nu_s$，则

$$\nu^*=\tilde{\nu}_s-\nu_s=\nu_c-\tilde{\nu}_c$$

是有穷广义测度，由定义易证下述事实:

(α) 由 $\nu_c\ll\mu$ 及 $\tilde{\nu}_c\ll\mu$ 可得 $\nu^*=\nu_c-\tilde{\nu}_c\ll\mu$,

(β) 由 $\tilde{\nu}_s\perp\mu$ 及 $\nu_s\perp\mu$ 可得 $\nu^*=\tilde{\nu}_s-\nu_s\perp\mu$,

(γ) 由 $\nu^*\perp\mu$ 同时 $\nu^*\ll\mu$ 可得 $\nu^*\equiv 0$.

只证(γ). 由 $\nu^*\perp\mu$ 知，存在一个可测集 N 且 $\mu(N)=0$，使得对任意 $A\in\mathscr{A}$ 都有 $\nu^*(A\cap N^c)=0$，故

$$\nu^*(A)=\nu^*(N\cap A)+\nu^*(N^c\cap A)=\nu^*(N\cap A).$$

再由 $\nu^*\ll\mu$ 及

$$0\leqslant\mu(A\cap N)\leqslant\mu(N)=0$$

知 $\nu^*(N\cap A)=0$. 故对任意 $A\in\mathscr{A}$ 都有

$$\nu^*(A)=\nu^*(N\cap A)+\nu^*(N^c\cap A)=\nu^*(N\cap A)=0,$$

即 $\nu^*\equiv 0$ 成立. 从而

$$\nu_c-\tilde{\nu}_c=\tilde{\nu}_s-\nu_s=\nu^*\equiv 0.$$

故

$$\nu_c \equiv \tilde{\nu}_c, \quad \nu_s \equiv \tilde{\nu}_s,$$

即勒贝格分解是唯一的.

(ii) 次证存在性. 因 $\nu \ll \nu$ 及 $\nu \ll \mu$, 由定义可得 $\nu \ll \nu + \mu$, 根据定理 6.4 知: 对任意 $A \in \mathscr{A}$ 有

$$\begin{aligned} \nu(A) &= \int_A \left(\frac{d\nu}{d(\nu+\mu)}\right) d(\nu+\mu) \\ &= \int_A \left(\frac{d\nu}{d(\nu+\mu)}\right) d\nu + \int_A \left(\frac{d\nu}{d(\nu+\mu)}\right) d\mu, \end{aligned} \tag{6.18}$$

因 $0 \leqslant \nu \leqslant \nu + \mu$, 所以

$$0 \leqslant \frac{d\nu}{d(\nu+\mu)} \leqslant 1, \quad \text{a. e. } [\mu+\nu].$$

令

$$N = \left\{\omega: \frac{d\nu}{d(\nu+\mu)} = 1\right\}, \tag{6.19}$$

$$\nu_c(A) = \nu(N^c \cap A), \quad \nu_s(A) = \nu(N \cap A). \tag{6.20}$$

显然, $N \in \mathscr{A}$ 且 $\nu = \nu_c + \nu_s$. 下证 $\nu_c \ll \mu$ 且 $\nu_s \perp \mu$, 由 (6.18) 及 (6.19) 知

$$\begin{aligned} \nu(N) &= \int_N \left(\frac{d\nu}{d(\nu+\mu)}\right) d(\nu+\mu) = \int_N 1 d(\nu+\mu) \\ &= \nu(N) + \mu(N). \end{aligned}$$

根据 ν 的有穷性,可得

$$\mu(N) = \nu(N) - \nu(N) = 0.$$

又由 (6.20) 知,对任何 $A \in \mathscr{A}$ 都有

$$\nu_s(A \cap N^c) = \nu(N \cap [A \cap N^c]) = \nu(\phi) = 0.$$

故 $\nu_s \perp \mu$.

根据 (6.18) 知,对任何 $A \in \mathscr{A}$ 且 $\mu(A) = 0$ 时有 $\mu(A \cap N^c) = 0$, 故

$$\int_{A \cap N^c} \left[\frac{d\nu}{d(\nu+\mu)}\right] d\mu = 0,$$

$$\nu(A \cap N^c) = \int_{A \cap N^c} \left[\frac{d\nu}{d(\nu+\mu)}\right] d\mu + \int_{A \cap N^c} \left[\frac{d\nu}{d(\nu+\mu)}\right] d\nu$$

$$= \int_{A \cap N^c} \left[\frac{d\nu}{d(\nu + \mu)} \right] d\nu.$$

故

$$\int_{A \cap N^c} \left[1 - \frac{d\nu}{d(\nu + \mu)} \right] d\nu = 0.$$

再由 $\mu(A) = 0$，从而有

$$\int_{A \cap N^c} \left[1 - \frac{d\nu}{d(\nu + \mu)} \right] d\mu = 0,$$

$$\int_{A \cap N^c} \left[1 - \frac{d\nu}{d(\nu + \mu)} \right] d(\nu + \mu) = \int_{A \cap N^c} \left[1 - \frac{d\nu}{d(\nu + \mu)} \right] d\nu + \int_{A \cap N^c} \left[1 - \frac{d\nu}{d(\nu + \mu)} \right] d\mu = 0.$$

又因 (6.19) 及

$$0 \leqslant \frac{d\nu}{d(\nu + \mu)} \leqslant 1, \quad \text{a. e. } [\mu + \nu],$$

因此，在 $A \cap N^c$ 上有

$$1 - \frac{d\nu}{d(\nu + \mu)} > 0, \quad \text{a. e. } [\mu + \nu].$$

故 $(\nu + \mu)(A \cap N^c) = 0$，而

$$(\nu + \mu)(A \cap N^c) = \nu(A \cap N^c) + \mu(A \cap N^c) = \nu(A \cap N^c).$$

所以

$$\nu_c(A) = \nu(A \cap N^c) = 0.$$

故知 $\nu_c \ll \mu$.

§6.5 分布函数的分解

在概率论课程中，我们已经看到分布函数的两种"基本"类型：一是绝对连续型，即分布函数 $F(x)$ 可表为

$$F(x) = \int_{-\infty}^{x} p(y)\, dy,$$

$p(y)$ 是非负 L 可测函数，如正态分布，均匀分布，t 分布等．二是离散型，即形如

$$F(x)=\sum_{x_i<x}p_i,\quad p_i>0\ (i=1,2,3,\cdots)$$

且
$$\sum_{i=1}^{\infty}p_i<+\infty$$

的分布函数，如二项分布，泊松分布等．那末除此二种"基本"型外，是否还有其他的"基本"类型呢？任何一个分布函数又与这些"基本"型有何关系呢？本节的目的就是要解决这一问题．

引理 6.6 对任何分布函数 $F(x)$，都可分解为两个分布函数 $F_d(x)$ 和 $F_c(x)$，使得 $F_d(x)$ 是离散型，$F_c(x)$ 是连续函数且 $F(x)=F_d(x)+F_c(x)$，$x\in R$.

证 由于 $F(x)$ 是不减的，因而它的跳跃点集 D 的势至多可数．设 $D=\{x_1,x_2,\cdots,x_n,\cdots\}$．令

$$p(x_n)=F(x_n)-F(x_n-0)>0,\ (n=1,2,3,\cdots),\tag{6.21}$$

$$F_d(x)=\sum_{x_n\leqslant x}p(x_n),\quad x\in R,$$

$$F_c(x)=F(x)-F_d(x),\quad x\in R.$$

显然，$F=F_d+F_c$，且 F_d 是离散型的分布函数，下证 F_c 是连续的分布函数．对任意 $x<x'$，

$$\begin{aligned}F_c(x')-F_c(x)&=F(x')-F(x)-\sum_{x<x_n\leqslant x'}p(x_n)\\&=F(x'-0)-F(x)-\sum_{x<x_n<x'}p(x_n),\end{aligned}\tag{6.22}$$

$$\lim_{x\uparrow x'}[F_c(x')-F_c(x)]=F(x'-0)-F(x'-0)=0,$$

即 $F_c(x)$ 是左连续的．右连续性可由 $F_c=F-F_d$ 且 F 和 F_d 是分布函数，因而有右连续性而得到，因此 $F_c(x)$ 是连续的．由 (6.21) 及 (6.22) 可知，对任意 $x<x'$ 有

$$F_c(x')-F_c(x)=F(x')-F(x)-\sum_{x<x_n\leqslant x'}p(x_n)$$

$$= [F(x') - F(x)] - \Big[\sum_{x<x_n\leqslant x'} (F(x_n)$$

$$- F(x_n-0))\Big] \geqslant 0,$$

所以 F_c 是不减的. 从而证明了 F_c 是连续的分布函数.

定义 6.8 设 μ_F 是分布函数 F 在波莱尔可测空间 $(R, \mathscr{B})$ 上对应的 L-S 测度, μ 是 L 测度.

(i) 如果 $\mu_F \perp \mu$, 则称 $F(x)$ 是奇异的分布函数.

(ii) 如果 $\mu_F \ll \mu$, 则称 $F(x)$ 是绝对连续的分布函数.

引理 6.7 任何离散型的分布函数,都是奇异的分布函数.

证 设 $F(x)$ 的跳跃点集 $D = \{x_1, x_2, \cdots, x_n, \cdots\}$,

$$F(x) = \sum_{x_n\leqslant x} p_n, \quad p_n > 0 \ (n = 1, 2, \cdots).$$

取 $N = D$, 显然 $\mu(N) = 0$ (μ 是 L 测度),但对任意 $-\infty < a < b < +\infty$ 有

$$\mu_F((a, b] \cap N^c) = \mu_F((a, b]) - \mu_F((a, b] \cap N)$$

$$= F(b) - F(a) - \sum_{a<x_n\leqslant b} \mu_F(\{x_n\})$$

$$= F(b) - F(a) - \sum_{a<x_n\leqslant b} p_n = 0.$$

故

$$\mu_F(N^c) = \lim_{\substack{a\to-\infty \\ b\to+\infty}} \mu_F((a, b] \cap N^c) = 0.$$

因此对任意 $B \in \mathscr{B}$ 有

$$0 \leqslant \mu_F(B \cap N^c) \leqslant \mu_F(N^c) = 0.$$

故 $\mu_F(B \cap N^c) = 0$, 所以 $\mu_F \perp \mu$, 即 $F(x)$ 是奇异的分布函数.

定理 6.6 对任何分布函数 $F(x)$, 都可唯一地分解为如下三个“基本型”之和

$$F = F_{ac} + F_{sd} + F_{sc},$$

其中 F_{ac} 是绝对连续的, F_{sd} 是离散的 (必是奇异的), F_{sc} 是连续且奇异的分布函数.

证 由引理 6.6 知: $F = F_c + F_{sd}$, F_c 是连续的, F_{sd} 是离散

的．设 μ_{F_c} 和 μ 分别是波莱尔可测空间 $(R, \mathscr{B})$ 上 F_c 对应的 L-S 测度和 L 测度．由定理 6.5 知 μ_{F_c} 对 μ 可按勒贝格分解为二个测度 $\mu_{F_{cc}}$ 和 $\mu_{F_{cs}}$，使得

$$\mu_F = \mu_{F_{cc}} + \mu_{F_{cs}} \text{ 且 } \mu_{F_{cc}} \ll \mu, \quad \mu_{F_{cs}} \perp \mu,$$

再根据定理 6.4 及 $\mu_{F_{cc}} \ll \mu$ 知，存在一个 $\mathscr{B}$ 可测函数

$$p(x) = \frac{d\mu_{F_{cc}}}{d\mu} \geqslant 0, \text{ a. e. } [\mu]$$

使得对任意 $B \in \mathscr{B}$ 都有

$$\mu_{F_{cc}}(B) = \int_B p(x) d\mu = \int_B p(x) dx.$$

令

$$F_{ac}(x) = \mu_{F_{cc}}((-\infty, x]), \quad x \in R,$$
$$F_{sc}(x) = \mu_{F_{cs}}((-\infty, x]), \quad x \in R.$$

则 F_{ac} 和 F_{sc} 都是分布函数．由

$$\mu_{F_{ac}} = \mu_{F_{cc}} \ll \mu, \quad \mu_{F_{sc}} = \mu_{F_{cs}} \perp \mu$$

知 F_{ac} 是绝对连续的，而 F_{sc} 是奇异的．并且还有

$$F_{ac}(x) = \mu_{F_{cc}}((-\infty, x]) = \int_{(-\infty, x]} p(y) dy = \int_{-\infty}^{x} p(y) dy,$$

$$F_c = F_{ac} + F_{sc},$$

$$F = F_c + F_{sd} = F_{ac} + F_{sc} + F_{sd}.$$

由 F_c 及 F_{ac} 是连续函数，故 $F_{sc} = F_c - F_{ac}$ 也是连续函数．

上述分解的唯一性可由引理 6.6 及定理 6.5 中分解的唯一性而得．

例 10　设 $\Theta(x)$ 是 $[0, 1]$ 上的康脱函数，令

$$F(x) = \begin{cases} 0, & x < 0, \\ \Theta(x), & 0 \leqslant x < 1, \\ 1, & x \geqslant 1. \end{cases} \tag{6.23}$$

则 $F(x)$ 是连续奇异的分布函数．

康脱函数 $\Theta(x)$ 是用如下方法定义的函数：将 $[0, 1]$ 闭区间集分成如下的类别：第一类是一个区间 $(1/3, 2/3)$，第二类是二个区间 $(1/9, 2/9)$，$(7/9, 8/9)$，第三类是四个区间 $(1/27, 2/27)$，

$(7/27, 8/27)$, $(19/27, 20/27)$, $(25/27, 26/27)$, 依此类推,在第 n 类中有 2^{n-1} 个区间. 令函数 $\Theta(x)$ 如下:

在第一类区间: $x \in (1/3, 2/3)$ 时, $\Theta(x) = 1/2$

在第二类区间: $x \in (1/9, 2/9)$ 时, $\Theta(x) = 1/4$

$x \in (7/9, 8/9)$ 时, $\Theta(x) = 3/4$

在第三类的四个区间中 $\Theta(x)$ 依次取值 $1/8, 3/8, 5/8, 7/8$,

......

在第 n 类的 2^{n-1} 个区间中 $\Theta(x)$ 依次取值 $1/2^n, 3/2^n, 5/2^n, \cdots, (2^n - 1)/2^n$.

在上述各开区间的端点 x_0 补充 $\Theta(x)$ 的定义如下:

$$\Theta(0) = 0, \ \Theta(1) = 1.$$

$$\Theta(x_0) = \sup\{\Theta(x): x \in G_0 \text{ 且 } x < x_0\}, \text{ 当 } 0 < x_0 < 1,$$

其中 $G_0 = (1/3, 2/3) + (1/9, 2/9) + (7/9, 8/9) + (1/27, 2/27) + (7/27, 8/27) + (19/27, 26/27) + (25/27, 26/27) + \cdots$. 它是上述各类区间的和集. 这样, $\Theta(x)$ 是在整个闭区间 $[0, 1]$ 上定义的单调增加的连续函数. 所以由 (6.23) 定义的 $F(x)$ 是连续的分布函数. 下证 $F(x)$ 是奇异的.

令 $B_0 = [0, 1] - G_0$, 则 B_0 是 L 可测的且对 L 测度 μ 有

$$\mu(B_0) = 1 - [1/3 + 2/9 + 4/27 + \cdots + 2^{n-1}/3^n + \cdots]$$

$$= 1 - \frac{1}{3}\sum_{n=1}^{\infty}(2/3)^{n-1} = 0.$$

显然, $F(x)$ 在 $R - B_0 = G_0$ 中的每个开区间内,都是一个常数,所以

$$\mu_F(G_0) = \mu_F((1/3, 2/3)) + \mu_F((1/9, 2/9)) + \cdots = 0.$$

因而对任意 L 可测集 B 都有

$$\mu_F(B \cap B_0^c) = \mu_F(B \cap G_0) = 0.$$

这就证明了 $\mu_F \perp \mu$, 即 $F(x)$ 是奇异分布函数.

习 题

1. 设 X 是测度空间 $(\Omega, \mathscr{A}, P)$ 上的可积函数,令

$$\nu(A) = \int_A X dP, \quad A \in \mathscr{A}.$$

试证：ν 是 $(\Omega, \mathscr{A})$ 上有穷广义测度且

$$\nu^+(A) = \int_A X^+ dP, \quad \nu^-(A) = \int_A X^- dP, \quad A \in \mathscr{A}$$

是 ν 的若当分解．而 $B = \{\omega: X(\omega) \leqslant 0\}$ 和 $A = B^c$ 是 ν 的一个哈恩分解．

2. 设 ν 是 $(\Omega, \mathscr{A})$ 上广义测度，试证对任何 $A \in \mathscr{A}$，都有

$$\nu^+(A) = \sup\{\nu(E): A \supset E \in \mathscr{A}\},$$
$$\nu^-(A) = \inf\{\nu(F): A \subset F \in \mathscr{A}\},$$

并且我们也可将上面二等式当作 ν^+ 和 ν^- 的定义，得到若当分解定理的另一种常用证法．

3. 设 ν 是 $(\Omega, \mathscr{A})$ 上广义测度，X 是使得下式右端有意义的可测函数，定义

$$\int_\Omega X d\nu = \int_\Omega X d\nu^+ - \int_\Omega X d\nu^-.$$

试证，这个积分具有第四章中讨论的积分的许多主要性质．进而，若 ν 有穷，则对任意 $A \in \mathscr{A}$ 有

$$|\nu|(A) = \sup\left\{\left|\int_A X d\nu\right| : X \text{ 是 } \mathscr{A} \text{ 可测函数且 } |X| \leqslant 1\right\}.$$

4. 设 $\varphi(x)$ 是 R 上绝对连续函数，μ 是 L 测度，则在波莱尔可测空间 $(R, \mathscr{B})$ 上存在唯一的一个 σ 有穷的广义测度 ν，使得 $\nu \ll \mu$ 且

$$\nu((a, b]) = \varphi(b) - \varphi(a), \quad -\infty < a \leqslant b < +\infty.$$

5. 在 μ 为广义测度的场合下，拉东-尼科迪姆定理仍成立．

提示．$\Omega = A + B$ 为 Ω 对于 μ 的哈恩分解，在 A 中对 ν 和 μ^+，而在 B 中对于 ν 和 μ^- 分别应用拉东-尼科迪姆定理．

6. 设 μ 是 σ 有穷的广义测度，因为 $\mu^\pm \leqslant \mu$，$\mu^\pm \ll |\mu|$，故有

$$\mu^\pm(A) = \int_A X^\pm d\mu = \int_A Y^\pm d|\mu|, \quad A \in \mathscr{A}.$$

试证：(i) $X^+ - X^- = 1$，$Y^+ + Y^- = 1$，a.e. $[\mu]$

(ii) 设 $\Omega = A + B$ 是 μ 的一个 Hahn 分解，B 是负定集，则在 $A = B^c$ 上 $X^+ = Y^+$, a. e. $[|\mu|]$ 成立，在 B 上 $X^- = -Y^-$, a. e. $[|\mu|]$ 成立.

7. 如果 μ 不是 σ 有穷的，则即使 ν 有穷，拉东-尼科迪姆定理也不一定成立. 考虑反例: $\Omega = [0, 1]$,

$$\mathscr{A} = \{A: A \subset [0, 1] \text{ 且 } A \text{ 或 } A^c \text{ 可列}\},$$

$$\mu(A) = A \text{ 中点的个数},$$

$$\nu(A) = \begin{cases} 0, & A \text{ 可列}, \\ 1, & A^c \text{ 可列}. \end{cases}$$

8. 设 $\mu_n (n \geqslant 1)$ 是 $(\Omega, \mathscr{A})$ 上有穷测度，试证: 存在一个与 $n (n \geqslant 1)$ 无关的 $(\Omega, \mathscr{A})$ 上的测度 μ, 使得对每个 $n \geqslant 1$ 都有 $\mu_n \ll \mu$. $\mu_n (n \geqslant 1)$ 是广义测度时是否仍成立?

9. 在定理 6.3 中，如果 ν 不是有穷的，虽然 $\nu \ll \mu$ 成立，但关于 ε, δ 的结论却不一定成立. 考虑反例: $\Omega = \{1, 2, 3, \cdots\}$, $\mathscr{A} = S(\Omega)$, $\nu(A) = A$ 中点的个数，$\mu(A) = \sum_{n \in A} \frac{1}{n}$.

10. 设 $(\Omega, \mathscr{A}, P)$ 是概率空间，$\tilde{\mathscr{A}}$ 是 $\mathscr{A}$ 的子 σ 域，试证，对每个 $B \in \mathscr{A}$，存在一个 $\tilde{\mathscr{A}}$ 可测函数，以 $P(B | \tilde{\mathscr{A}})$ 表之，使得

$$P(A \cap B) = \int_A P(B | \tilde{\mathscr{A}}) dP, \quad A \in \tilde{\mathscr{A}}.$$

我们常称 $P(B | \tilde{\mathscr{A}})$ 为事件 B 在 σ 域 $\tilde{\mathscr{A}}$ 条件下的条件概率（注意 $P(B | \tilde{\mathscr{A}})$ 是一个 $\tilde{\mathscr{A}}$ 可测函数，而不象概率论中定义的 B 在条件 A（事件）下的条件概率 $P(B|_A)$ 那样是一个常数）.

11. 设 ν_1, ν_2, ν_3 都是 $(\Omega, \mathscr{A})$ 上广义测度. 试证:

(i) 若 $\nu_1 \ll \nu_2$, $\nu_2 \ll \nu_3$ 则 $\nu_1 \ll \nu_3$,

(ii) 若 $\nu_1 \ll \nu_3$, $\nu_2 \ll \nu_3$ 并且 $\alpha\nu_1 + \beta\nu_2$ 仍是广义测度，则 $\alpha\nu_1 + \beta\nu_2 \ll \nu_3$,

(iii) 若 $\nu_1 \geqslant 0$, $\nu_2 \geqslant 0$, $\nu_3 \ll \nu_1$, $\nu_3 \ll \nu_2$, 则 $\nu_3 \ll \nu_1 + \nu_2$. 去掉条件 $\nu_1 \geqslant 0$, $\nu_2 \geqslant 0$ 结论是否还成立?

12. 试严格证明. 若 ν 和 μ 都是 σ 有穷测度且 $\nu \ll \mu$, 则 $\mu \ll$

ν 的充要条件是 $\frac{d\nu}{d\mu} > 0$, a. e. $[\mu]$.

13. 设 ν_1, ν_2, μ 是 $(\Omega, \mathscr{A})$ 上广义测度且 $\mu \geqslant 0$，试证：若 $\nu_1 \perp \mu$ 且 $\nu_2 \perp \mu$, 则 $(\nu_1 + \nu_2) \perp \mu$.

14. 设 ν 是 $(\Omega, \mathscr{A})$ 上广义测度．试问

(i) $\nu \perp \nu$ 成立否?

(ii) 在什么条件下 $\nu \perp \nu$?

15. 设对每个 $n \geqslant 1$, μ_n 和 ν_n 都是 $(\Omega, \mathscr{A})$ 上有穷测度.

$$\bar{\mu}_n = \sum_{k=1}^{n} \mu_k, \quad \bar{\nu}_n = \sum_{k=1}^{n} \nu_k \quad (n \geqslant 1),$$

$$\lim_{n\to\infty} \bar{\mu}_n = \bar{\mu}, \quad \lim_{n\to\infty} \bar{\nu}_n = \nu.$$

试证:

(i) 对每个 $n \geqslant 1$, $\frac{d\mu_1}{d\bar{\mu}_n}$ 存在且当 $n \to \infty$ 时

$$\frac{d\mu_1}{d\bar{\mu}_n} \to \frac{d\mu_1}{d\bar{\mu}}, \text{ a. e. } [\bar{\mu}].$$

(ii) 若 $\nu_n \ll \mu_n$ $(n \geqslant 1)$, 则当 $n \to \infty$ 时

$$\frac{d\bar{\nu}_n}{d\bar{\mu}} \to \frac{d\bar{\nu}}{d\bar{\mu}}, \text{ a. e. } [\bar{\mu}],$$

$$\frac{d\bar{\nu}_n}{d\bar{\mu}_n} \to \frac{d\bar{\nu}}{d\bar{\mu}}, \text{ a. e. } [\bar{\mu}].$$

参考文献

[1] P. R. Halmos, Measure theory, Van Nostrand, 1950 (中译本: 测度论, 科学出版社, 1980).

[2] И. П. Натансон, Теория функций вещественной переменной, 1950 (中译本: 实变函数论, 人民教育出版社, 1955).

[3] E. C. Titchmarsh, The theory of functions, Clarendon Press, 1939 (中译本: 函数论, 科学出版社, 1962).

[4] S. Saks, Theory of the integral, Warsaw, 1937.

[5] 江泽坚, 实变函数论, 人民教育出版社, 1959.

[6] G. H. Hardy, Inequalities, Cambridge Univ. Press, 1952 (中译本: 不等式, 科学出版社, 1965).

[7] M. A. Красносельский, Выпуклые функции и пространства Орлича (中译本: 凸函数和奥尔里奇空间, 科学出版社, 1962).

[8] M. E. Munroe, Introduction to Measure and integration, 1953.

[9] 关肇直, 泛函分析讲义, 人民教育出版社, 1958.

[10] 郑绍濂等编译, 希尔伯特空间中的平稳序列, 上海科学技术出版社, 1963.

[11] Б. В. Гнеденко, Курс теории вероятностей, 1954 (中译本: 概率论教程, 人民教育出版社).

[12] M. Loève, Probability theory, Van Nostrand, 1963 (中译本: 概率论, 科学出版社, 1966).

[13] H. Cramér, Mathematical methods of statistics, Princeton Univ. Press, 1946.

[14] 雅格龙, 平稳随机函数导论, 数学进展 2(1956), 3—153.

[15] J. L. Doob, Stochastic processes, John Wiley, 1953.

[16] Б. В. Гнеденко, А. Н. Колмогоров, Предельные распределения для сумм независимых случайных величин, Гостехиздат, 1949 (中译本: 相互独立随机变数之和的极限分布, 科学出版社, 1955).

[17] K. L. Chung, Markov chains with stationary transition probabilities, Springer, 1960.

[18] E. Б. Дынкин, Основания теории Марковских процессов, Физматгиз, 1959 (中译本: 马尔科夫过程论基础, 科学出版社, 1962).

[19] 伊藤清, 确率过程, 岩波书店, 1957 (中译本: 随机过程, 上海科学技术出版社, 1961).

[20] 王梓坤, 随机过程论, 科学出版社, 1965.

[21] E. Б. Дынкин, Марковские процессы, Физматгиз, 1963.

[22] 杨宗磐, 概率论入门, 科学出版社, 1981.

[23] M. Fisz, Probability theory and mathematical statistics, John Wiley, 1963 (中译本: 概率论及数理统计, 上海科学技术出版社, 1962).

《现代数学基础丛书》已出版书目

1 数理逻辑基础(上册) 1981.1 胡世华 陆钟万 著
2 数理逻辑基础(下册) 1982.8 胡世华 陆钟万 著
3 紧黎曼曲面引论 1981.3 伍鸿熙 吕以辇 陈志华 著
4 组合论(上册) 1981.10 柯 召 魏万迪 著
5 组合论(下册) 1987.12 魏万迪 著
6 数理统计引论 1981.11 陈希孺 著
7 多元统计分析引论 1982.6 张尧庭 方开泰 著
8 有限群构造(上册) 1982.11 张远达 著
9 有限群构造(下册) 1982.12 张远达 著
10 测度论基础 1983.9 朱成熹 著
11 分析概率论 1984.4 胡迪鹤 著
12 微分方程定性理论 1985.5 张芷芬 丁同仁 黄文灶 董镇喜 著
13 傅里叶积分算子理论及其应用 1985.9 仇庆久 陈恕行 是嘉鸿 刘景麟 蒋鲁敏 编
14 辛几何引论 1986.3 J.柯歇尔 邹异明 著
15 概率论基础和随机过程 1986.6 王寿仁 编著
16 算子代数 1986.6 李炳仁 著
17 线性偏微分算子引论(上册) 1986.8 齐民友 编著
18 线性偏微分算子引论(下册) 1992.1 齐民友 徐超江 编著
19 实用微分几何引论 1986.11 苏步青 华宣积 忻元龙 著
20 微分动力系统原理 1987.2 张筑生 著
21 线性代数群表示导论(上册) 1987.2 曹锡华 王建磐 著
22 模型论基础 1987.8 王世强 著
23 递归论 1987.11 莫绍揆 著
24 拟共形映射及其在黎曼曲面论中的应用 1988.1 李 忠 著
25 代数体函数与常微分方程 1988.2 何育赞 萧修治 著
26 同调代数 1988.2 周伯壎 著
27 近代调和分析方法及其应用 1988.6 韩永生 著
28 带有时滞的动力系统的稳定性 1989.10 秦元勋 刘永清 王 联 郑祖庥 著
29 代数拓扑与示性类 1989.11 [丹麦] I.马德森 著
30 非线性发展方程 1989.12 李大潜 陈韵梅 著

31　仿微分算子引论　1990.2　陈恕行　仇庆久　李成章　编
32　公理集合论导引　1991.1　张锦文　著
33　解析数论基础　1991.2　潘承洞　潘承彪　著
34　二阶椭圆型方程与椭圆型方程组　1991.4　陈亚浙　吴兰成　著
35　黎曼曲面　1991.4　吕以辇　张学莲　著
36　复变函数逼近论　1992.3　沈燮昌　著
37　Banach 代数　1992.11　李炳仁　著
38　随机点过程及其应用　1992.12　邓永录　梁之舜　著
39　丢番图逼近引论　1993.4　朱尧辰　王连祥　著
40　线性整数规划的数学基础　1995.2　马仲蕃　著
41　单复变函数论中的几个论题　1995.8　庄圻泰　杨重骏　何育赞　闻国椿　著
42　复解析动力系统　1995.10　吕以辇　著
43　组合矩阵论(第二版)　2005.1　柳柏濂　著
44　Banach 空间中的非线性逼近理论　1997.5　徐士英　李　冲　杨文善　著
45　实分析导论　1998.2　丁传松　李秉彝　布　伦　著
46　对称性分岔理论基础　1998.3　唐　云　著
47　Gel'fond-Baker 方法在丢番图方程中的应用　1998.10　乐茂华　著
48　随机模型的密度演化方法　1999.6　史定华　著
49　非线性偏微分复方程　1999.6　闻国椿　著
50　复合算子理论　1999.8　徐宪民　著
51　离散鞅及其应用　1999.9　史及民　编著
52　惯性流形与近似惯性流形　2000.1　戴正德　郭柏灵　著
53　数学规划导论　2000.6　徐增堃　著
54　拓扑空间中的反例　2000.6　汪　林　杨富春　编著
55　序半群引论　2001.1　谢祥云　著
56　动力系统的定性与分支理论　2001.2　罗定军　张　祥　董梅芳　著
57　随机分析学基础(第二版)　2001.3　黄志远　著
58　非线性动力系统分析引论　2001.9　盛昭瀚　马军海　著
59　高斯过程的样本轨道性质　2001.11　林正炎　陆传荣　张立新　著
60　光滑映射的奇点理论　2002.1　李养成　著
61　动力系统的周期解与分支理论　2002.4　韩茂安　著
62　神经动力学模型方法和应用　2002.4　阮　炯　顾凡及　蔡志杰　编著
63　同调论——代数拓扑之一　2002.7　沈信耀　著
64　金兹堡-朗道方程　2002.8　郭柏灵　黄海洋　蒋慕容　著

65 排队论基础 2002.10 孙荣恒 李建平 著

66 算子代数上线性映射引论 2002.12 侯晋川 崔建莲 著

67 微分方法中的变分方法 2003.2 陆文端 著

68 周期小波及其应用 2003.3 彭思龙 李登峰 谌秋辉 著

69 集值分析 2003.8 李 雷 吴从炘 著

70 强偏差定理与分析方法 2003.8 刘 文 著

71 椭圆与抛物型方程引论 2003.9 伍卓群 尹景学 王春朋 著

72 有限典型群子空间轨道生成的格(第二版) 2003.10 万哲先 霍元极 著

73 调和分析及其在偏微分方程中的应用(第二版) 2004.3 苗长兴 著

74 稳定性和单纯性理论 2004.6 史念东 著

75 发展方程数值计算方法 2004.6 黄明游 编著

76 传染病动力学的数学建模与研究 2004.8 马知恩 周义仓 王稳地 靳 祯 著

77 模李超代数 2004.9 张永正 刘文德 著

78 巴拿赫空间中算子广义逆理论及其应用 2005.1 王玉文 著

79 巴拿赫空间结构和算子理想 2005.3 钟怀杰 著

80 脉冲微分系统引论 2005.3 傅希林 闫宝强 刘衍胜 著

81 代数学中的 Frobenius 结构 2005.7 汪明义 著

82 生存数据统计分析 2005.12 王启华 著

83 数理逻辑引论与归结原理(第二版) 2006.3 王国俊 著

84 数据包络分析 2006.3 魏权龄 著

85 代数群引论 2006.9 黎景辉 陈志杰 赵春来 著

86 矩阵结合方案 2006.9 王仰贤 霍元极 麻常利 著

87 椭圆曲线公钥密码导引 2006.10 祝跃飞 张亚娟 著

88 椭圆与超椭圆曲线公钥密码的理论与实现 2006.12 王学理 裴定一 著

89 散乱数据拟合的模型、方法和理论 2007.1 吴宗敏 著

90 非线性演化方程的稳定性与分歧 2007.4 马 天 汪宁宏 著

91 正规族理论及其应用 2007.4 顾永兴 庞学诚 方明亮 著

92 组合网络理论 2007.5 徐俊明 著

93 矩阵的半张量积:理论与应用 2007.5 程代展 齐洪胜 著

94 鞅与 Banach 空间几何学 2007.5 刘培德 著

95 非线性常微分方程边值问题 2007.6 葛渭高 著

96 戴维-斯特瓦尔松方程 2007.5 戴正德 蒋慕蓉 李栋龙 著

97 广义哈密顿系统理论及其应用 2007.7 李继彬 赵晓华 刘正荣 著

98 Adams 谱序列和球面稳定同伦群 2007.7 林金坤 著

99　矩阵理论及其应用　2007.8　陈公宁　编著
100　集值随机过程引论　2007.8　张文修　李寿梅　汪振鹏　高　勇　著
101　偏微分方程的调和分析方法　2008.1　苗长兴　张　波　著
102　拓扑动力系统概论　2008.1　叶向东　黄　文　邵　松　著
103　线性微分方程的非线性扰动(第二版)　2008.3　徐登洲　马如云　著
104　数组合地图论(第二版)　2008.3　刘彦佩　著
105　半群的 S-系理论(第二版)　2008.3　刘仲奎　乔虎生　著
106　巴拿赫空间引论(第二版)　2008.4　定光桂　著
107　拓扑空间论(第二版)　2008.4　高国士　著
108　非经典数理逻辑与近似推理(第二版)　2008.5　王国俊　著
109　非参数蒙特卡罗检验及其应用　2008.8　朱力行　许王莉　著
110　Camassa-Holm 方程　2008.8　郭柏灵　田立新　杨灵娥　殷朝阳　著
111　环与代数(第二版)　2009.1　刘绍学　郭晋云　朱　彬　韩　阳　著
112　泛函微分方程的相空间理论及应用　2009.4　王　克　范　猛　著
113　概率论基础(第二版)　2009.8　严士健　王隽骧　刘秀芳　著
114　自相似集的结构　2010.1　周作领　瞿成勤　朱智伟　著
115　现代统计研究基础　2010.3　王启华　史宁中　耿　直　主编
116　图的可嵌入性理论(第二版)　2010.3　刘彦佩　著
117　非线性波动方程的现代方法(第二版)　2010.4　苗长兴　著
118　算子代数与非交换 L_p 空间引论　2010.5　许全华　吐尔德别克　陈泽乾　著
119　非线性椭圆型方程　2010.7　王明新　著
120　流形拓扑学　2010.8　马　天　著
121　局部域上的调和分析与分形分析及其应用　2011.4　苏维宜　著
122　Zakharov 方程及其孤立波解　2011.6　郭柏灵　甘在会　张景军　著
123　反应扩散方程引论(第二版)　2011.9　叶其孝　李正元　王明新　吴雅萍　著
124　代数模型论引论　2011.10　史念东　著
125　拓扑动力系统——从拓扑方法到遍历理论方法　2011.12　周作领　尹建东　许绍元　著
126　Littlewood-Paley 理论及其在流体动力学方程中的应用　2012.3　苗长兴　吴家宏　章志飞　著
127　有约束条件的统计推断及其应用　2012.3　王金德　著
128　混沌、Mel'nikov 方法及新发展　2012.6　李继彬　陈凤娟　著
129　现代统计模型　2012.6　薛留根　著
130　金融数学引论　2012.7　严加安　著
131　零过多数据的统计分析及其应用　2013.1　解锋昌　韦博成　林金官　著

132　分形分析引论　2013.6　胡家信　著
133　索伯列夫空间导论　2013.8　陈国旺　编著
134　广义估计方程估计方程　2013.8　周　勇　著
135　统计质量控制图理论与方法　2013.8　王兆军　邹长亮　李忠华　著
136　有限群初步　2014.1　徐明曜　著
137　拓扑群引论(第二版)　2014.3　黎景辉　冯绪宁　著
138　现代非参数统计　2015.1　薛留根　著